今すぐ使えるかんたん

JN100073

Imasugu Tsukaeru
Kantan Series

Excel PivotTable
Akiko Kitami

Excel
ピボットテーブル

Office 2021 / 2019 /
Microsoft 365 対応版

技術評論社

本書の使い方

● 画面の手順解説だけを読めば、操作できるようになる！
● もっと詳しく知りたい人は、左側の「側注」を読んで納得！
● これだけは覚えておきたい機能を厳選して紹介！

特長 1

機能ごとに
まとまっているので、
「やりたいこと」が
すぐに見つかる！

特長 2

基本操作

赤い矢印の部分だけを
読んで、パソコンを
操作すれば、難しいことは
わからなくても、
あっという間に
操作できる！

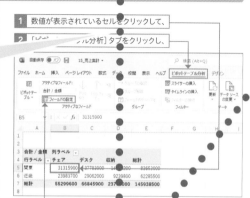

Section **15**

15 桁区切りのカンマ「,」を付けて数値を見やすく表示しよう

桁区切りのカンマ「,」を付けて数値を見やすく表示しよう

セルの書式設定

練習▶15_売上集計.xlsx

集計結果の数値の読みやすさにも気を配ろう

売上など、桁の大きい数値を集計するとさらに桁が大きくなり、そのままでは数値が読みづらくなります。そこで、3桁区切りのカンマ「,」の表示形式を設定するなどして、数値を読み取りやすくしましょう。[値フィールドの設定]ダイアログボックスから設定すると、フィールド全体に一気に設定できます。

桁区切りすると、数値が読みやすくなります。

1 数値に3桁区切りのカンマを付ける

解説

設定対象のセルを選択しておく

1 数値が表示されているセルをクリックして、

2 [ピボットテーブル分析]タブをクリックし、

3 [フィールドの設定]をクリックします。

特長 3

やわらかい上質な紙を
使っているので、
開いたら閉じにくい！

● 補足説明

操作の補足的な内容を「側注」にまとめているので、
よくわからないときに活用すると、疑問が解決！

 解説
補足説明

 ヒント
便利な機能

 重要用語
用語の解説

 応用技
応用操作解説

 ショートカットキー
タッチ操作

 補足
補足説明

 注意
注意事項

 時短
時短

 時短

ショートカットメニューの利用

数値のセルを右クリックして、表示され
るショートカットメニューから[表示形
式]を選択すると、手順6の[セルの書式
設定]ダイアログボックスを即座に表示
できます。

重要用語

表示形式

表示形式とは、データの見え方を設定す
る機能です。たとえば「1234」という数
値に表示形式を設定することで、
「1,234」や「¥1,234」などの形式で表示す
ることができます。

ヒント
ピボットテーブル専用の 書式機能を使う

ピボットテーブルには、専用の書式機能
があります。一般のセルの書式機能を使
用しても表示形式を設定できますが、そ
の場合、集計表のレイアウトを変更した
ときに表示形式が外れることがありま
す。また、あとから追加した集計値に元
からある集計値と同じ表示形式が設定さ
れてしまうこともあります。ここで紹介
した方法なら、そのような心配はありま
せん。

4 [値フィールドの設定]ダイアログボックスが表示されます。

5 [表示形式]をクリックします。

6 [セルの書式設定]ダイアログボックスが表示されます。

7 [数値]をクリックして、

8 [桁区切り(,)を使用する]にチェックを付けて、

9 [OK]をクリックします。

特長 4

大きな操作画面で
該当箇所を囲んでいるので
よくわかる！

10 [値フィールドの設定]ダイアログボックスに戻るので、[OK]をクリックして閉じます。

11 3桁区切りで表示されました。

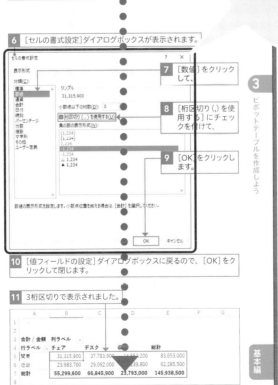

サンプルファイルのダウンロード

本書では操作手順の理解に役立つサンプルファイルを用意しています。

サンプルファイルは、Microsoft Edgeなどのブラウザーを利用して、以下のURLのサポートページからダウンロードすることができます。ダウンロードしたときは圧縮ファイルの状態なので、展開してから使用してください（5ページ参照）。

https://gihyo.jp/book/2022/978-4-297-13122-7/support/

サンプルファイルは章ごとにフォルダーに分かれており、ファイル名には、Section番号が付いています。

サンプルファイルは、そのSectionの開始時点の状態になっています。「完成」フォルダーには、各Sectionの手順を実行したあとのファイルが入っています。

なお、Sectionの内容によっては、サンプルファイルがない場合もあります。

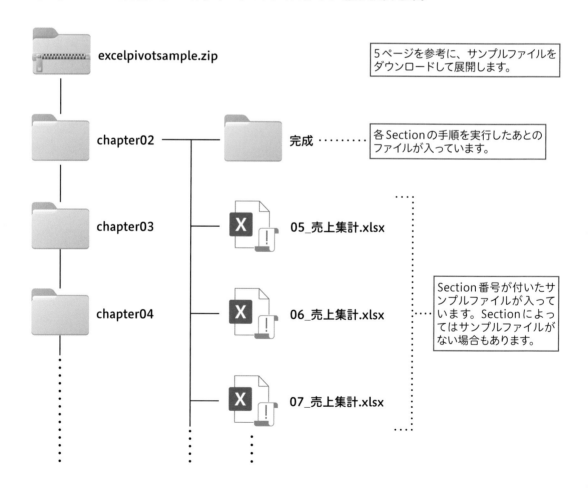

1 ブラウザーを起動して、4ページのURLを入力し、サンプルのダウンロードページを開きます。

2 [ダウンロード]の[サンプルファイル]をクリックして、

3 [ファイルを開く]をクリックします。

4 エクスプローラー画面でファイルが開くので、

5 表示されたフォルダーをクリックして、

6 [すべて展開]をクリックします。

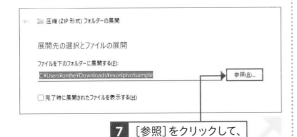

7 [参照]をクリックして、

8 [デスクトップ]をクリックし、

9 [フォルダーの選択]をクリックします。

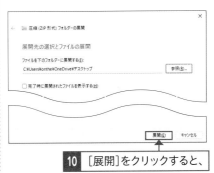

10 [展開]をクリックすると、

11 デスクトップにファイルが展開されます。

💬 **解説** **保護ビューが表示された場合**

サンプルファイルを開くと、図のようなメッセージが表示されます。[編集を有効にする]をクリックすると、本書と同様の画面表示になり、操作を行うことができます。

パソコンの基本操作

- 本書の解説は、基本的にマウスを使って操作することを前提としています。
- お使いのパソコンのタッチパッドを使って操作する場合は、各操作を次のように読み替えてください。

① マウス操作

クリック（左クリック）

クリック（左クリック）の操作は、画面上にある要素やメニューの項目を選択したり、ボタンを押したりする際に使います。

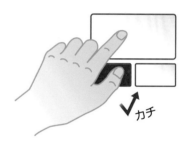

マウスの左ボタンを1回押します。

タッチパッドの左ボタン（機種によっては左下の領域）を1回押します。

右クリック

右クリックの操作は、操作対象に関する特別なメニューを表示する場合などに使います。

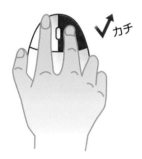

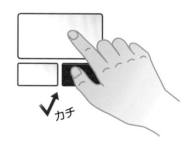

マウスの右ボタンを1回押します。

タッチパッドの右ボタン（機種によっては右下の領域）を1回押します。

ダブルクリック

ダブルクリックの操作は、各種アプリを起動したり、ファイルやフォルダーなどを開く際に使います。

 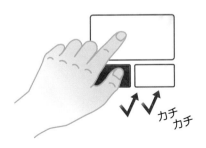

マウスの左ボタンをすばやく2回押します。	タッチパッドの左ボタン（機種によっては左下の領域）をすばやく2回押します。

ドラッグ

ドラッグの操作は、画面上の操作対象を別の場所に移動したり、操作対象のサイズを変更する際などに使います。

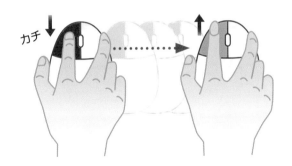 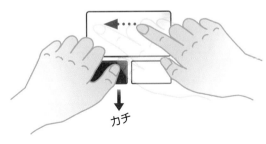

マウスの左ボタンを押したまま、マウスを動かします。目的の操作が完了したら、左ボタンから指を離します。	タッチパッドの左ボタン（機種によっては左下の領域）を押したまま、タッチパッドを指でなぞります。目的の操作が完了したら、左ボタンから指を離します。

解説　ホイールの使い方

ほとんどのマウスには、左ボタンと右ボタンの間にホイールが付いています。ホイールを上下に回転させると、Webページなどの画面を上下にスクロールすることができます。そのほかにも、 Ctrl を押しながらホイールを回転させると、画面を拡大／縮小したり、フォルダーのアイコンの大きさを変えることができます。

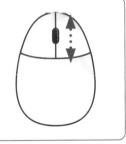

② 利用する主なキー

半角／全角キー

| 半角／全角／漢字 | 日本語入力と英語入力を切り替えます。 |

ファンクションキー

| F1 ～ F12 | 12個のキーには、ソフトごとによく使う機能が登録されています。 |

デリートキー

| Delete | 文字を消すときに使います。「del」と表示されている場合もあります。 |

文字キー

文字を入力します。

バックスペースキー

| Back Space | 入力位置を示すポインターの直前の文字を1文字削除します。 |

エンターキー

| Enter | 変換した文字を決定するときや、改行するときに使います。 |

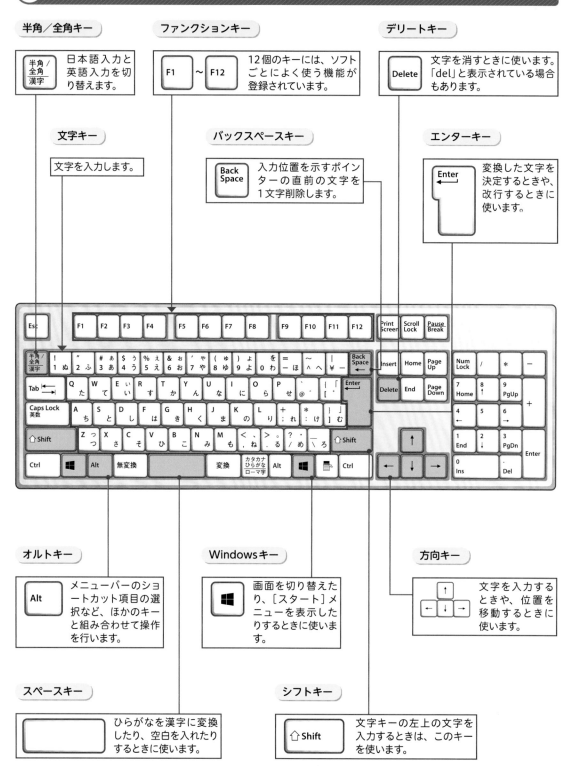

オルトキー

| Alt | メニューバーのショートカット項目の選択など、ほかのキーと組み合わせて操作を行います。 |

Windowsキー

| ⊞ | 画面を切り替えたり、[スタート]メニューを表示したりするときに使います。 |

方向キー

| ↑ ← ↓ → | 文字を入力するときや、位置を移動するときに使います。 |

スペースキー

| | ひらがなを漢字に変換したり、空白を入れたりするときに使います。 |

シフトキー

| ⬆ Shift | 文字キーの左上の文字を入力するときは、このキーを使います。 |

ご注意：ご購入・ご利用の前に必ずお読みください

- 本書に記載された内容は、情報提供のみを目的としています。したがって、本書を用いた運用は、必ずお客様自身の責任と判断によって行ってください。これらの情報の運用の結果について、技術評論社および著者はいかなる責任も負いません。

- ソフトウェアに関する記述は、特に断りのないかぎり、2022年10月現在での最新情報をもとにしています。これらの情報は更新される場合があり、本書の説明とは機能内容や画面図などが異なってしまうことがあり得ます。あらかじめご了承ください。

- 本書の内容は、以下の環境で制作し、動作を検証しています。使用しているパソコンによっては、機能内容や画面図が異なる場合があります。
    - ・Windows 11
    - ・Excel 2021/2019

- インターネットの情報については、URLや画面などが変更されている可能性があります。ご注意ください。

以上の注意事項をご承諾いただいた上で、本書をご利用願います。これらの注意事項をお読みいただかずに、お問い合わせいただいても、技術評論社および著者は対処しかねます。あらかじめご承知おきください。

■本書に掲載した会社名、プログラム名、システム名などは、米国およびその他の国における登録商標または商標です。本文中では™、®マークは明記していません。

目次

第3章　ピボットテーブルを作成しよう

第4章　グループ化・並び替えで表を見やすくしよう

第5章　フィルターを利用して注目データを取り出そう

第6章　さまざまな計算方法で集計しよう

第7章　ピボットテーブルを見やすく表示しよう

第9章　集計結果を活用しよう

第10章 複数の表をまとめてデータを集計しよう

第 **1** 章

ピボットテーブルの特徴を知ろう 基本編

ピボットテーブルの基礎知識を知ろう

▶ ピボットテーブルは簡単に作成できる集計表

ピボットテーブルは、表に入力されたデータをもとに、簡単に集計表を作成する機能です。データを集計することで、「どの商品が売れているか」「月々の売上の推移はどうか」など、業務に役立つさまざまな情報が得られます。

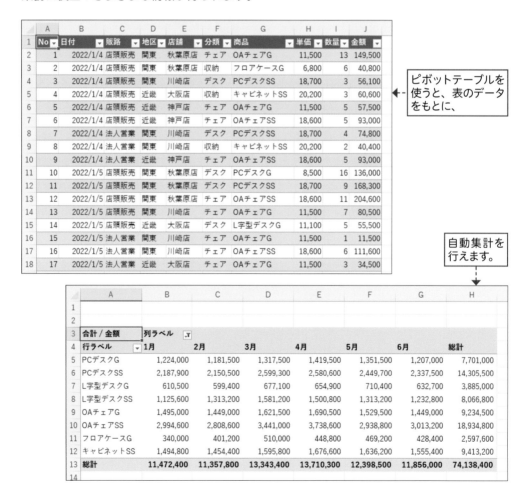

ピボットテーブルを使うと、表のデータをもとに、

自動集計を行えます。

データ分析に便利な機能が満載

ピボットテーブルには、データ分析に便利な数多くの機能が用意されています。階層分けして集計したり、特定の月だけを取り出して集計したりと、必要に応じてさまざまな集計表を作成できます。

特定の月のデータだけを集計できます。

商品を分類ごとに整理して集計できます。

ピボットテーブルの画面構成

ピボットテーブルは、[ピボットテーブル分析]タブや[デザイン]タブ、[ピボットテーブルのフィールドリスト]などを使用して操作します。

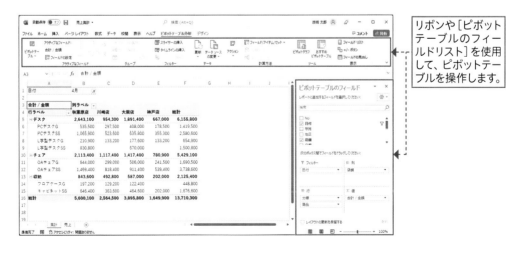

リボンや[ピボットテーブルのフィールドリスト]を使用して、ピボットテーブルを操作します。

Section
01 ピボットテーブルとは

ピボットテーブルの概要

▶ データを価値ある情報に変えるには「集計」が不可欠

日々の売上データを、パソコンに記録しているケースは少なくないでしょう。売上を長期にわたって入力していけば、膨大なデータが蓄積されます。しかし、単にデータを貯めるだけでは、実務に活かせません。「○月○日に店舗Aで商品Bが○個売れた」といった個々のデータの羅列からは、売上の全体的な傾向を読み取ることは困難です。蓄積したデータを価値ある情報として活かすには、「月別集計」「商品別集計」「支店別集計」など、**項目ごとの集計が不可欠**でしょう。

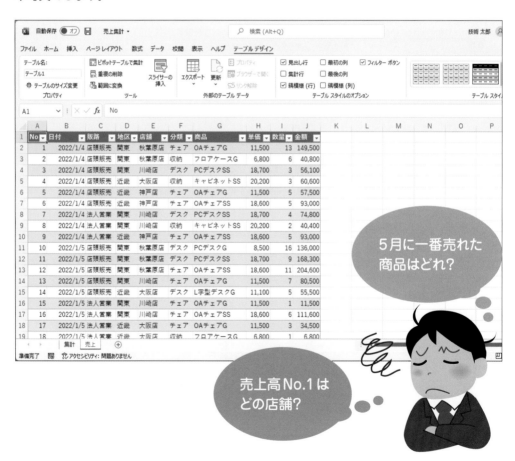

大量のデータをマウス操作だけで瞬時に集計できる！

売上データを「商品ごと」や「支店ごと」に集計すると、商品の売れ行きや支店の売上の傾向が浮き彫りになり、今後の商品展開や営業活動に活かせます。Excelの「ピボットテーブル」を使用すると、大量のデータを一瞬のうちに集計できます。しかも、操作もかんたんなんです。『行見出しは「商品」、列見出しは「地区」、合計するのは「金額」』という具合に、**集計表に配置する項目をマウスで指定するだけ**です。難しい関数や複雑な計算式を一切使わずに、大量のデータを一瞬のうちに集計してしまう、ピボットテーブルは、そんな魔法のような機能です。

売上データベース

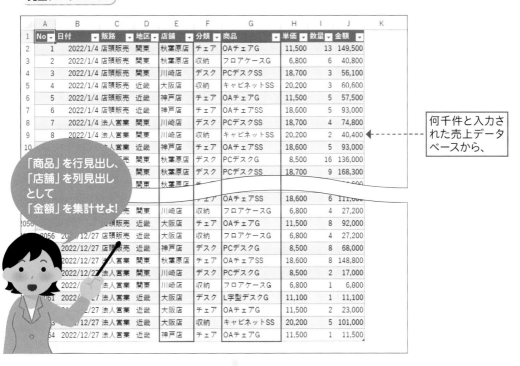

ピボットテーブル

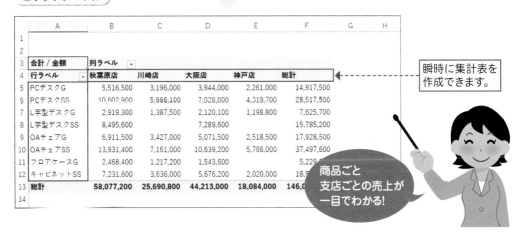

Section 02 ピボットテーブルでできること

ピボットテーブルの機能

▶ 集計項目をかんたんに入れ替えられる

同じデータベースを元にした集計表でも、集計項目を変えると視点が変わります。たとえば「商品別店舗別売上集計表」であれば、「どの商品がどの店舗で強いか」が明確になります。また、「月別店舗別売上集計表」であれば、売上が「伸びている」「落ちている」といった傾向がつかめます。**ピボットテーブルでは、集計表の項目の入れ替えをマウス操作でかんたんに行える**ので、さまざまな視点でのデータ分析に役立ちます。

商品別店舗別売上集計表

月別店舗別売上集計表

かんたんに集計項目を入れ替えて、さまざまな視点に立ったデータ分析が行えます(第3章)。

▶ さまざまな形式の集計が行える

ピボットテーブルで作成できる集計表のバリエーションは豊富です。たとえば2項目で集計する場合、2項目とも縦に並べた2階層の集計表にすることも、一方を縦、もう一方を横に並べた2次元の**クロス集計表**にすることもできます。また、クロス集計表に3項目目を追加して、3次元の集計を行うことも可能です。**目的に合わせて、自由なレイアウトの集計が行えるのです。**

1次元の集計表

	A	B	C	D	E
1					
2					
3	行ラベル	合計 / 金額			
4	PCデスクG	14,917,500			
5	PCデスクSS	28,517,500			
6	L字型デスクG	7,625,700			
7	L字型デスクSS	15,785,200			
8	OAチェアG	17,928,500			
9	OAチェアSS	37,497,600			
10	フロアケースG	5,229,200			
11	キャビネットSS	18,563,800			
12	総計	146,065,000			
13					
14					
15					
16					
17					
18					

行見出しに「商品」だけを配置した
1次元の集計表です（第3章）。

2階層の集計表

	A	B	C	D
1				
2				
3	行ラベル	合計 / 金額		
4	⊟デスク	66,845,900		
5	PCデスクG	14,917,500		
6	PCデスクSS	28,517,500		
7	L字型デスクG	7,625,700		
8	L字型デスクSS	15,785,200		
9	⊟チェア	55,426,100		
10	OAチェアG	17,928,500		
11	OAチェアSS	37,497,600		
12	⊟収納	23,793,000		
13	フロアケースG	5,229,200		
14	キャビネットSS	18,563,800		
15	総計	146,065,000		
16				
17				
18				

行見出しに「分類」と「商品」を配置した
2階層の集計表です（第3章）。

2次元の集計表

	A	B	C	D
1				
2				
3	合計 / 金額	列ラベル		
4	行ラベル	関東	近畿	総計
5	PCデスクG	8,712,500	6,205,000	14,917,500
6	PCデスクSS	16,269,000	12,248,500	28,517,500
7	L字型デスクG	4,306,800	3,318,900	7,625,700
8	L字型デスクSS	8,495,600	7,289,600	15,785,200
9	OAチェアG	10,338,500	7,590,000	17,928,500
10	OAチェアSS	21,092,400	16,405,200	37,497,600
11	フロアケースG	3,685,600	1,543,600	5,229,200
12	キャビネットSS	10,867,600	7,696,200	18,563,800
13	総計	83,768,000	62,297,000	146,065,000
14				
15				
16				
17				
18				

行見出しに「商品」、列見出しに「地区」を配
置した2次元のクロス集計表です（第3章）。

3次元の集計表

	A	B	C	D	E
1	日付	4月			
2					
3	合計 / 金額	列ラベル			
4	行ラベル	関東	近畿	総計	
5	PCデスクG	833,000	586,500	1,419,500	
6	PCデスクSS	1,589,500	991,100	2,580,600	
7	L字型デスクG	344,100	310,800	654,900	
8	L字型デスクSS	830,800	670,000	1,500,800	
9	OAチェアG	943,000	747,500	1,690,500	
10	OAチェアSS	2,287,800	1,450,800	3,738,600	
11	フロアケースG	326,400	122,400	448,800	
12	キャビネットSS	1,010,000	666,600	1,676,600	
13	総計	8,164,600	5,545,700	13,710,300	
14					
15					
16					
17					
18					

クロス集計表を「月」別に切り替える
3次元の集計表です（第5章）。

さまざまな機能で分析できる

ピボットテーブルでできることは、集計にとどまりません。**抽出**、**並べ替え**、**グループ化**などの機能を利用して、必要なデータを集計表に見やすく表示できます。計算方法も「**合計**」のほか、「**カウント**」や「**比率**」など多彩です。これらの機能を自由に操れるようになれば、データの集計や分析が思いのままになります。

項目を並べ替える

行ラベル	関東	近畿	総計
OAチェアSS	21,092,400	16,405,200	37,497,600
PCデスクSS	16,269,000	12,248,500	28,517,500
キャビネットSS	10,867,600	7,696,200	18,563,800
OAチェアG	10,338,500	7,590,000	17,928,500
L字型デスクSS	8,495,600	7,289,600	15,785,200
PCデスクG	8,712,500	6,205,000	14,917,500
L字型デスクG	4,306,800	3,318,900	7,625,700
フロアケースG	3,685,600	1,543,600	5,229,200
総計	83,768,000	62,297,000	146,065,000

売上高の大きい順など、データを目的の順序で並べ替えることができます（第4章）。

項目をグループ化する

行ラベル	関東	近畿	総計
5000-9999	12,398,100	7,748,600	20,146,700
10000-14999	14,645,300	10,908,900	25,554,200
15000-19999	37,361,400	28,653,700	66,015,100
20000-24999	10,867,600	7,696,200	18,563,800
25000-29999	8,495,600	7,289,600	15,785,200
総計	83,768,000	62,297,000	146,065,000

「単価」を5000円単位にまとめるなど、項目をグループ化して集計できます（第4章）。

項目を絞り込む

行ラベル	関東	近畿	総計
PCデスクG	8,712,500	6,205,000	14,917,500
PCデスクSS	16,269,000	12,248,500	28,517,500
L字型デスクG	4,306,800	3,318,900	7,625,700
L字型デスクSS	8,495,600	7,289,600	15,785,200
総計	37,783,900	29,062,000	66,845,900

「デスク」だけを表示するなど、集計項目を絞り込むことができます（第5章）。

集計方法を指定する

行ラベル	関東	近畿	総計
PCデスクG	10.40%	9.96%	10.21%
PCデスクSS	19.42%	19.66%	19.52%
L字型デスクG	5.14%	5.33%	5.22%
L字型デスクSS	10.14%	11.70%	10.81%
OAチェアG	12.34%	12.18%	12.27%
OAチェアSS	25.18%	26.33%	25.67%
フロアケースG	4.40%	2.48%	3.58%
キャビネットSS	12.97%	12.35%	12.71%
総計	100.00%	100.00%	100.00%

「データの個数」「比率」「累計」など、集計方法や計算の種類を指定できます（第6章）。

集計結果を視覚化できる

ピボットテーブルをプレゼンや会議で使用するときに見栄えのよい資料となるように、体裁を整えるための機能も充実しています。デザイン見本から選ぶだけで集計表を好みのデザインに変えたり、切りのよい位置で自動的に改ページして見やすく印刷したりできます。また、集計結果をグラフ化して、データの傾向や推移などをビジュアルに表現できます。ピボットテーブル専用のグラフ機能を「**ピボットグラフ**」と呼びます。

デザインを設定する

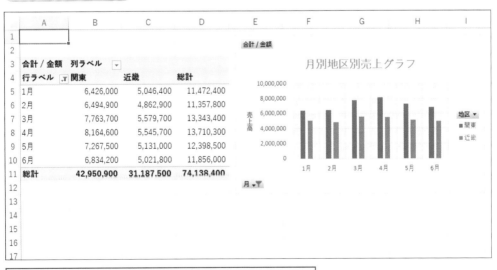

合計 / 金額	列ラベル		関東 集計	■近畿		近畿 集計	総計
	■関東			大阪店	神戸店		
行ラベル	秋葉原店	川崎店					
PCデスクG	5,516,500	3,196,000	8,712,500	3,944,000	2,261,000	6,205,000	14,917,500
PCデスクSS	10,602,900	5,666,100	16,269,000	7,928,800	4,319,700	12,248,500	28,517,500
L字型デスクG	2,919,300	1,387,500	4,306,800	2,120,100	1,198,800	3,318,900	7,625,700
L字型デスクSS	8,495,600		8,495,600	7,289,600		7,289,600	15,785,200
OAチェアG	6,911,500	3,427,000	10,338,500	5,071,500	2,518,500	7,590,000	17,928,500
OAチェアSS	13,931,400	7,161,000	21,092,400	10,639,200	5,766,000	16,405,200	37,497,600
フロアケースG	2,468,400	1,217,200	3,685,600	1,543,600		1,543,600	5,229,200
キャビネットSS	7,231,600	3,636,000	10,867,600	5,676,200	2,020,000	7,696,200	18,563,800
総計	58,077,200	25,690,800	83,768,000	44,213,000	18,084,000	62,297,000	146,065,000

ピボットテーブルに好みのデザインを設定できます（第7章）。

集計結果をグラフ化する

合計 / 金額	列ラベル			合計 / 金額
行ラベル	関東	近畿	総計	
1月	6,426,000	5,046,400	11,472,400	
2月	6,494,900	4,862,900	11,357,800	
3月	7,763,700	5,579,700	13,343,400	
4月	8,164,600	5,545,700	13,710,300	
5月	7,267,500	5,131,000	12,398,500	
6月	6,834,200	5,021,800	11,856,000	
総計	42,950,900	31,187,500	74,138,400	

月別地区別売上グラフ

集計結果をグラフにして、数値を視覚的に表現できます（第8章）。

Section

03 ピボットテーブルの 構成要素を知ろう

各部の名称の確認

▶ ピボットテーブルの画面構成

ピボットテーブルを作成すると、ワークシートにピボットテーブルの本体である集計表の枠が表示され.ます。また、リボンに**ピボットテーブル編集用のタブ**が表示され、画面右端には［**ピボットテーブルのフィールドリスト**］が表示されます。［ピボットテーブルのフィールドリスト］は、［**フィールドセクション**］と［**レイアウトセクション**］の2つのセクションで構成されています。

❶ピボットテーブル ❷ピボットテーブル編集用のタブ ❸ピボットテーブルのフィールドリスト

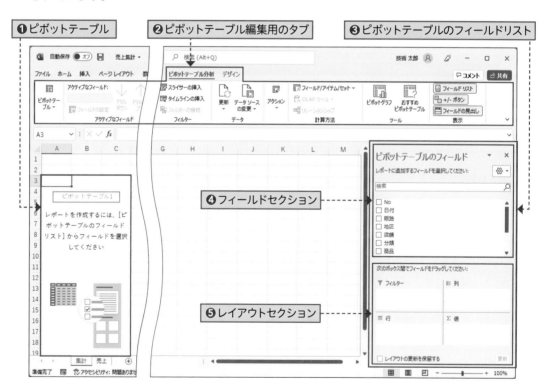

❹フィールドセクション

❺レイアウトセクション

名称	機能
❶ピボットテーブル	集計表本体です。
❷ピボットテーブル 編集用のタブ	ピボットテーブルを操作するためのタブの集まりです。ピボットテーブル内のセルを選択すると表示されます。
❸ピボットテーブルの フィールドリスト	ピボットテーブルの集計項目を指定するためのウィンドウです。
❹フィールドセクション	ピボットテーブルの元のデータベースに含まれている項目が一覧表示されます。
❺レイアウトセクション	どの項目を集計表のどの位置に配置するのかを指定する場所です。[フィルター][行][列][値]の4つのエリアがあります。

▶ ピボットテーブルの構成要素

ピボットテーブルには、データを表示する領域が、**レポートフィルターフィールド**、**行ラベルフィールド**、**列ラベルフィールド**、**値フィールド**の4種類あります。集計元の表のどのデータをピボットテーブルのどの領域に割り当てるかは、[ピボットテーブルのフィールドリスト]の[レイアウトセクション]で指定します。[レイアウトセクション]には、[**フィルター**][**行**][**列**][**値**]の4つのエリアがあり、そこに集計項目を配置することで、ピボットテーブルの対応する領域にデータが配置され、集計が行われます。

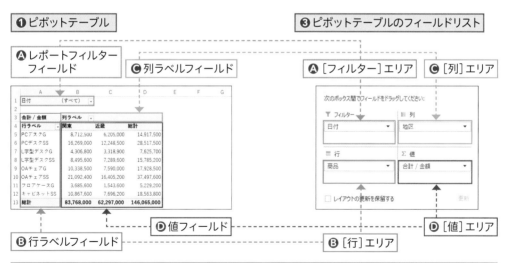

名称	機能
Ⓐレポートフィルターフィールド	集計対象のデータを絞り込むための項目です。
Ⓑ行ラベルフィールド	集計表の行見出しとなる項目です。
Ⓒ列ラベルフィールド	集計表の列見出しとなる項目です。
Ⓓ値フィールド	集計結果の数値です。

Section 04 ピボットテーブル編集用の リボンの役割を知ろう

リボンの構成の確認

データの編集には［ピボットテーブル分析］タブが活躍する

ピボットテーブル内のセルを選択すると、リボンに［ピボットテーブル分析］タブと［デザイン］タブの2つのタブが表示されます。［ピボットテーブル分析］タブには、主にピボットテーブルのデータの編集を行うボタンが集められています。

［ピボットテーブル分析］タブ

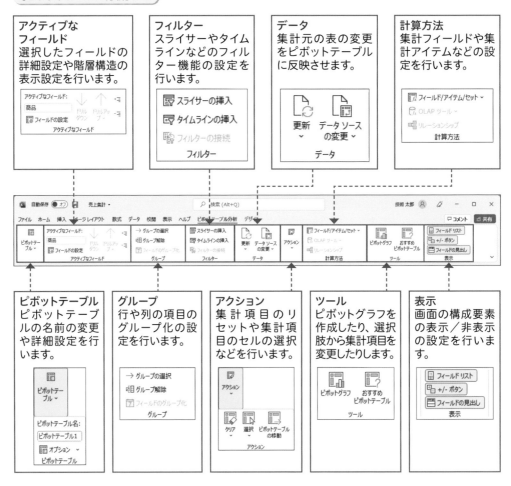

アクティブなフィールド
選択したフィールドの詳細設定や階層構造の表示設定を行います。

フィルター
スライサーやタイムラインなどのフィルター機能の設定を行います。

データ
集計元の表の変更をピボットテーブルに反映させます。

計算方法
集計フィールドや集計アイテムなどの設定を行います。

ピボットテーブル
ピボットテーブルの名前の変更や詳細設定を行います。

グループ
行や列の項目のグループ化の設定を行います。

アクション
集計項目のリセットや集計項目のセルの選択などを行います。

ツール
ピボットグラフを作成したり、選択肢から集計項目を変更したりします。

表示
画面の構成要素の表示／非表示の設定を行います。

▶ [デザイン]タブでピボットテーブルの見た目を編集できる

[デザイン]タブには、ピボットテーブルのデザインを編集するボタンが集められています。
集計表のレイアウトや色合いをボタン1つでかんたんに変更できます。

[デザイン]タブ

レイアウト
小計や総計の表示方法や、
集計表全体のレイアウトなど
を設定します。

ピボットテーブルスタイルの
オプション
ピボットテーブルの要素ごと
の書式を個別に設定します。

ピボットテーブルスタイル
ピボットテーブルの色や罫線
などの書式をまとめて設定し
ます。

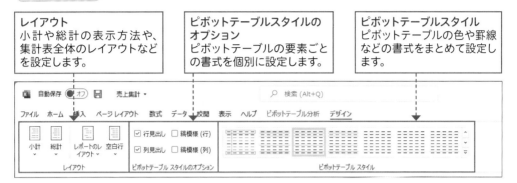

▶ 作業に応じてリボンのタブが切り替わる

ピボットグラフを作成してクリックすると、リボンに[ピボットグラフ分析][デザイン][書
式]の3つのタブが表示されます。これらは、ピボットグラフを編集するためのタブです。
ピボットテーブルを操作したいときはピボットテーブル内のセルをクリック、ピボットグラ
フを操作したいときはピボットグラフをクリック、という具合に、最初に操作対象をクリッ
クするところから作業を始めましょう。

ピボットグラフ編集用のタブ

1 グラフをクリックすると、　　　　**2** ピボットグラフを編集するタブが表示されます。

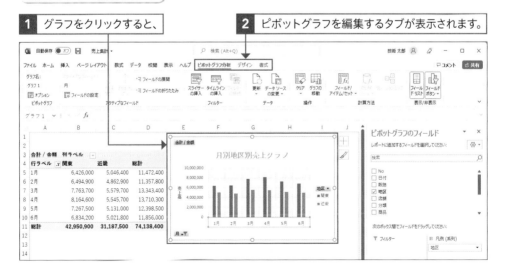

基本編

▶ 画面サイズによってリボンのボタンの構成が変わる

リボンのボタンはグループ分けされており、グループ内のボタンの配置は、画面サイズによって変わります。画面サイズを小さくすると、個々のボタンが非表示になることがあります。そのようなときは、グループをクリックすると、グループ内のボタンが表示されます。

画面サイズが大きい場合

本書ではこのリボンのサイズで解説を行います。

ボタンを直接クリックできます。

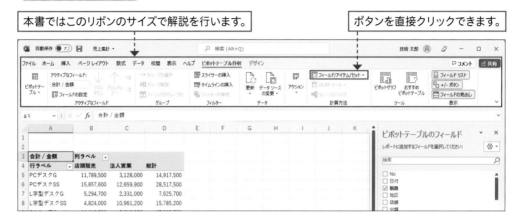

画面サイズが小さい場合

1 グループ名だけが表示されています。

2 グループをクリックすると、

3 ボタンを使用できます。

第 **2** 章

もとになる表を準備しよう 基本編

データを整理しよう

▶ ピボットテーブルはデータベース形式の表から作成する

ピボットテーブルは、Excelの「データベース」の表から作成します。データベースとは、1行目に項目名、2行目以降にデータを入力した一覧表のことです。集計したいデータがExcel以外のアプリに入力されている場合は、データをExcelに取り込むことで集計を行えます。アプリにExcel形式で保存する機能がない場合でも、テキストファイル形式で保存できればExcelに取り込めます。

● Excelのデータベース

	A	B	C	D	E	F	G	H	I	J
1	No	日付	販路	地区	店舗	分類	商品	単価	数量	金額
2	1	2022/1/4	店頭販売	関東	秋葉原店	チェア	OAチェアG	11,500	3	34,500
3	2	2022/1/4	店頭販売	関東	秋葉原店	収納	フロアケースG	6,800	6	40,800
4	3	2022/1/4	店頭販売	関東	川崎店	デスク	PCデスクSS	18,700	3	56,100
5	4	2022/1/4	店頭販売	近畿	大阪店	収納	キャビネットG	20,200	3	60,600
6	5	2022/1/4	店頭販売	近畿	神戸店	チェア	OAチェアG	11,500	5	57,500
7	6	2022/1/4	店頭販売	近畿	神戸店	チェア	OAチェアSS	18,600	5	93,000
8	7	2022/1/4	法人営業	関東	川崎店	デスク	PCデスクSS	18,700	4	74,800
9	8	2022/1/4	法人営業	関東	川崎店	収納	キャビネットSS	20,200	2	40,400
10	9	2022/1/4	法人営業	近畿	神戸店	チェア	OAチェアSS	18,600	5	93,000
11	10	2022/1/5	店頭販売	関東	秋葉原店	デスク	PCデスクG	8,500	16	136,000
12	11	2022/1/5	店頭販売	関東	秋葉原店	デスク	PCデスクG	18,700	9	168,300
13	12	2022/1/5	店頭販売	関東	秋葉原店	チェア	OAチェアSS	18,600	11	204,600
14	13	2022/1/5	店頭販売	関東	川崎店	チェア	OAチェアG	11,500	7	80,500
15	14	2022/1/5	店頭販売	近畿	大阪店	デスク	L字型デスクG	11,100	5	55,500

> ピボットテーブルは、1行目に項目名、2行目以降にデータを入力したデータベース形式の表から作成します。

● テキストファイル

> テキストファイルに保存されているデータをExcelに取り込んで、ピボットテーブルで集計できます。

▶ データベースの形態は「表」と「テーブル」の2種類

ピボットテーブルのもとになる表の形態には、通常の表と「テーブル」の2種類があります。ピボットテーブルを作成する手順や、作成されるピボットテーブル自体は、どちらをもとにした場合も同じです。しかし、ピボットテーブルの作成後、もとの表に追加したデータをピボットテーブルに反映させる手順は、「テーブル」のほうがかんたんなんです。

● 通常の表

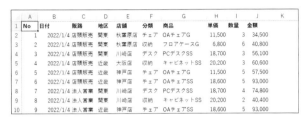

通常の表をもとにピボットテーブルを作成することもできますが、

● テーブル

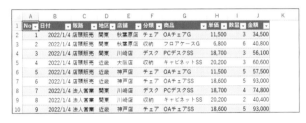

「テーブル」をもとにピボットテーブルを作成したほうが、あとの操作がかんたんなんです。

▶ ピボットテーブルの作成前にデータを統一しておく

もとの表に表記のゆれがあると、ピボットテーブルで正しい集計が行えません。たとえば、もとの表に「大阪店」と「大阪支店」が混在していると、それぞれが別のデータとして集計されてしまいます。置換機能を使用すると、表のデータを効率よく統一できます。

表記のゆれがあると正しい集計が行えないので、事前にデータを統一しておきます。

Section 05 新規にデータベースを作成しよう

データベースの決まりごと

📁 練習▶05_売上集計.xlsx

▶「データベース形式」の表の決まりごと

ピボットテーブルは、「**データベース形式**」の表から作成します。「データベース」とは、大量のデータを効率よく管理できるように整理してまとめたものです。データベース形式の表では、1件のデータを1行に入力します。また、「日付」「地区」「店舗」など、同種のデータは同じ列に入力します。1件分のデータ（1行分のデータ）を「**レコード**」、同種のデータの集まり（1列分のデータ）を「**フィールド**」、フィールドを識別するための名前のことを「**フィールド名**」と呼びます。Excelの表をデータベースとして扱うには、次の決まりに沿って表を作成します。

データベース形式の表

No	日付	販路	地区	店舗	分類	商品	単価	数量	金額
1	2022/1/4	店頭販売	関東	秋葉原店	チェア	OAチェアG	11,500	3	34,500
2	2022/1/4	店頭販売	関東	秋葉原店	収納	フロアケースG	6,800	6	40,800
3	2022/1/4	店頭販売	関東	川崎店	デスク	PCデスクSS	18,700	3	56,100
4	2022/1/4	店頭販売	近畿	大阪店	収納	キャビネットSS	20,200	3	60,600
5	2022/1/4	店頭販売	近畿	神戸店	チェア	OAチェアG	11,500	5	57,500
6	2022/1/4	店頭販売	近畿	神戸店	チェア	OAチェアSS	18,600	5	93,000
7	2022/1/4	法人営業	関東	川崎店	デスク	PCデスクSS	18,700	4	74,800
8	2022/1/4	法人営業	関東	川崎店	収納	キャビネットSS	20,200	2	40,400
9	2022/1/4	法人営業	近畿	神戸店	チェア	OAチェアSS	18,600	5	93,000
10	2022/1/5	店頭販売	関東	秋葉原店	チェア	OAチェアG	8,500	16	136,000
11	2022/1/5	店頭販売	関東	秋葉原店	デスク	PCデスクSS	18,700	9	168,300
12	2022/1/5	店頭販売	関東	秋葉原店	チェア	OAチェアSS	18,600	11	204,600
13	2022/1/5	店頭販売	関東	川崎店	チェア	OAチェアG	11,500	7	80,500
14	2022/1/5	店頭販売	近畿	大阪店	デスク	L字型デスクG	11,100	5	55,500
15	2022/1/5	法人営業	関東	川崎店	チェア	OAチェアG	11,500	1	11,500
16	2022/1/5	法人営業	関東	川崎店	チェア	OAチェアSS	18,600	6	111,600

フィールド名（フィールドを識別する名前）

フィールド（同種のデータ）

レコード（1件分のデータ）

▶ データベースの作成ルール

- 先頭行にフィールド名を入力します。フィールド名はフィールドごとに異なる名前にします。
- フィールド名には、太字や中央揃えなど、データとは異なる書式を設定します。
- 1件分のデータを1行に入力します。
- 同じ列には同じ種類のデータを入力します。
- データベースに隣接するセルには、ほかのデータを入力しないようにします。
- データベースの中に空白行や空白列を入れないようにします。

① フィールド名を入力する

解説

わかりやすくて簡潔な
フィールド名を付ける

データベースに入力したフィールド名は、ピボットテーブルでも使用するので、簡潔でわかりやすい名前を付けましょう。

1 フィールド名を入力します。

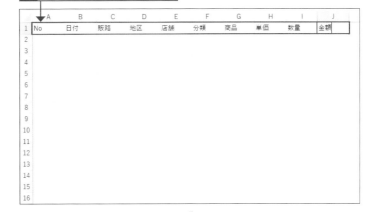

2 フィールド名のセルを選択し、　**3** [ホーム]タブの[太字]をクリックします。

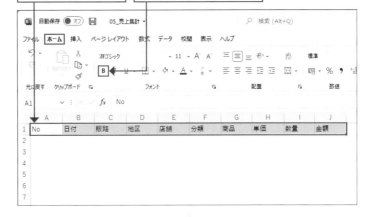

4 太字が設定されました。

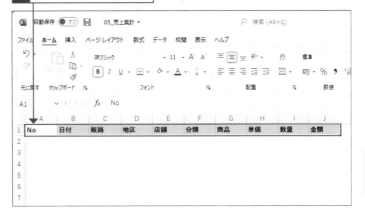

ヒント

テーブルにするなら
色の設定は不要

表をテーブルに変換してからピボットテーブルを作成する場合は、テーブルへの変換時に自動的に色が設定されるので、変換前に色を設定する必要はありません。テーブルに変換しない場合は、表を見やすくするために、フィールド名に色を付けるとよいでしょう。

② レコードを入力する

ヒント

適宜列幅を変更しよう

長い文字列を入力する場合は、あらかじめ列幅を広げておくと、作業しやすくなります。入力が済んだら、必要に応じて再度列幅を調整しましょう。

1 列番号の境界にマウスポインターを合わせると、この形になります。

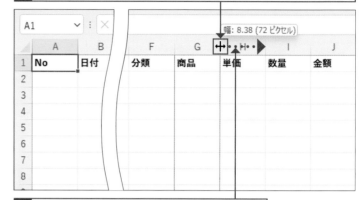

2 その状態でドラッグすると列幅を変更できます。

3 その他の列幅も調整します。

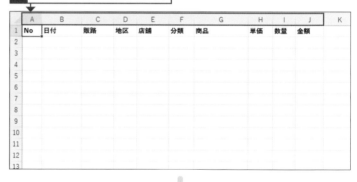

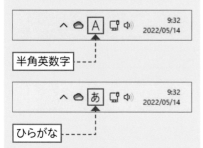
ヒント

入力モード

数値や日付を入力するときは[半角英数字]に、日本語を入力するときは[ひらがな]に切り替えます。[半角/全角]を押すと、入力モードを切り替えられます。

半角英数字

ひらがな

4 データを入力します。

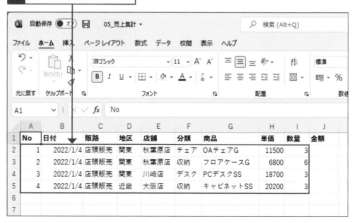

③ 数式を入力する

 解説

数式の入力

数式を入力するときは、先頭に「=」（イコール）を入力し、そのあとに式を入力します。「=H2*I2」と入力すると、セルH2の単価とセルI2の数量を掛け算した結果が求められます。

1 「金額」のセルJ2に「=」を入力して、

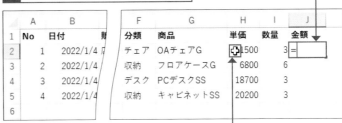

2 「単価」のセルH2をクリックします。

3 「H2」と入力されるので、続けて「*」を入力し、

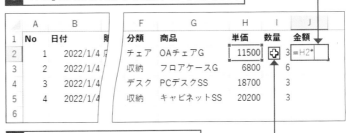

4 「数量」のセルI2をクリックします。

5 「=H2*I2」と入力されたことを確認して、[Enter]を押します。

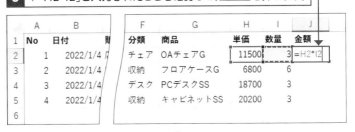

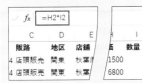 **ヒント**

数式を確認するには

数式を入力したセルをクリックすると、数式バーで数式を確認できます。

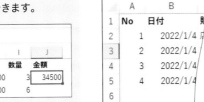

6 「単価×数量」が計算されました。

	A	B		F	G	H	I	J
1	No	日付	販	分類	商品	単価	数量	金額
2	1	2022/1/4	店	チェア	OAチェアG	11500	3	34500
3	2	2022/1/4		収納	フロアケースG	6800	6	
4	3	2022/1/4		デスク	PCデスクSS	18700	3	
5	4	2022/1/4		収納	キャビネットSS	20200	3	
6								

④ 数式をコピーする

重要用語

フィルハンドル

選択したセルの右下隅に表示される小さい四角形を「フィルハンドル」と呼びます。フィルハンドルにマウスポインターを合わせると、**＋**形になります。

H	I	J	K
単価	**数量**	**金額**	
11500	3	34500	
6800	6		

フィルハンドル

解説

コピー先の行のデータが計算される

セルJ2の数式「=H2*I2」を1つ下のセルJ3にコピーすると、数式の中の「2」が「3」に変化して、セルJ3に「=H3*I3」が入力されます。コピー先の行に応じて自動的に行番号がずれるので、各行で「単価×数量」を正しく計算できます。

H	I	J
単価	**数量**	**金額**
11500	3	34500
6800	6	40800
18700	3	56100
20200	3	60600

=H2*I2
=H3*I3
=H4*I4

1 数式を入力したセルをクリックして選択します。

	A	B		F	G	H	I	J
1	No	日付		分類	商品	単価	数量	金額
2	1	2022/1/4		チェア	OAチェアG	11500	3	34500
3	2	2022/1/4		収納	フロアケースG	6800	6	
4	3	2022/1/4		デスク	PCデスクSS	18700	3	
5	4	2022/1/4		収納	キャビネットSS	20200	3	
6								
7								
8								
9								
10								

2 フィルハンドルにマウスポインターを合わせて、

	A	B		F	G	H	I	J
1	No	日付		分類	商品	単価	数量	金額
2	1	2022/1/4		チェア	OAチェアG	11500	3	34500
3	2	2022/1/4		収納	フロアケースG	6800	6	
4	3	2022/1/4		デスク	PCデスクSS	18700	3	
5	4	2022/1/4		収納	キャビネットSS	20200	3	
6								
7								
8								
9								
10								

3 セルJ5までドラッグします。

4 数式がコピーされました。

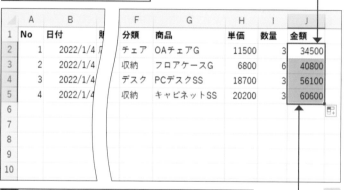

	A	B		F	G	H	I	J
1	No	日付		分類	商品	単価	数量	金額
2	1	2022/1/4		チェア	OAチェアG	11500	3	34500
3	2	2022/1/4		収納	フロアケースG	6800	6	40800
4	3	2022/1/4		デスク	PCデスクSS	18700	3	56100
5	4	2022/1/4		収納	キャビネットSS	20200	3	60600
6								
7								
8								
9								
10								

5 「金額」のセルが選択されたままにしておきます。

 解説

桁区切りスタイル

数値に[桁区切りスタイル]を設定すると、3桁ごとに「,」(カンマ)で区切られ、数値が読みやすくなります。[桁区切りスタイル]のように、データの見た目を変える機能を「表示形式」と呼びます。

ショートカットキー

[桁区切りスタイル]の設定

Ctrl + Shift + 1
(1はテンキー不可)

ヒント

表示形式を解除するには

設定した表示形式を解除するには、[ホーム]タブの[数値]グループにある[数値の書式]の ∨ をクリックして、表示されるメニューから[標準]をクリックします。

6 Ctrl を押しながら「単価」のセルをドラッグします。

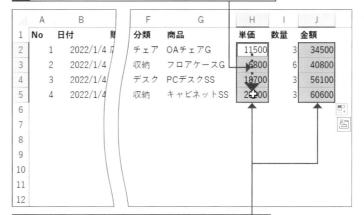

7 「金額」のセルと「単価」のセルが選択されました。

8 [ホーム]タブの[桁区切りスタイル]をクリックします。

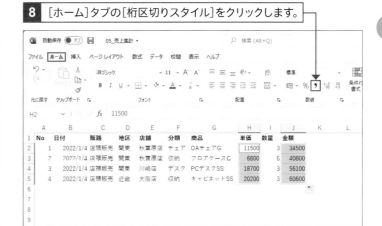

9 数値が3桁ごとに「,」で区切られました。

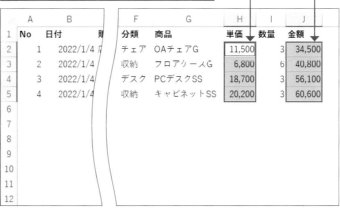

06 表をテーブルに変換しよう

テーブルの便利機能

練習▶06_売上集計.xlsx

▶ テーブルに変換すると今後の操作がラクになる

Excelには、データの追加や管理をしやすくするために表に設定する「テーブル」という機能が用意されています。表のデータをそのままピボットテーブルで集計するより、**テーブルに変換してから集計すると、あとから新しいレコードを追加したときの操作がラクになるので**おすすめです。ここでは、表をテーブルに変換する方法を紹介します。

Before データベース形式の表

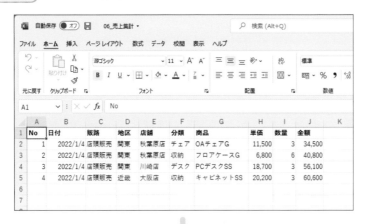

データベース形式の表を、

After テーブル

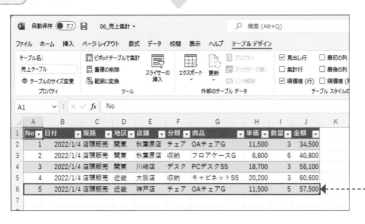

テーブルに変換します。

データを入力すると、テーブルの範囲が自動的に拡張します。

① 表をテーブルに変換する

🔍 重要用語

テーブル

「テーブル」は、表をデータベースとして扱いやすくする機能です。新しいデータを入力するとテーブルが自動拡張し、新しい行にテーブルの書式や数式が適用されます。

⌨ ショートカットキー

テーブルの作成

`Ctrl` + `T`

1 表内のセルをクリックします。　**2** ［挿入］タブをクリックして、

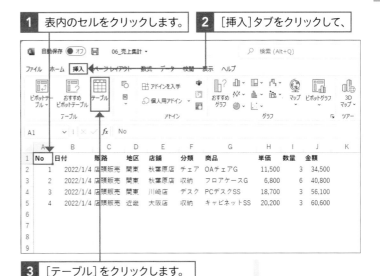

3 ［テーブル］をクリックします。

4 ［テーブルの作成］ダイアログボックスが表示されます。

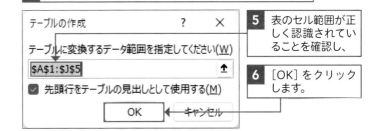

5 表のセル範囲が正しく認識されていることを確認し、

6 ［OK］をクリックします。

💬 解説

表内のセルを1つ選択しておく

表をテーブルに変換する際は、あらかじめ表内のセルをクリックして選択しておきます。36ページで紹介したデータベースの決まりごとに沿って作成した表であれば、表全体のセル範囲が自動認識されるので、［テーブルの作成］ダイアログボックスでセル範囲を指定する手間が省けます。

7 表がテーブルに変換され、縞模様が設定されました。

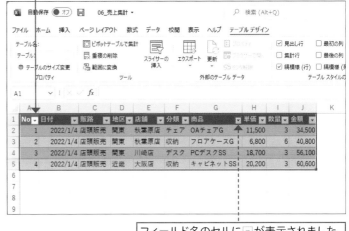

フィールド名のセルに ▾ が表示されました。

② テーブルに新しいレコードを入力する

🗨 解説

**データを追加すると
テーブルが拡張する**

テーブルのすぐ下の行にデータを入力すると、テーブルの範囲が自動拡張します。新しい行に、縞模様の色や桁区切りスタイルなどの書式が自動設定されます。

1 テーブルのすぐ下の行にデータを入力して、

2 [Enter]を押します。

3 テーブルの範囲が自動的に拡張され、新しい行に縞模様の続きの色が設定されました。

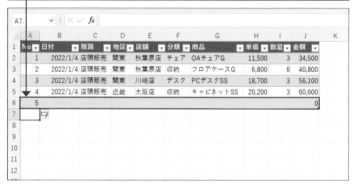

✏ 補足

数式も拡張される

テーブルでは、数式も自動拡張します。新しい行に数式が自動入力されるので、「単価」と「数量」を入力すると、即座に「金額」が表示されます。

4 新しい行の「金額」のセルをクリックすると、

5 数式が自動入力されたことを確認できます。

6 「単価」と「数量」を入力すると、

7 「単価×数量」が即座に表示されます。

✎ 補足　テーブル名を確認／変更するには

表をテーブルに変換すると、自動的にテーブルのセル範囲に「テーブル1」「テーブル2」のようなテーブル名が設定されます。自動設定されたテーブル名は、[テーブルデザイン] タブで確認できます。必要に応じて、テーブル名を変更することも可能です。

1 テーブル内のセルをクリックして、

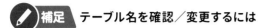

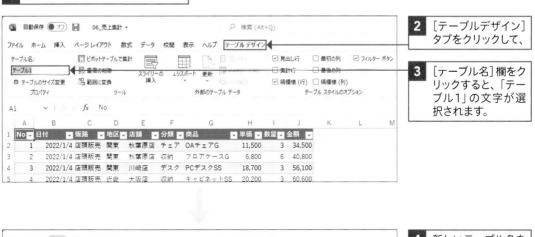

2 [テーブルデザイン] タブをクリックして、

3 [テーブル名] 欄をクリックすると、「テーブル1」の文字が選択されます。

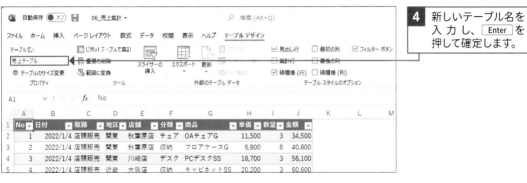

4 新しいテーブル名を入力し、Enter を押して確定します。

Section 07 テキストファイルを Excelで開こう

テキストファイルの読み込み

練習▶07_売上集計.xlsx

▶ テキストファイル経由なら外部データをExcelに取り込める

集計するデータがすでにほかのアプリで入力されている場合は、入力済みのデータを有効に活用しましょう。**データをテキストファイルに書き出し、それをExcelで開けば**、Excelのピボットテーブルで集計できます。テキストファイルにはさまざまな保存形式がありますが、Excelの[**テキストファイルウィザード**]機能を使用すると、データの保存形式に合わせてテキストファイルを開けます。

① テキストファイルの中身を確認する

🔍 重要用語

テキストファイル

テキストファイルとは、文字だけで構成されたファイルです。多くのソフトウェアで読み込みや保存が可能なので、ソフトウェア間でデータを受け渡しするときに利用されます。

💬 解説

テキストファイルの構成を確認しておく

テキストファイルは、フィールドの区切り方によって、「区切り文字」形式と「固定長」形式に分類されます。Excelでテキストファイルを開くときに、フィールドの区切り方を指定する必要があるので、事前に確認しておきましょう。ここでは、各フィールドがコンマ「,」で区切られた「区切り文字」形式のテキストファイルを使用します。

1 テキストファイルが保存されているフォルダーを開きます。　**2** テキストファイルのアイコンをダブルクリックします。

3 メモ帳が起動して、テキストファイルが開きました。

4 各フィールドがコンマ「,」で区切られていることを確認します。　**5** 確認が済んだら、[閉じる]をクリックして、メモ帳を閉じます。

② 開くテキストファイルを指定する

 解説

ファイルの種類を指定する

[ファイルを開く] ダイアログボックスに、通常テキストファイルは表示されません。テキストファイルを開くには、手順 **6** のファイルの種類の選択欄から [テキストファイル] を選択します。

| **1** | Excelを起動して、 |

| **2** | [開く]をクリックし、 |

| **3** | [参照]をクリックします。 |

| **4** | [ファイルを開く]ダイアログボックスが表示されました。 |

| **5** | ファイルのあるフォルダーを指定して、 |

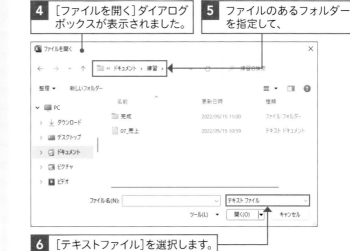

| **6** | [テキストファイル]を選択します。 |

 **応用技**

CSV ファイルを開く

コンマ区切りのファイルには、テキストファイルのほかに「CSV (Comma Separated Values) ファイル」があります。CSVファイルの場合、ファイルアイコンをダブルクリックするだけで、Excelが起動してファイルが開きます。

CSVファイルをダブルクリックします。

| **7** | 開くファイルをクリックして、 |

| **8** | [開く]をクリックします。 |

---

③ テキストファイルのデータ形式を指定して開く

💬 **解説**

テキストファイルウィザード

Excelでテキストファイルを開くと、[テキストファイルウィザード]が起動します。先頭に見出しが入力されているかどうか、データがどんな文字で区切られているかなど、テキストファイルを開くためのさまざまな設定を行えます。

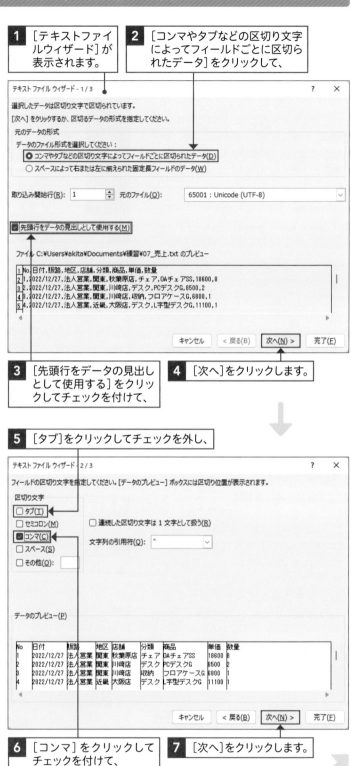

1 [テキストファイルウィザード]が表示されます。

2 [コンマやタブなどの区切り文字によってフィールドごとに区切られたデータ]をクリックして、

3 [先頭行をデータの見出しとして使用する]をクリックしてチェックを付けて、

4 [次へ]をクリックします。

5 [タブ]をクリックしてチェックを外し、

6 [コンマ]をクリックしてチェックを付けて、

7 [次へ]をクリックします。

✦ **応用技**

ウィザードを使って CSVファイルを開くには

CSVファイルを開くときに[テキストファイルウィザード]で設定を行いたい場合は、あらかじめCSVファイルをテキストファイルに変換しておきます。CSVファイルをメモ帳で開き、[名前を付けて保存]を行うと、テキストファイルに変換できます。

応用技

列のデータ形式を指定する

「0123」のような、先頭に「0」が付いた数字のデータをそのままExcelに読み込むと、先頭の「0」が消えて「123」に変わってしまいます。「0123」のまま読み込むには、手順 **8** の画面の[列のデータ形式]で[文字列]をクリックします。

1 先頭に「0」が付いたフィールドをクリックして、

2 [文字列]をクリックします。

 補足

データの損失の可能性

Excelでテキストファイルを開くと、[データ損失の可能性]というメッセージが表示される場合があります。ファイルをExcel形式で保存すると、このメッセージは非表示になります。

---

8 [データのプレビュー]でデータが正しく表示されていることを確認して、

9 [完了]をクリックします。

10 テキストファイルが開き、ワークシートにデータが表示されます。

	A	B	C	D	E	F	G	H	I	J
1	No	日付	販路	地区	店舗	分類	商品	単価	数量	
2	1	######	法人営業	関東	秋葉原店	チェア	OAチェア!	18600	8	
3	2	######	法人営業	関東	川崎店	デスク	PCデスク(	8500	2	
4	3	######	法人営業	関東	川崎店	収納	フロアケー	6800	1	
5	4	######	法人営業	近畿	大阪店	デスク	L字型デス	11100	1	
6	5	######	法人営業	近畿	大阪店	チェア	OAチェア(	11500	2	
7	6	######	法人営業	近畿	大阪店	収納	キャビネッ	20200	5	
8										
9										
10										
11										

11 必要に応じて列幅を調整します。

	A	B	C	D	E	F	G	H	I	J
1	No	日付	販路	地区	店舗	分類	商品	単価	数量	
2	1	2022/12/27	法人営業	関東	秋葉原店	チェア	OAチェアSS	18600	8	
3	2	2022/12/27	法人営業	関東	川崎店	デスク	PCデスクG	8500	2	
4	3	2022/12/27	法人営業	関東	川崎店	収納	フロアケースG	6800	1	
5	4	2022/12/27	法人営業	近畿	大阪店	デスク	L字型デスクG	11100	1	
6	5	2022/12/27	法人営業	近畿	大阪店	チェア	OAチェアG	11500	2	
7	6	2022/12/27	法人営業	近畿	大阪店	収納	キャビネットSS	20200	5	
8										
9										
10										
11										
12										

④ Excel形式で保存する

 ショートカットキー

名前を付けて保存

F12

1 [ファイル]タブをクリックします。

2 [名前を付けて保存]をクリックして、

3 [参照]をクリックします。

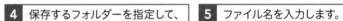

4 保存するフォルダーを指定して、

5 ファイル名を入力します。

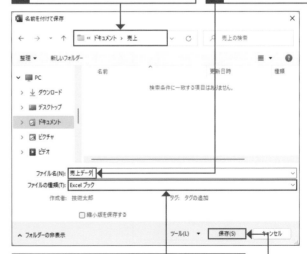

6 ここをクリックして[Excelブック]を選択し、

7 [保存]をクリックします。

補足

**必ずExcelの形式で
保存しておく**

テキストファイルは、文字の情報しか保存できません。設定した書式や数式を保存するには、[名前を付けて保存]ダイアログボックスの[ファイルの種類]から[Excelブック]を選択して、Excel形式で保存しましょう。

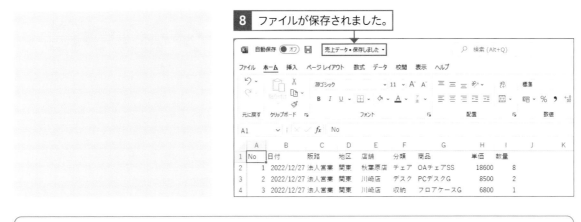

8 ファイルが保存されました。

✨ **応用技** **固定長のテキストファイルを開くには**

「固定長」形式のテキストファイルでは、各列の文字数が決められています。データの長さが決められた文字数に満たない場合は、スペースが補われます。固定長のテキストファイルを開くときは、［テキストファイルウィザード］の最初の画面で［スペースによって右または左に揃えられた固定長フィールドのデータ］をクリックし、次の画面でフィールドの区切り位置を指定します。

固定長のテキストファイル

列ごとに文字数が決められています。

1 ［テキストファイルウィザード］の最初の画面で［スペースによって右または左に揃えられた固定長フィールドのデータ］をクリックします。

2 次の画面に書いてある説明にしたがって、フィールドの区切り位置を指定します。

Section

08 複数の表のデータを1つにまとめよう

ファイル間のコピー

練習▶08_売上データ.xlsx、08_売上集計.xlsx

▶ 集計前に表を1つにまとめよう

支店から送られてきた最新の売上データを既存の表に追加したいときや、月別にシートを分けて売上データを入力している場合など、**複数の表のデータを1つにまとめたい**ことがあります。ファイルやシートを切り替えながら**コピー／貼り付け**を行えば、データを1つの表にまとめられます。ここでは、別のファイルに入力されている最新の売上データを、既存のテーブルに追加する例を紹介します。

追加するデータ

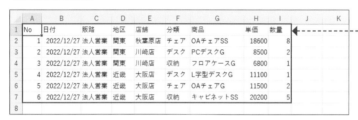

別ファイルに入力されているデータを、

テーブル

テーブルの新しい行に追加します。

① 2つの表のフィールド構成を確認する

補足

フィールドの構成を
確認しておく

コピーを実行する前に、お互いの表のフィールド構成を確認しておきましょう。フィールドの順序が異なる場合は、同じ順序になるように調整します。列を選択して、選択範囲の枠にマウスポインターを合わせ、[Shift] を押しながらドラッグすると、列を移動できます。
なお、最終列の計算で求められるフィールドは、追加するデータになくてもかまいません。

1 列を選択します。

2 [Shift] を押しながら枠の部分をドラッグします。

1 追加先の表が入力されているファイル（08_売上集計.xlsx）を開きます。

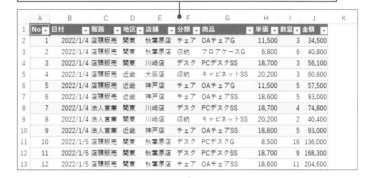

2 追加するデータが入力されているファイル（08_売上データ.xlsx）を開きます。

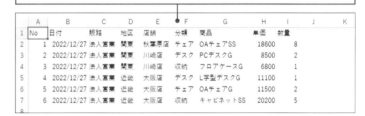

3 追加先の表とフィールドの順序が一致することを確認します。

② コピー／貼り付けを実行する

ショートカットキー

コピー

[Ctrl] + [C]

1 コピーする範囲を選択して、

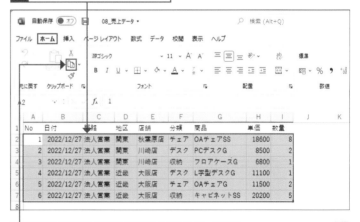

2 [ホーム]タブの[コピー]をクリックします。

同じファイル内の表をまとめる

同じファイルにある複数のシートの表をまとめる場合は、シート見出しをクリックしてシートを切り替えながら、コピー／貼り付けを行います。

時短

コピー先にすばやくジャンプする

コピー先の表のA列の任意のセルを選択して、Ctrlを押しながら↓を押すと、表のA列の最下行に移動できます。コピー先のセルはその真下のセルなので、↓を1回押せば、コピー先のセルを選択できます。

ショートカットキー

貼り付け

Ctrl + V

---

3 [表示]タブをクリックし、

4 [ウィンドウの切り替え]をクリックして、

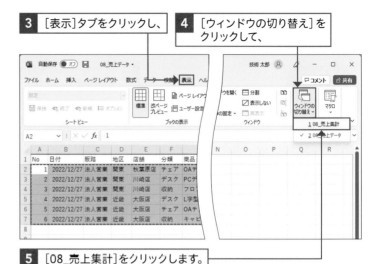

5 [08_売上集計]をクリックします。

6 「08_売上集計」(追加先のファイル)が表示されます。

	A	B	C	D	E	F	G	H	I	J	K
1	No	日付	販路	地区	店舗	分類	商品	単価	数量	金額	
2	1	2022/1/4	店頭販売	関東	秋葉原店	チェア	OAチェアG	11,500	3	34,500	
3	2	2022/1/4	店頭販売	関東	秋葉原店	収納	フロアケースG	6,800	6	40,800	
4	3	2022/1/4	店頭販売	関東	川崎店	デスク	PCデスクSS	18,700	3	56,100	
5	4	2022/1/4	店頭販売	近畿	大阪店	収納	キャビネットSS	20,200	3	60,600	
6	5	2022/1/4	店頭販売	近畿	神戸店	チェア	OAチェアG	11,500	5	57,500	
7	6	2022/1/4	店頭販売	近畿	神戸店	チェア	OAチェアSS	18,600	5	93,000	
8	7	2022/1/4	法人営業	関東	川崎店	デスク	PCデスクSS	18,700	4	74,800	
9	8	2022/1/4	法人営業	関東	川崎店	収納	キャビネットSS	20,200	2	40,400	
10	9	2022/1/4	法人営業	近畿	神戸店	チェア	OAチェアG	18,600	5	93,000	
11	10	2022/1/5	店頭販売	関東	秋葉原店	デスク	PCデスクG	8,500	16	136,000	
12	11	2022/1/5	店頭販売	関東	秋葉原店	デスク	PCデスクSS	18,700	9	168,300	
13	12	2022/1/5	店頭販売	関東	秋葉原店	チェア	OAチェアSS	18,600	11	204,600	
14	13	2022/1/5	店頭販売	関東	川崎店	チェア	OAチェアG	11,500	7	80,500	
15	14	2022/1/5	店頭販売	近畿	大阪店	デスク	L字型デスクG	11,100	5	55,500	
16	15	2022/1/5	法人営業	関東	川崎店	チェア	OAチェアG	11,500	1	11,500	

7 コピー先のセルを選択して、

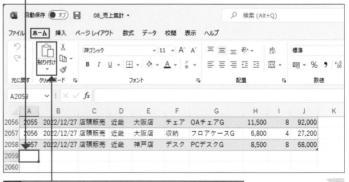

8 [ホーム]タブの[貼り付け]をクリックします。

補足

常にフィールド名が表示される

テーブルでは、ワークシートをスクロールして先頭の行が画面から消えると、「A」や「B」などの列番号の代わりにフィールド名が表示されます。

	No	日付	販路	地区	店舗	...
2056	2055	2022/12/27	店頭販売	近畿	大阪店	チ
2057	2056	2022/12/27	店頭販売	近畿	大阪店	収
2058	2057	2022/12/27	店頭販売	近畿	神戸店	チ
2059	2058	2022/12/27	法人営業	関東	秋葉原店	チ

---

9 データが貼り付けられました。

	No	日付	販路	地区	店舗	分類	商品	単価	数量	金額	K
2056	2055	2022/12/27	店頭販売	近畿	大阪店	チェア	OAチェアG	11,500	8	92,000	
2057	2056	2022/12/27	店頭販売	近畿	大阪店	収納	フロアケースG	6,800	4	27,200	
2058	2057	2022/12/27	店頭販売	近畿	神戸店	デスク	PCデスクG	8,500	8	68,000	
2059	1	2022/12/27	法人営業	関東	秋葉原店	チェア	OAチェアSS	18,600	8	148,800	
2060	2	2022/12/27	法人営業	関東	川崎店	デスク	PCデスクG	8,500	2	17,000	
2061	3	2022/12/27	法人営業	関東	川崎店	収納	フロアケースG	6,800	1	6,800	
2062	4	2022/12/27	法人営業	近畿	大阪店	デスク	L字型デスクG	11,100	1	11,100	
2063	5	2022/12/27	法人営業	近畿	大阪店	チェア	OAチェアG	11,500	2	23,000	
2064	6	2022/12/27	法人営業	近畿	大阪店	収納	キャビネットSS	20,200	5	101,000	

10 数式や書式が自動拡張しました。

解説

通し番号を振り直す

通し番号が入力された2つのセルを選択し、その状態でフィルハンドルをドラッグすると、ドラッグした範囲に続きの番号を自動入力できます。

---

11 もとからあった表の末尾2つの「No」のセルを選択します。

	No	日付	販路	地区	店舗	分類	商品	単価	数量	金額	K
2056	2055	2022/12/27	店頭販売	近畿	大阪店	チェア	OAチェアG	11,500	8	92,000	
2057	2056	2022/12/27	店頭販売	近畿	大阪店	収納	フロアケースG	6,800	4	27,200	
2058	2057	2022/12/27	店頭販売	近畿	神戸店	デスク	PCデスクG	8,500	8	68,000	
2059	1	2022/12/27	法人営業	関東	秋葉原店	チェア	OAチェアSS	18,600	8	148,800	
2060	2	2022/12/27	法人営業	関東	川崎店	デスク	PCデスクG	8,500	2	17,000	
2061	3	2022/12/27	法人営業	関東	川崎店	収納	フロアケースG	6,800	1	6,800	
2062	4	2022/12/27	法人営業	近畿	大阪店	デスク	L字型デスクG	11,100	1	11,100	
2063	5	2022/12/27	法人営業	近畿	大阪店	チェア	OAチェアG	11,500	2	23,000	
2064		2022/12/27	法人営業	近畿	大阪店	収納	キャビネットSS	20,200	5	101,000	

12 フィルハンドルをドラッグします。

ヒント

コピー先が通常の表の場合

コピー先の表がテーブルではなく、通常の表の場合、書式や数式は自動拡張しないので、貼り付けたあとに自分で設定する必要があります。

---

13 続きの通し番号が入力されました。

	No	日付	販路	地区	店舗	分類	商品	単価	数量	金額	K
2056	2055	2022/12/27	店頭販売	近畿	大阪店	チェア	OAチェアG	11,500	8	92,000	
2057	2056	2022/12/27	店頭販売	近畿	大阪店	収納	フロアケースG	6,800	4	27,200	
2058	2057	2022/12/27	店頭販売	近畿	神戸店	デスク	PCデスクG	8,500	8	68,000	
2059	2058	2022/12/27	法人営業	関東	秋葉原店	チェア	OAチェアSS	18,600	8	148,800	
2060	2059	2022/12/27	法人営業	関東	川崎店	デスク	PCデスクG	8,500	2	17,000	
2061	2060	2022/12/27	法人営業	関東	川崎店	収納	フロアケースG	6,800	1	6,800	
2062	2061	2022/12/27	法人営業	近畿	大阪店	デスク	L字型デスクG	11,100	1	11,100	
2063	2062	2022/12/27	法人営業	近畿	大阪店	チェア	OAチェアG	11,500	2	23,000	
2064	2063	2022/12/27	法人営業	近畿	大阪店	収納	キャビネットSS	20,200	5	101,000	

基本編

Section 09 表記ゆれを統一しよう

置換

練習▶09_売上集計.xlsx

▶ 正確な集計には表記の統一が不可欠

ピボットテーブルのもとになる表に、「大阪店」と「大阪支店」、「神戸店」と「神戸支店」など、表記のゆれがあると正しい集計結果が得られません。フィルターの機能を使用して表記のゆれを発見し、置換機能を使用して正しい表記に統一しましょう。

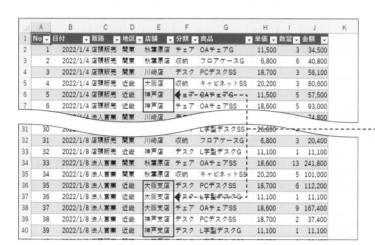

表記が違うと異なる店舗として集計され、正しい集計結果が得られません。

① テキストファイルの中身を確認する

表記のゆれを効率よく発見する

レコード数が多い場合、表記のゆれを探すのは大変です。効率よく探すには、フィールド名のセルの ▼ をクリックします。そのフィールドに入力されているデータが一覧表示されるので、かんたんに表記のゆれを発見できます。

1 表記のゆれを調べたいフィールド（ここでは［店舗］）の ▼ をクリックします。

重要用語

フィルター

フィルターとは、条件に合ったデータだけを抽出して表示する機能のことです。

ヒント

通常の表でフィルターを使用するには

通常の表の場合、表内のセルを1つ選択して、[データ]タブにある[フィルター]をクリックすると、フィールド名のセルに▼を表示したり、非表示にしたりできます。

2 フィールド内のデータが一覧表示されます。

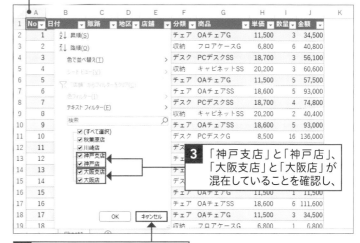

3 「神戸支店」と「神戸店」、「大阪支店」と「大阪店」が混在していることを確認し、

4 [キャンセル]をクリックします。

② 置換機能で表記のゆれを統一する

解説

置換する範囲を指定する

あらかじめセル範囲を選択してから置換を行うと、選択したセル範囲が置換の対象になります。セルを1つだけ選択した場合は、ワークシート全体が置換の対象になります。

1 列番号の[E]をクリックすると、

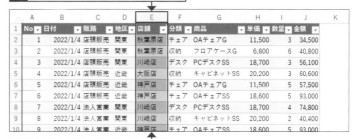

2 [店舗]の列が選択されます。

3 [ホーム]タブの[検索と選択]をクリックし、

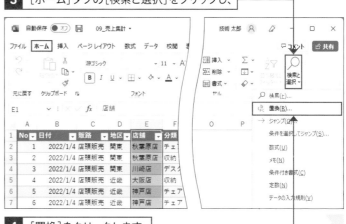

4 [置換]をクリックします。

ショートカットキー

[検索と置換]ダイアログボックスの[置換]タブの表示

`Ctrl` + `H`

解説

完全一致と部分一致

[検索と置換]ダイアログボックスの[セルの内容が完全に同一であるものを検索する]にチェックを付けると完全一致、チェックを外すと部分一致で検索が行われます。[検索する文字列]に「支店」と入力した場合、完全一致では「支店」と入力されているセルだけが置換の対象となり、部分一致では「大阪支店」のように「支店」を含むセルが置換の対象になります。

注意

検索結果を確認しよう

思いがけない結果を招くことがないように、[すべて置換]をクリックする前に、検索結果の一覧を確認しておきましょう。一気に置換するのが心配なときは、[次を検索]と[置換]を使うと該当のセルを1つずつ検索して置換できます。

ヒント

置換する前に戻す

置換を実行したあと、[ホーム]タブ（Excel 2019の場合はクイックアクセスツールバー）にある[元に戻す]をクリックすると、置換を実行する前の状態に戻せます。

---

5 [検索と置換]ダイアログボックスの[置換]タブが表示されます。

6 検索する文字列（ここでは「支店」）と、

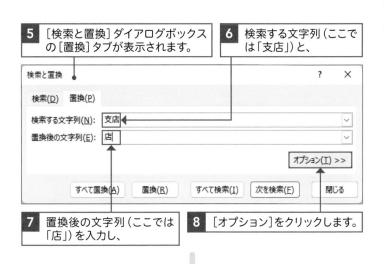

7 置換後の文字列（ここでは「店」）を入力し、

8 [オプション]をクリックします。

9 [セルの内容が完全に同一であるものを検索する]のチェックが外れていることを確認して、

10 [すべて検索]をクリックします。

11 検索結果の一覧をクリックすると、該当のセルを確認できます。

12 [すべて置換]をクリックします。

ヒント

「店」を「支店」に統一するには

「店」を一律に「支店」に置換すると、「○○支店」がすべて「○○支支店」になってしまいます。このようなときは、店舗名を含めて「大阪店」を「大阪支店」に、「神戸店」を「神戸支店」にという具合に、2回に分けて置換します。

13 ［OK］をクリックすると、

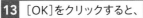

14 ［検索と置換］ダイアログボックスに戻るので、［閉じる］をクリックします。

15 ［店舗］の▼をクリックして、

16 「神戸支店」と「大阪支店」がなくなったことを確認します。

17 ［キャンセル］をクリックします。

応用技 抽出を利用してデータを一気に修正する

データを統一するには、修正したいデータを抽出して入力し直す方法もあります。例えば「大阪支店」を修正するには、57ページの1番上の画面で［大阪支店］だけにチェックを付けて、［OK］をクリックします。すると「大阪支店」のレコードが抽出されるので、「大阪店」に修正します。

1 「大阪支店」を抽出し、抽出結果のセルを選択しておきます。

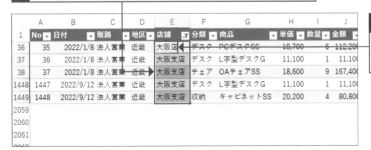

2 「大阪店」と入力して、[Ctrl] を押しながら [Enter] を押すと、選択したすべてのセルに「大阪店」を入力できます。

3 ［店舗］の▼をクリックして［"店舗"からフィルターをクリア］をクリックすると、抽出を解除できます。

補足 本書で使用する「売上」データベースの構成

本書では、主に下図のような売上を記録したテーブルをもとに、ピボットテーブルでさまざまな集計を行います。ピボットテーブルの操作に入る前に、あらかじめテーブルの内容を把握しておきましょう。

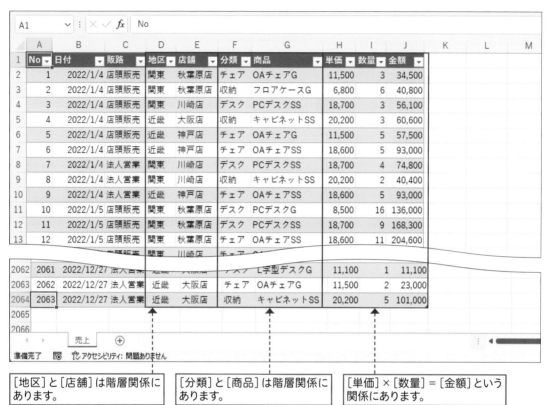

[地区]と[店舗]は階層関係にあります。

[分類]と[商品]は階層関係にあります。

[単価]×[数量]＝[金額]という関係にあります。

フィールド	説明
No	1から始まる通し番号が振られています。
日付	2022年1月～12月の日付が入力されています。
販路	2種類の販売経路（「店頭販売」「法人営業」）が入力されています。
地区	2種類の地区名（「関東」「近畿」）が入力されています。
店舗	4種類の店舗名が入力されています。[地区]フィールドと階層関係にあります。 ●関東：秋葉原店、川崎店 ●近畿：大阪店、神戸店
分類	3種類の商品分類名（「デスク」「チェア」「収納」）が入力されています。
商品	8種類の商品名が入力されています。[分類]フィールドと階層関係にあります。 ●デスク：PCデスクG、PCデスクSS、L字型デスクG、L字型デスクSS ●チェア：OAチェアG、OAチェアSS ●収納：フロアケースG、キャビネットSS
単価	商品の単価が入力されています。
数量	商品の売上数が入力されています。
金額	「単価×数量」が計算されています。

第 **3** 章

ピボットテーブルを作成しよう 基本編

ピボットテーブル作成の概要

▶ ピボットテーブルの作成と更新

ピボットテーブルは、「ピボットテーブルの土台の作成」と「フィールドの配置」の2段階の操作で作成します。集計元の表のデータを変更したり、追加したりしたときは、**ピボットテーブルを手動で更新する**必要があります。

ピボットテーブルの作成

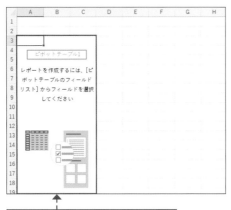 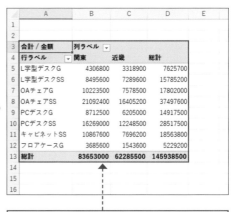

ピボットテーブルの土台を作成し、

フィールドを配置してピボットテーブルを作成します。

データの更新

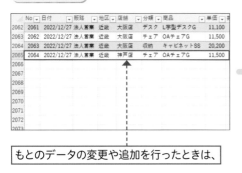 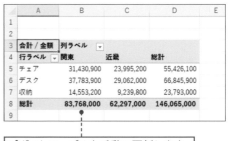

もとのデータの変更や追加を行ったときは、

ピボットテーブルを手動で更新します。

3 ピボットテーブルを作成しよう

ピボットテーブルは、どのフィールドをどこに配置するかによって、さまざまな形になります。この章では、1次元の集計表、2次元の集計表、2階層の集計表の3種類の集計表を作成します。2次元の集計表は、もっともよく使用される集計表の形式で、「**クロス集計表**」と呼ばれます。

1次元の集計表

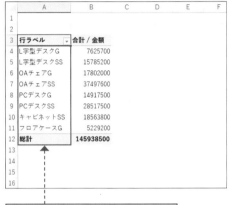

商品ごとに売上金額を集計します。

2次元の集計表（クロス集計表）

商品ごと地区ごとに売上金額を集計します。

2階層の集計表

地区と商品分類の2段階で集計します。

3

ピボットテーブルを作成しよう

基本編

Section

10

ピボットテーブルの 土台を作成しよう

ピボットテーブルの作成

練習▶10_売上集計.xlsx

▶ 集計の下準備としてピボットテーブルの土台を作ろう

ピボットテーブルで集計を行うには、まず、**ピボットテーブルの土台を作成する**必要があります。この Section では、**テーブルのデータを元に**ピボットテーブルを作成する方法を説明します。**通常の表を元に**作成する場合も、操作手順は同じです。

Before テーブル

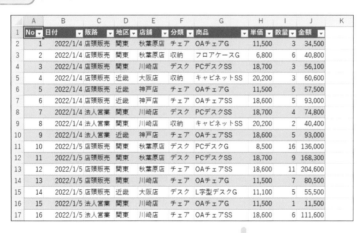

テーブルのデータを元に、

After ピボットテーブル

ピボットテーブルの土台を作成します。

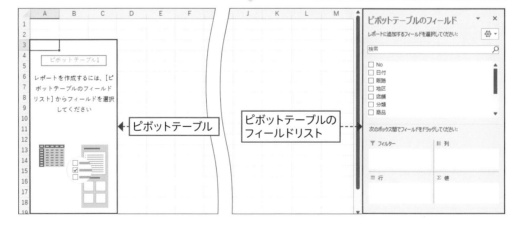

ピボットテーブル

ピボットテーブルの フィールドリスト

① ピボットテーブルの土台を作成する

解説

テーブル内のセルを選択しておく

ピボットテーブルを作成するときは、あらかじめテーブル内のセルをクリックして選択しておきます。すると、手順**5**の画面の[テーブル/範囲]欄にテーブル名が表示され、テーブルの全データが集計の対象になります。

ヒント

通常の表を元に作成する場合は

通常の表を元に、ピボットテーブルを作成する場合も、事前に表内のセルをクリックして選択しておきます。データベースの決まりごとに沿って作成した表であれば、表のセル範囲が自動認識され、手順**5**の[テーブル/範囲]欄に表示されるので、表全体のセル範囲を指定する手間が省けます。

1 テーブル内のセルをクリックします。

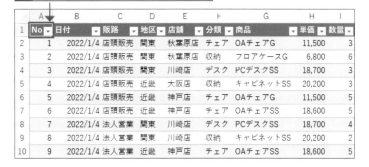

2 [挿入]タブをクリックして、

3 [ピボットテーブル]の上側をクリックします。

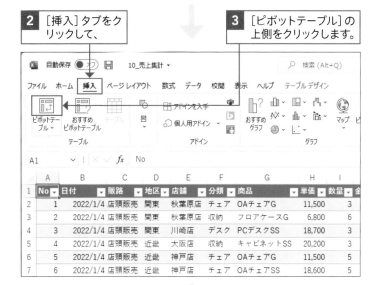

4 [テーブルまたは範囲からのピボットテーブル]ダイアログボックスが表示されます。

5 テーブルの名前が表示されていることを確認し、

6 [新規ワークシート]をクリックして、

7 [OK]をクリックします。

補足

ほかのセルを選択すると
リボンの表示が変わる

ピボットテーブルの編集用のリボンは、ピボットテーブル以外のセルを選択すると非表示になります。ピボットテーブル内のセルを選択すると、表示できます。

8 新しいワークシートが挿入され、

9 ピボットテーブルの土台が作成されました。

10 ピボットテーブルの編集用のリボンが表示されます。

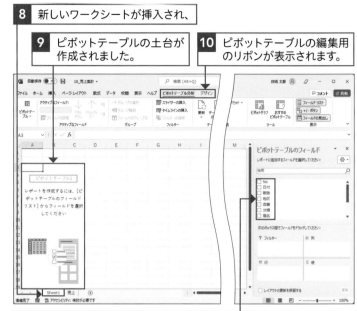

11 テーブルに含まれるフィールドの名前が表示されます。

② ワークシートの名前を変更する

解説

シート名を変更すると
わかりやすくなる

ピボットテーブルを配置したワークシートのシート名を「集計」など、わかりやすい名前に変更すると、集計元のワークシートと区別しやすくなります。シート名は、半角／全角にかかわらず31文字まで設定できます。

1 シート見出しをダブルクリックすると、シート名が選択されます。

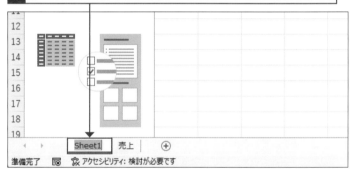

2 シート名を入力して Enter を押すと、シート名を変更できます。ここでは、「集計」という名前にしています。

ヒント **ピボットテーブルのオプション設定を確認する**

[ピボットテーブルオプション]ダイアログボックスを使用すると、ピボットテーブルに関するさまざまな設定を行えます。具体的な設定内容は以降のページで紹介するので、ここでは[ピボットテーブルオプション]ダイアログボックスの表示方法を確認しておきましょう。

1 ピボットテーブル内のセルをクリックします。

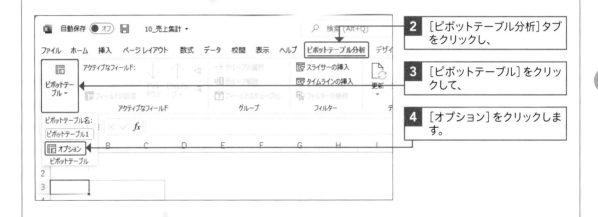

2 [ピボットテーブル分析]タブをクリックし、

3 [ピボットテーブル]をクリックして、

4 [オプション]をクリックします。

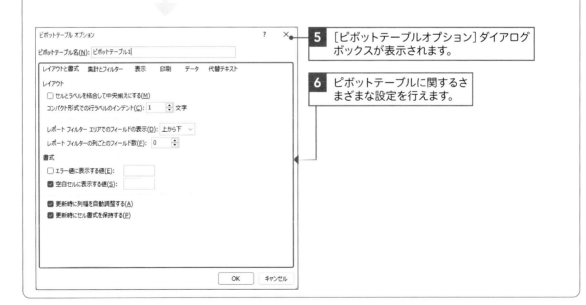

5 [ピボットテーブルオプション]ダイアログボックスが表示されます。

6 ピボットテーブルに関するさまざまな設定を行えます。

3

ピボットテーブルを作成しよう

基本編

67

Section

11 商品ごとに売上金額を集計しよう

フィールドの配置

練習▶11_売上集計.xlsx

▶ マウスのドラッグ操作で瞬時に集計できる

前のSectionでピボットテーブルの土台を作成しました。このSectionでは、その土台を使用して、商品ごとに売上金額を合計する集計表を作成します。操作はいたってかんたんです。[ピボットテーブルのフィールドリスト]で、フィールドのレイアウトを指定するだけです。すべて、マウスのドラッグで操作できます。

Before ピボットテーブルの土台

ピボットテーブルの土台から、

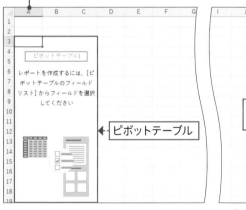

ピボットテーブル

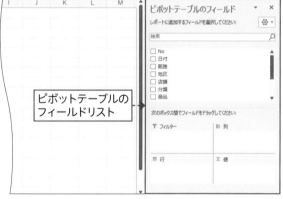

ピボットテーブルの
フィールドリスト

After ピボットテーブルの集計表

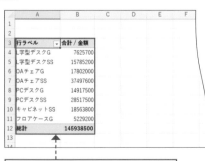

商品ごとの売上金額を集計します。

ヒント

**フィールドリストが
表示されないときは**

ピボットテーブル内のセルを選択しているにもかかわらず「ピボットテーブルのフィールドリスト」が表示されない場合は、[ピボットテーブル分析]タブの[フィールドリスト]をクリックすると表示できます。

重要用語

行ラベルフィールド

行ラベルフィールドは、集計表の行見出しとなるフィールドです。行ラベルフィールドに指定したフィールドのアイテムは、表の左端に縦一列に並びます。

重要用語

アイテム

アイテムとは、フィールド内に入力されている個々のデータのことです。[商品]フィールドのアイテムは、「L字デスクG」「OAチェアG」などの商品名です。

1 ピボットテーブル内のセルをクリックします。

2 [商品]にマウスポインターを合わせて、

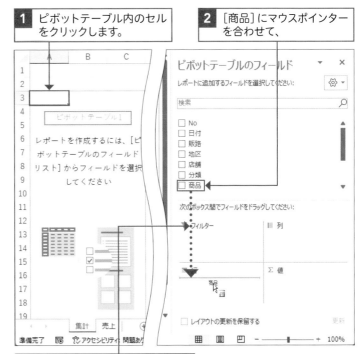

3 [行]エリアまでドラッグします。

4 ピボットテーブルの行ラベルフィールドに、[商品]フィールドのアイテムが表示されます。

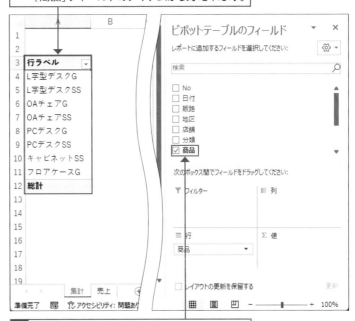

5 配置したフィールドにはチェックが付きます。

② 値フィールドに金額の合計を表示する

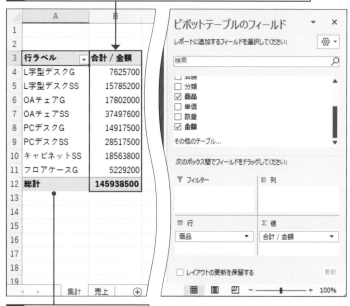

🗨 解説

数値のフィールドを配置すると合計される

[値]エリアに[金額]や[数量]などの数値のフィールドを配置すると、集計表に数値の合計が求められます。いっぽう、[商品]や[分類]などの文字のフィールドを配置すると、集計表にデータの個数が求められます。

1 一番下までスクロールします。

2 [金額]にマウスポインターを合わせて、

3 [値]エリアまでドラッグします。

4 値フィールドに、商品ごとの合計値と総計が表示されます。

行ラベル	合計 / 金額
L字型デスクG	7625700
L字型デスクSS	15785200
OAチェアG	17802000
OAチェアSS	37497600
PCデスクG	14917500
PCデスクSS	28517500
キャビネットSS	18563800
フロアケースG	5229200
総計	145938500

💡 ヒント

配置したとおりの集計表ができる

集計表は、フィールドリストの指定と同じレイアウトになります。フィールドリストで[商品]の右のエリアに[合計]を配置したので、集計表でも商品名の右に金額が表示されます。

5 集計表が完成しました。

ヒント おすすめピボットテーブルを利用して集計表をすばやく作成する

[おすすめピボットテーブル]を利用すると、元のテーブルや表のデータに応じて、Excelが数種類の集計表を提案してくれます。その中から選択するだけで、一気にピボットテーブルの集計表を作成できます。作成されたピボットテーブルはあとから自由に編集できるので、目的の集計表に近いものを選んで手直しするとよいでしょう。

1 テーブル内のセルを選択します。

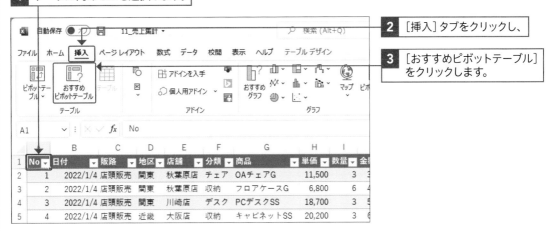

2 [挿入]タブをクリックし、

3 [おすすめピボットテーブル]をクリックします。

4 集計表の見本が複数表示されるので、目的に近いものをクリックして、

5 [OK]をクリックします。

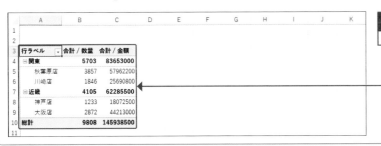

6 ピボットテーブルの集計表が作成されました。

Section **12** | # 商品ごと地区ごとの クロス集計表を作成しよう

[列] エリア

📁 練習▶12_売上集計.xlsx

▶ 行と列にフィールドを配置すれば2次元の集計表になる

集計表の左端（行ラベルフィールド）と上端（列ラベルフィールド）に項目名を配置して、それぞれの項目の交差部分（クロスする部分）に集計値を表示する2次元の集計表を「クロス集計表」と呼びます。ここでは前のSectionで作成した1次元の集計表をもとに、行ラベルフィールドに商品、列ラベルフィールドに地区を配置したクロス集計表を作成します。

Before 1次元の集計表

商品ごとの集計表から、

After 2次元の集計表（クロス集計表）

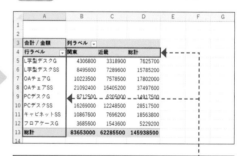

左端に商品、上端に地区を配置したクロス集計表を作成します。

① 列ラベルを追加してクロス集計表に変える

💬 **解説**

フィールド構成は 自由に変更できる

集計する項目は、いつでも自由に変更できます。[行]と[値]だけから構成される1次元の集計表に[列]を追加すると、2次元の集計表になります。

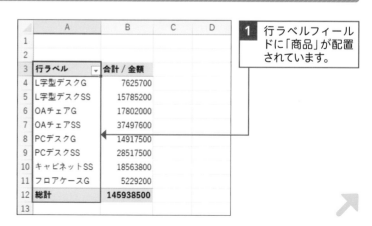

1 行ラベルフィールドに「商品」が配置されています。

重要用語

列ラベルフィールド

列ラベルフィールドは、集計表の列見出しとなるフィールドです。列ラベルフィールドに指定したフィールドのアイテムは、表の上端に横一列に並びます。

重要用語

1次元の集計表

1次元の集計表とは、項目名と集計値が縦一列、または横一列に並んだ集計表です。[行]と[値]の2つのエリアにフィールドを配置すると、手順**1**の図のような縦一列の集計表になります。

重要用語

2次元の集計表

2次元の集計表とは、項目名が表の縦横に並んだクロス集計表のことです。ピボットテーブルでは、[行]と[列]、[値]の3つのエリアにフィールドを配置すると、2次元の集計表になります。

2 ピボットテーブル内の
セルをクリックします。

3 [地区]にマウスポインターを
合わせて、

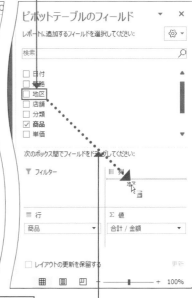

4 [列]エリアまでドラッグします。

5 列ラベルフィールドに[地区]フィールドの
アイテムが表示されます。

6 商品ごと地区ごとの合計値と
その総計が表示されます。

クロス集計表が
完成しました。

Section

13 集計項目を変更して集計表の視点を変えよう

フィールドの移動と削除

練習▶13_売上集計.xlsx

▶ 視点を変えてデータを分析できる

「商品」「地区」「販路」など、複数の項目があるデータベースからクロス集計表を作成するとき、**行や列にどの項目を配置するかによって、集計表から見えてくる内容が変わります。**たとえば、「商品」と「地区」を配置した場合、各商品の地区ごとの売れ行きがわかります。また、「販路」と「商品」を配置した場合、販売経路による商品の売れ行きの違いが明確になります。このように、集計の視点を変化させてデータを分析する手法を、サイコロ（ダイス）を転がす様子にたとえて「**ダイス分析**」と呼びます。ピボットテーブルでは、フィールドの削除、移動、追加の３つの操作の組み合わせで、ダイス分析が行えます。いずれの操作も、マウスでドラッグするだけなのでかんたんです。

ダイス分析

●商品別地区別売上集計表

	関東地区	近畿地区	総計
L字型デスクG	4,307	3,319	7,626
L字型デスクSS	8,496	7,289	15,785
⋮	⋮	⋮	⋮
総計	83,653	62,286	145,939

各商品の地区ごとの売上金額がわかります。

回転

●商品別販路別売上集計表

	店頭販売	法人営業	総計
L字型デスクG	5,295	2,331	7,626
L字型デスクSS	4,824	10,961	15,785
⋮	⋮	⋮	⋮
総計	83,389	62,550	145,939

各商品の販売経路ごとの売上金額がわかります。

回転

●地区別販路別売上集計表

	店頭販売	法人営業	総計
関東地区	46,839	36,814	83,653
近畿地区	36,550	25,736	62,286
総計	83,389	62,550	145,939

各地区の販売経路ごとの売上金額がわかります。

① フィールドを削除する

解説

このSectionで行うこと

このSectionでは、手順**1**の「商品別地区別」の売上集計表を、「地区別販路別」の売上集計表に作り替えます。フィールドの削除、フィールドの移動、フィールドの追加の3つの操作を行うだけで、かんたんに作り替えられます。

解説

フィールドの削除

各エリアに配置されているフィールドをフィールドリストの外にドラッグすると、集計表から削除できます。または、フィールド名の先頭にあるチェックを外しても、そのフィールドを集計表から削除できます。

クリックしてチェックを外します。

1 商品別地区別の集計表があります。

2 ピボットテーブル内のセルをクリックします。

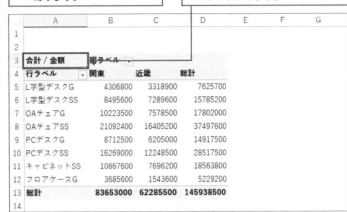

3 [商品] にマウスポインターを合わせて、

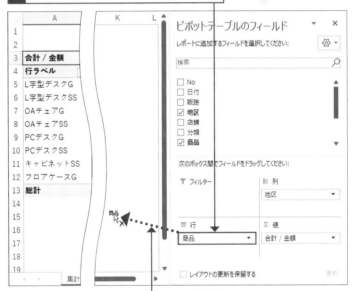

4 フィールドリストの外にドラッグします。

5 行ラベルフィールドから「商品」が削除されました。

② フィールドを移動する

💬 **解説**

フィールドの移動

フィールドリストのエリア間でフィールドをドラッグすると、そのフィールドを集計表上で移動できます。

3

ピボットテーブルを作成しよう

1 列ラベルフィールドに「地区」が配置されています。

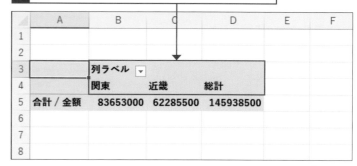

2 ［地区］にマウスポインターを合わせて、

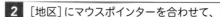

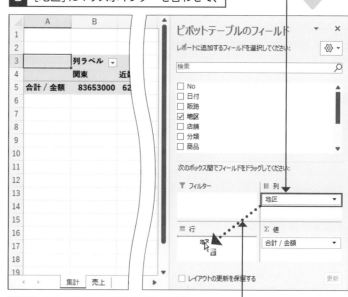

3 ［行］エリアまでドラッグします。

4 「地区」が行ラベルフィールドに移動しました。

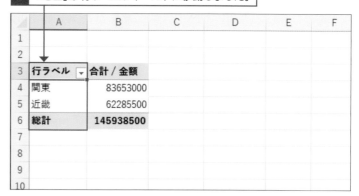

③ フィールドを新しく追加する

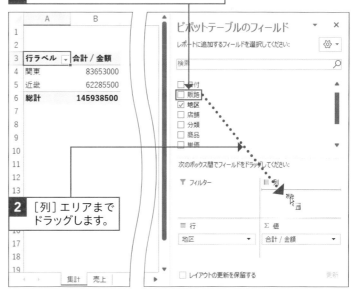

1 ［販路］にマウスポインターを合わせて、

2 ［列］エリアまで
ドラッグします。

ヒント

削除、移動、追加の
順序に決まりはない

ここでは、「フィールドの削除」「フィールドの移動」「フィールドの追加」という順序で「商品別地区別」から「地区別販路別」の集計表に作り替えますが、どの順序で作業しても結果は同じ集計表になります。

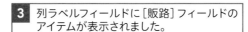

3 列ラベルフィールドに［販路］フィールドの
アイテムが表示されました。

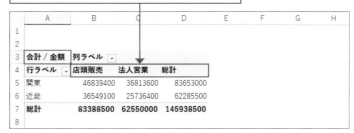

	A	B	C	D	E	F	G	H
1								
2								
3	合計 / 金額	列ラベル						
4	行ラベル	店頭販売	法人営業	総計				
5	関東	46839400	36813600	83653000				
6	近畿	36549100	25736400	62285500				
7	総計	83388500	62550000	145938500				
8								

ヒント　白紙に戻して配置し直す方法もある

ピボットテーブルがごちゃごちゃしてしまったときは、いったんすべてのフィールドを削除してから、改めてフィールドを追加し直したほうがわかりやすいことがあります。［ピボットテーブル分析］タブの［アクション］→［クリア］→［すべてクリア］の順にクリックすると、ピボットテーブルを一気に白紙に戻せます。

1 ［アクション］→［クリア］→
［すべてクリア］の順にク
リックすると、

2 ピボットテーブルが白
紙に戻ります。

Section

14 「商品分類」と「地区」の 2段階で集計しよう

複数のフィールド

練習▶14_売上集計.xlsx

▶ 複数の項目を同じエリアに配置して集計できる

ピボットテーブルの各エリアには、複数のフィールドを配置できます。たとえば、「商品分類」と「地区」を［行］エリアに配置すると、「商品分類」ごとに同じ「地区」が繰り返される集計表になります。「商品分類」と「地区」を入れ替えれば、「地区」ごとに同じ「商品分類」が繰り返され、データの見え方も変わります。

Before

「分類別」の
集計表

「商品分類」が配置されています。

After1

「分類別地区別」
の集計表

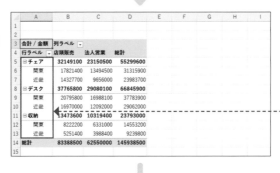

「地区」を追加して、「商品分類」別「地区」別の集計表に変えます。

After2

「地区別分類別」
の集計表

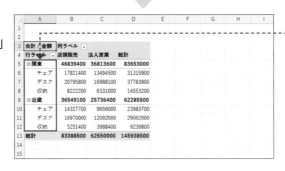

「商品分類」と「地区」を入れ替えて、「地区」別「商品分類」別の集計表に変えます。

① 複数のフィールドを同じエリアに配置する

解説

行見出しを2段階にする

[行]エリアに2つのフィールドを配置すると、集計表の行見出しが2段階になります。「分類」→「地区」の2段階にする場合は、[行]エリアの[分類]の下側に[地区]をドラッグします。

ヒント

フィールドの順序

集計表の行見出しを「地区」→「分類」の2段階にしたい場合は、[行]エリアの[分類]の上側に[地区]をドラッグします。挿入位置に青い太線が表示されるので、それを目安にドロップしましょう。

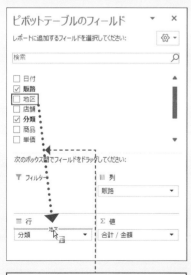

[地区]を[分類]の上の位置までドラッグします。

---

1 ラベルフィールドに「分類」が配置されています。

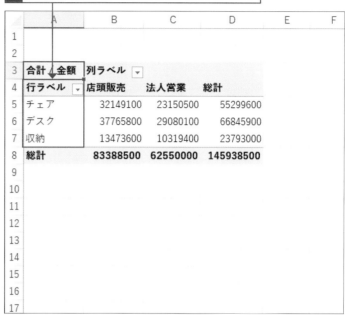

↓

2 [地区]にマウスポインターを合わせて、

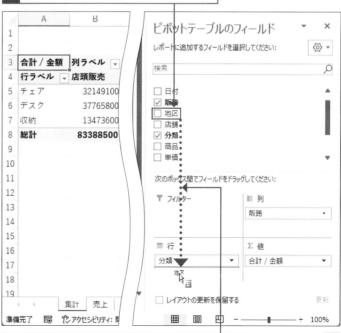

3 [行]エリアの[分類]の下側にドラッグします。

基本編

4 「分類」ごとに「地区」が繰り返し表示されました。

	A	B	C	D	E	F	G
1							
2							
3	合計 / 金額	列ラベル ▾					
4	行ラベル ▾	店頭販売	法人営業	総計			
5	⊟チェア	32149100	23150500	55299600			
6	関東	17821400	13494500	31315900			
7	近畿	14327700	9656000	23983700			
8	⊟デスク	37765800	29080100	66845900			
9	関東	20795800	16988100	37783900			
10	近畿	16970000	12092000	29062000			
11	⊟収納	13473600	10319400	23793000			
12	関東	8222200	6331000	14553200			
13	近畿	5251400	3988400	9239800			
14	総計	83388500	62550000	145938500			
15							

② エリア内のフィールドの順序を入れ替える

🗨 解説

フィールドを入れ替える

同じエリアに配置したフィールドの順序は、ドラッグでかんたんに入れ替えられます。ここでは「分類」→「地区」の順序を入れ替えて、「地区」→「分類」に変更します。

1 「分類」ごとに「地区」が繰り返し表示されています。

	A	B	C	D	E	F	G
1							
2							
3	合計 / 金額	列ラベル ▾					
4	行ラベル ▾	店頭販売	法人営業	総計			
5	⊟チェア	32149100	23150500	55299600			
6	関東	17821400	13494500	31315900			
7	近畿	14327700	9656000	23983700			
8	⊟デスク	37765800	29080100	66845900			
9	関東	20795800	16988100	37783900			
10	近畿	16970000	12092000	29062000			
11	⊟収納	13473600	10319400	23793000			
12	関東	8222200	6331000	14553200			
13	近畿	5251400	3988400	9239800			
14	総計	83388500	62550000	145938500			
15							

💡 ヒント

[値] エリアにも複数配置できる

[値] エリアにも、「数量」と「金額」など複数のフィールドを配置できます。詳しくは、164ページを参照してください。

2 [分類]にマウスポインターを合わせて、

3 [地区]の下側にドラッグします。

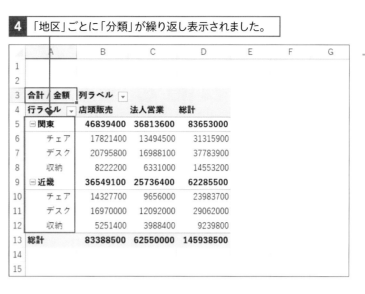

4 「地区」ごとに「分類」が繰り返し表示されました。

	A	B	C	D
3	合計 / 金額	列ラベル		
4	行ラベル	店頭販売	法人営業	総計
5	⊟ 関東	46839400	36813600	83653000
6	チェア	17821400	13494500	31315900
7	デスク	20795800	16988100	37783900
8	収納	8222200	6331000	14553200
9	⊟ 近畿	36549100	25736400	62285500
10	チェア	14327700	9656000	23983700
11	デスク	16970000	12092000	29062000
12	収納	5251400	3988400	9239800
13	総計	83388500	62550000	145938500

ヒント　同系統のフィールドを階層付けする

「商品分類」→「商品」、「地区」→「店舗」という具合に、同系統のフィールドを「大分類」→「小分類」の順序で同じエリアに配置すると、アイテムを分類ごとに階層化して集計を行えます。データが分類ごとや地区ごとに整理された集計表になります。

1 ［行］エリアに［分類］と［商品］を配置すると、「商品」が「チェア」「デスク」「収納」に分類分けして集計されます。

	A	B	C	D	E	F	G	H
3	合計 / 金額	列ラベル						
4		⊟ 関東		関東 集計	⊟ 近畿		近畿 集計	総計
5	行ラベル	秋葉原店	川崎店		神戸店	大阪店		
6	⊟ チェア	20727900	10588000	31315900	8273000	15710700	23983700	55299600
7	OAチェアG	6796500	3427000	10223500	2507000	5071500	7578500	17802000
8	OAチェアSS	13931400	7161000	21092400	5766000	10639200	16405200	37497600
9	⊟ デスク	27534300	10249600	37783900	7779500	21282500	29062000	66845900
10	L字型デスクG	2919300	1387500	4306800	1198800	2120100	3318900	7625700
11	L字型デスクSS	8495600		8495600		7289600	7289600	15785200
12	PCデスクG	5516500	3196000	8712500	2261000	3944000	6205000	14917500
13	PCデスクSS	10602900	5666100	16269000	4319700	7928800	12248500	28517500
14	⊟ 収納	9700000	4853200	14553200	2020000	7219800	9239800	23793000
15	キャビネットSS	7231600	3636000	10867600	2020000	5676200	7696200	18563800
16	フロアケースG	2468400	1217200	3685600		1543600	1543600	5229200
17	総計	57962200	25690800	83653000	18072500	44213000	62285500	145938500

2 ［列］エリアに［地区］と［店舗］を配置すると、「地区」が「関東」「近畿」に地区分けして集計されます。

桁区切りのカンマ「,」を付けて数値を見やすく表示しよう

セルの書式設定

📁 練習▶15_売上集計.xlsx

▶ 集計結果の数値の読みやすさにも気を配ろう

売上など、桁の大きい数値を集計するとさらに桁が大きくなり、そのままでは数値が読みづらくなります。そこで、**3桁区切りのカンマ「,」の表示形式を設定する**などして、数値を読み取りやすくしましょう。[値フィールドの設定]ダイアログボックスから設定すると、フィールド全体に一気に設定できます。

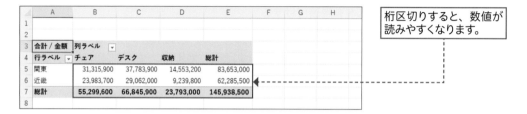

桁区切りすると、数値が読みやすくなります。

① 数値に3桁区切りのカンマを付ける

💬 解説

設定対象のセルを選択しておく

[フィールドの設定]機能を使用すると、フィールド全体に関する設定を行えます。あらかじめ[金額]のセルを1つ選択しておけば、[金額]フィールド全体に3桁区切りの設定を行えます。

1 数値が表示されているセルをクリックして、

2 [ピボットテーブル分析]タブをクリックし、

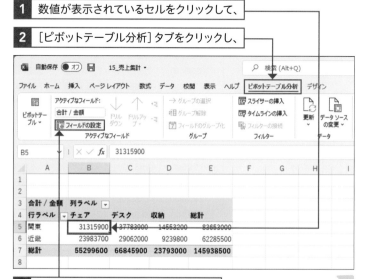

3 [フィールドの設定]をクリックします。

ショートカットメニューの利用

数値のセルを右クリックして、表示されるショートカットメニューから[表示形式]を選択すると、手順**6**の[セルの書式設定]ダイアログボックスを即座に表示できます。

表示形式

表示形式とは、データの見え方を設定する機能です。たとえば「1234」という数値に表示形式を設定することで、「1,234」や「¥1,234」などの形式で表示することができます。

**ピボットテーブル専用の
書式機能を使う**

ピボットテーブルには、専用の書式機能があります。一般のセルの書式機能を使用しても表示形式を設定できますが、その場合、集計表のレイアウトを変更したときに表示形式が外れることがあります。また、あとから追加した集計値に元からある集計値と同じ表示形式が設定されてしまうこともあります。ここで紹介した方法なら、そのような心配はありません。

4 [値フィールドの設定]ダイアログボックスが表示されます。

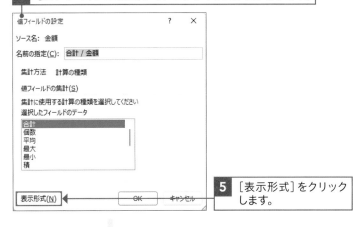

5 [表示形式]をクリックします。

6 [セルの書式設定]ダイアログボックスが表示されます。

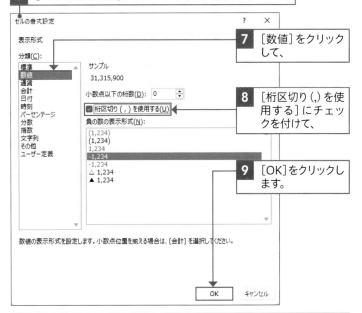

7 [数値]をクリックして、

8 [桁区切り(,)を使用する]にチェックを付けて、

9 [OK]をクリックします。

10 [値フィールドの設定]ダイアログボックスに戻るので、[OK]をクリックして閉じます。

11 3桁区切りで表示されました。

	A	B	C	D	E	F	G
1							
2							
3	合計 / 金額	列ラベル					
4	行ラベル	チェア	デスク	収納	総計		
5	関東	31,315,900	37,783,900	14,553,200	83,653,000		
6	近畿	23,983,700	29,062,000	9,239,800	62,285,500		
7	総計	55,299,600	66,845,900	23,793,000	145,938,500		
8							

Section 16

集計元のデータの変更を反映しよう

データの更新

練習▶16_売上集計.xlsx

▶ 元データを修正したときは更新操作が必要

集計元のデータを修正しても、ピボットテーブルの集計結果は自動では変更されません。データの修正を集計に反映させるには、[更新]という操作を行う必要があります。更新を怠ると、集計結果が古いデータのままになってしまうので、元データを修正したときは必ず更新を行いましょう。

① 集計元のデータを修正する

💡 **ヒント**

通常の表の場合も操作は同じ

ここでは、テーブルをもとに集計していますが、通常の表をもとに集計した場合も、更新の方法は同じです。

✏️ **補足**

外部から取り込んだデータの修正に注意

外部のファイルから「単価」「数量」と一緒に「金額」を取り込んだ場合、「金額」フィールドには数式ではなく、値がそのまま入力されています。その場合、「数量」を変更するときは、「金額」も手計算して入力し直す必要があります。

1 「関東」の「チェア」の集計結果を確認します。

2 集計元のシート見出し(ここでは「売上」)をクリックします。

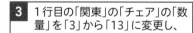

3 1行目の「関東」の「チェア」の「数量」を「3」から「13」に変更し、

4 「金額」の数値が変わったことを確認して、

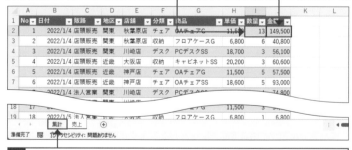

5 ピボットテーブルのシート見出し(ここでは「集計」)をクリックします。

② ピボットテーブルの集計結果を更新する

💬 解説

[更新] をクリックする

集計元のデータを変更したときは、[ピボットテーブル分析] タブの [更新] をクリックすると、集計表に反映できます。

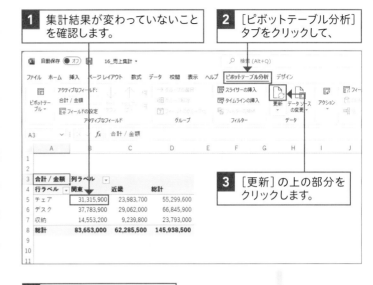

> **1** 集計結果が変わっていないことを確認します。
>
> **2** [ピボットテーブル分析] タブをクリックして、
>
> **3** [更新]の上の部分をクリックします。

> **4** データが更新されました。

⌨ ショートカットキー

更新

[Alt] + [F5]

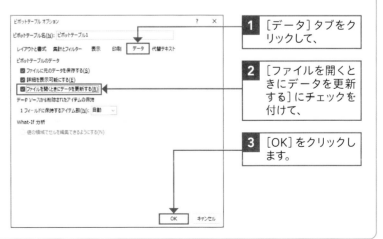

💡 ヒント ファイルを開いたときに自動更新するには

ファイルを開く際に、ピボットテーブルが自動更新されるようにできます。まず、67ページのヒントを参考に[ピボットテーブルオプション]ダイアログボックスを表示します。[データ]タブで[ファイルを開くときにデータを更新する]にチェックを付けると、設定完了です。

> **1** [データ]タブをクリックして、
>
> **2** [ファイルを開くときにデータを更新する]にチェックを付けて、
>
> **3** [OK]をクリックします。

Section 17 集計元のデータの追加を反映しよう

データソースの変更

📁 練習▶17_売上集計01.xlsx、17_売上集計02.xlsx

▶ 集計元に追加したデータを集計結果に反映させよう

集計元に新しいデータを追加したときの反映方法は、集計元がテーブルの場合と通常の表の場合とで異なります。**テーブルの場合は、[更新]の操作を行うだけでかんたんに反映できます。**一方、**通常の表の場合は、[データソースの変更]を実行して、集計元のデータ範囲を指定し直します。**ここでは、テーブルの場合と表の場合の2通りの操作を紹介します。

① テーブルに追加したデータをピボットテーブルに反映させる

補足

**使用する
サンプルファイル**

右の手順は、サンプルファイル「17_売上集計01.xlsx」を使用して操作してください。

ヒント

**データの追加に合わせて
自動拡張する**

テーブルの真下の行に新しいデータを入力すると、自動的にテーブルが拡張し、それに連動してテーブル名の参照範囲も拡張します。

時短

**新規入力行に
すばやく移動するには**

テーブル内のセルを選択して、Ctrl を押しながら ↓ を押すと、ワークシートがスクロールして、テーブルの最下行に移動できます。そこから ↓ を押して新規入力行に移動するとかんたんです。

1 「近畿」の「チェア」の集計結果を確認します。

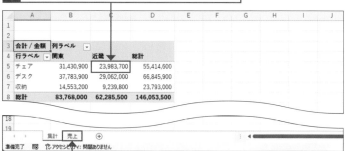

2 集計元のシート見出し(ここでは「売上」)をクリックします。

3 最下行に新しいレコードを入力して、

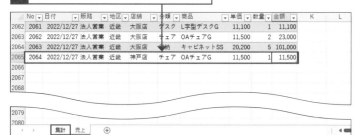

4 ピボットテーブルのシート見出し(ここでは「集計」)をクリックします。

解説

参照範囲が拡張しても[更新]の操作は必要

集計元のデータを変更したときは、[ピボットテーブル分析] タブの [更新] をクリックすると、集計表に反映できます。

---

5 集計結果が変わっていないことを確認します。

6 [ピボットテーブル分析] タブをクリックして、

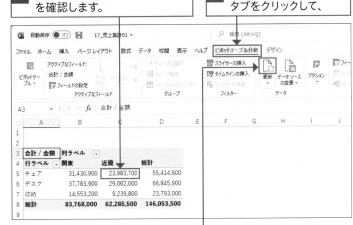

7 [更新]の上の部分をクリックします。

8 追加したデータが反映されました。

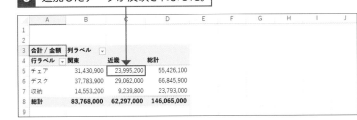

---

② 通常の表に追加したデータをピボットテーブルに反映させる

 補足

使用するサンプルファイル

左の手順は、サンプルファイル「17_売上集計02.xlsx」を使用して操作してください。

解説

通常の表の場合は [データソースの変更] を実行する

集計元が通常の表の場合は、[更新] をクリックしても新しいデータの追加を反映できません。新しいデータを追加したときは、必ず [データソースの変更] を実行しましょう。

1 表の最下行に新しいレコードを入力して、

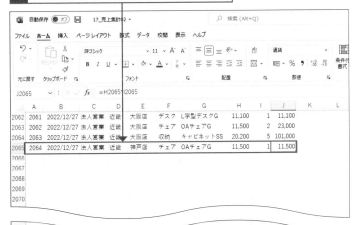

2 ピボットテーブルのシート見出し（ここでは「集計」）をクリックします。

ヒント

データの範囲を
効率よく修正するには

集計元の表に大量のデータが入力されている場合、表のセル範囲をドラッグして指定するのは大変です。データを追加するときに最終の行番号を覚えておき、[ピボットテーブルのデータソースの変更]ダイアログボックスの[テーブル／範囲]に初期値として表示されるセル範囲の末尾の行番号を直接書き換えるとよいでしょう。

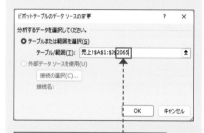

末尾の行番号を書き換えます。

解説

ダイアログボックスが
切り替わる

手順 **7** で新しいデータの範囲をドラッグすると、[ピボットテーブルのデータソースの変更]ダイアログボックスが[ピボットテーブルの移動]という名前に変わります。

解説

新しいアイテムを
追加した場合

集計元の表で「店舗」や「地区」などのフィールドに新しいアイテムを追加した場合、データを反映させると、ピボットテーブルに新しいアイテムの行や列が追加されます。

3 集計結果が変わっていないことを確認します。

4 [ピボットテーブル分析]タブをクリックして、

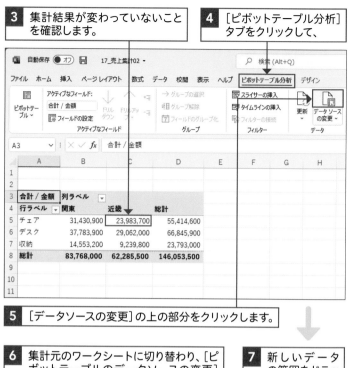

5 [データソースの変更]の上の部分をクリックします。

6 集計元のワークシートに切り替わり、[ピボットテーブルのデータソースの変更]ダイアログボックスが表示されました。

7 新しいデータの範囲をドラッグして、

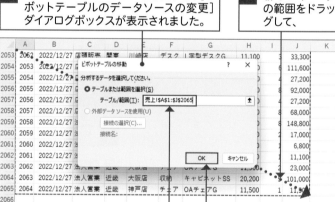

8 データの範囲を確認して、

9 [OK]をクリックします。

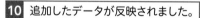

10 追加したデータが反映されました。

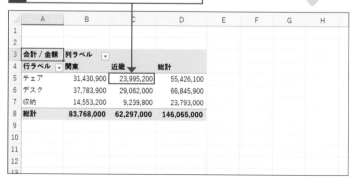

第 **4** 章

グループ化・並べ替えで
表を見やすくしよう 応用編

グループ化と並べ替えを知ろう

▶ アイテムをグループ化して整理する

仲間のデータをひとまとめにして集計したいときは、「グループ化」を行います。日付を月単位や四半期単位で集計したり、単価を5000円単位で集計したりと、データをまとめることで、大局的な視点に立った分析が可能になります。

●日付を月単位でグループ化

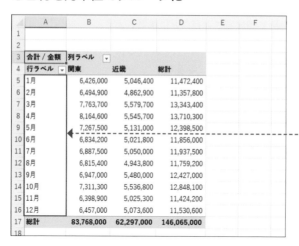

日付を月単位や四半期単位でグループ化します。

●単価を5000円単位でグループ化

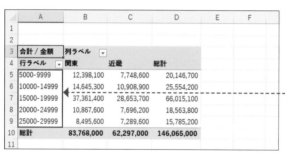

単価を5000円単位でグループ化します。

▶ データを並べ替えて見やすくする

データを並べ替えると、見やすい表になります。「売れている商品」や「売上成績のよい店舗」を知りたいときは、売上の数値を基準に並べ替えるとよいでしょう。また、いつも使用している並び順がある場合は、「ユーザー設定リスト」に登録しておくことで独自の順序に並べ替えることができます。

●売上順の並べ替え

	A	B	C	D	E	F	G	H	I
1									
2									
3	合計 / 金額	列ラベル							
4	行ラベル	秋葉原店	大阪店	川崎店	神戸店	総計			
5	OAチェアSS	13,931,400	10,639,200	7,161,000	5,766,000	37,497,600			
6	PCデスクSS	10,602,900	7,928,800	5,666,100	4,319,700	28,517,500			
7	キャビネットSS	7,231,600	5,676,200	3,636,000	2,020,000	18,563,800			
8	OAチェアG	6,911,500	5,071,500	3,427,000	2,518,500	17,928,500			
9	L字型デスクSS	8,495,600	7,289,600			15,785,200			
10	PCデスクG	5,516,500	3,944,000	3,196,000	2,261,000	14,917,500			
11	L字型デスクG	2,919,300	2,120,100	1,387,500	1,198,800	7,625,700			
12	フロアケースG	2,468,400	1,543,600	1,217,200		5,229,200			
13	総計	58,077,200	44,213,000	25,690,800	18,084,000	146,065,000			
14									

売上の高い商品順や店舗順に並べ替えると、売上の傾向がわかりやすくなります。

●独自の順序で並べ替え

	A	B	C	D	E	F	G	H	I
1									
2									
3	合計 / 金額	列ラベル							
4	行ラベル	秋葉原店	川崎店	大阪店	神戸店	総計			
5	PCデスクG	5,516,500	3,196,000	3,944,000	2,261,000	14,917,500			
6	PCデスクSS	10,602,900	5,666,100	7,928,800	4,319,700	28,517,500			
7	L字型デスクG	2,919,300	1,387,500	2,120,100	1,198,800	7,625,700			
8	L字型デスクSS	8,495,600		7,289,600		15,785,200			
9	OAチェアG	6,911,500	3,427,000	5,071,500	2,518,500	17,928,500			
10	OAチェアSS	13,931,400	7,161,000	10,639,200	5,766,000	37,497,600			
11	フロアケースG	2,468,400	1,217,200	1,543,600		5,229,200			
12	キャビネットSS	7,231,600	3,636,000	5,676,200	2,020,000	18,563,800			
13	総計	58,077,200	25,690,800	44,213,000	18,084,000	146,065,000			
14									

商品や支店の並び順を登録しておくと、見慣れた並び順の集計表になります。

18 日付をまとめて四半期ごと月ごとに集計しよう

日付データのグループ化

練習▶18_売上集計.xlsx

▶ 日付データをグループ化して売上の推移をつかみやすくする

長期にわたる売上の傾向を分析したいときは、日付を「月」単位や「四半期」単位でグループ化しましょう。日付をグループ化することで、全体的な傾向がつかみやすくなります。ここでは、「月ごと」のグループ集計と「四半期ごと月ごと」のグループ集計の2つの操作を紹介します。

After1 「月ごと」に集計

	A	B	C	D
3	合計 / 金額	列ラベル		
4	行ラベル	関東	近畿	総計
5	1月	6,426,000	5,046,400	11,472,400
6	2月	6,494,900	4,862,900	11,357,800
7	3月	7,763,700	5,579,700	13,343,400
8	4月	8,164,600	5,545,700	13,710,300
9	5月	7,267,500	5,131,000	12,398,500
10	6月	6,834,200	5,021,800	11,856,000
11	7月	6,887,500	5,050,000	11,937,500
12	8月	6,815,400	4,943,800	11,759,200
13	9月	6,947,000	5,480,000	12,427,000
14	10月	7,311,300	5,536,800	12,848,100
15	11月	6,398,900	5,025,300	11,424,200
16	12月	6,457,000	5,073,600	11,530,600
17	総計	83,768,000	62,297,000	146,065,000

集計　売上　＋

準備完了　　アクセシビリティ: 問題ありません

売上を月ごとに集計します。

After2 「四半期ごと月ごと」に集計

	A	B	C	D
3	合計 / 金額	列ラベル		
4	行ラベル	関東	近畿	総計
5	第1四半期	20,684,600	15,489,000	36,173,600
6	1月	6,426,000	5,046,400	11,472,400
7	2月	6,494,900	4,862,900	11,357,800
8	3月	7,763,700	5,579,700	13,343,400
9	第2四半期	22,266,300	15,698,500	37,964,800
10	4月	8,164,600	5,545,700	13,710,300
11	5月	7,267,500	5,131,000	12,398,500
12	6月	6,834,200	5,021,800	11,856,000
13	第3四半期	20,649,900	15,473,800	36,123,700
14	7月	6,887,500	5,050,000	11,937,500
15	8月	6,815,400	4,943,800	11,759,200
16	9月	6,947,000	5,480,000	12,427,000
17	第4四半期	20,167,200	15,635,700	35,802,900
18	10月	7,311,300	5,536,800	12,848,100
19	11月	6,398,900	5,025,300	11,424,200
20	12月	6,457,000	5,073,600	11,530,600
21	総計	83,768,000	62,297,000	146,065,000

集計　売上　＋

準備完了　　アクセシビリティ: 問題ありません

売上を四半期ごと月ごとに集計します。

① 日付のフィールドを追加する

🗨 解説

[日付] のフィールドを追加する

グループ化の設定は、フィールドを [行] エリアか [列] エリアに配置してから行います。ここでは [日付] フィールドを [行] エリアに配置して、グループ化します。

1 ピボットテーブルの [列] エリアに [地区]、[値] エリアに [金額] が配置されています。

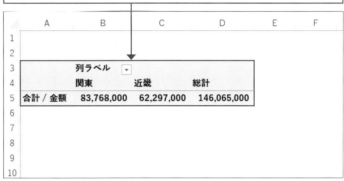

2 ピボットテーブル内のセルをクリックします。

3 [日付] にマウスポインターを合わせて、

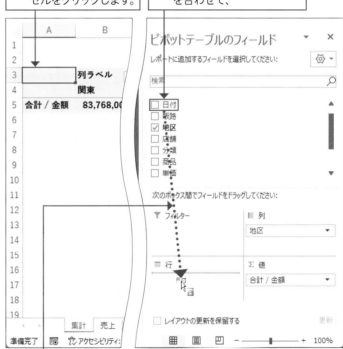

4 [行] エリアまでドラッグします。

💬 **解説**

「月」と「日」でグループ化される

日付のフィールドは、[行]エリアか[列]エリアに配置すると、自動的にグループ化されます。日付がグループ化される単位は、フィールドに入力されている日付の期間によって変わります。同じ年の複数か月の日付が入力されている場合、「月」と「日」でグループ化されます。複数年にわたる日付が入力されている場合は、「年」「四半期」「月」でグループ化されます。

💡 **ヒント**

[月]フィールドが作成される

日付が「月」と「日」でグループ化されると、自動で[月]フィールドが作成され、[行]エリアに[月]と[日付]が配置されます。

自動で[月]フィールドが作成されます。

---

5 | 月単位で集計されました。

	A	B	C	D	E	F
1						
2						
3	合計 / 金額	列ラベル				
4	行ラベル	関東	近畿	総計		
5	⊞1月	6,426,000	5,046,400	11,472,400		
6	⊞2月	6,494,900	4,862,900	11,357,800		
7	⊞3月	7,763,700	5,579,700	13,343,400		
8	⊞4月	8,164,600	5,545,700	13,710,300		
9	⊞5月	7,267,500	5,131,000	12,398,500		
10	⊞6月	6,834,200	5,021,800	11,856,000		
11	⊞7月	6,887,500	5,050,000	11,937,500		
12	⊞8月	6,815,400	4,943,800	11,759,200		
13	⊞9月	6,947,000	5,480,000	12,427,000		
14	⊞10月	7,311,300	5,536,800	12,848,100		
15	⊞11月	6,398,900	5,025,300	11,424,200		
16	⊞12月	6,457,000	5,073,600	11,530,600		
17	総計	83,768,000	62,297,000	146,065,000		

6 | 「1月」の⊞をクリックします。

7 | 1月の日付ごとの集計が表示されます。

	A	B	C	D	E	F
1						
2						
3	合計 / 金額	列ラベル				
4	行ラベル	関東	近畿	総計		
5	⊟1月	6,426,000	5,046,400	11,472,400		
6	1月4日	361,600	304,100	665,700		
7	1月5日	712,500	157,400	869,900		
	1月6日	117,000	112,100			
29	1月27日		130,400	191,000		
30	1月28日	368,400	102,900	471,300		
31	⊞2月	6,494,900	4,862,900	11,357,800		
32	⊞3月	7,763,700	5,579,700	13,343,400		
33	⊞4月	8,164,600	5,545,700	13,710,300		
34	⊞5月	7,267,500	5,131,000	12,398,500		
35	⊞6月	6,834,200	5,021,800	11,856,000		
36	⊞7月	6,887,500	5,050,000	11,937,500		
37	⊞8月	6,815,400	4,943,800	11,759,200		
38	⊞9月	6,947,000	5,480,000	12,427,000		
39	⊞10月	7,311,300	5,536,800	12,848,100		
40	⊞11月	6,398,900	5,025,300	11,424,200		
41	⊞12月	6,457,000	5,073,600	11,530,600		
42	総計	83,768,000	62,297,000	146,065,000		

8 | ⊟をクリックすると、1月のデータが折りたたまれます。

② 月単位だけで集計する

💬 解説

月別だけの集計表にするには

月を展開する必要がない場合は、[行]エリアから[日付]フィールドを削除します。集計表に月だけが残り、すっきりします。再度、[日付]フィールドを[行]エリアに配置すれば、月を展開したり折りたたんだりする状態に戻せます。

1 [行]エリアに[月]と[日付]が配置されています。

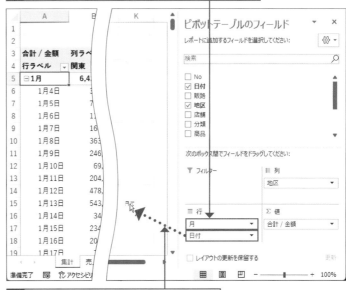

2 [日付]にマウスポインターを合わせ、フィールドリストの外にドラッグします。

3 月単位だけの集計表になりました。

行ラベル	関東	近畿	総計
1月	6,426,000	5,046,400	11,472,400
2月	6,494,900	4,862,900	11,357,800
3月	7,763,700	5,579,700	13,343,400
4月	8,164,600	5,545,700	13,710,300
5月	7,267,500	5,131,000	12,398,500
6月	6,834,200	5,021,800	11,856,000
7月	6,887,500	5,050,000	11,937,500
8月	6,815,400	4,943,800	11,759,200
9月	6,947,000	5,480,000	12,427,000
10月	7,311,300	5,536,800	12,848,100
11月	6,398,900	5,025,300	11,424,200
12月	6,457,000	5,073,600	11,530,600
総計	83,768,000	62,297,000	146,065,000

（合計 / 金額　列ラベル）

💡 ヒント

[月]はフィールドとして利用可能

自動作成された[月]フィールドは、フィールドリストに追加され、ほかのフィールドと同じように扱えます。いったんピボットテーブルから削除しても、フィールドリストから再配置できます。

③ グループ化の単位を変える

解説

グループ化の単位を変える

日付のフィールドは自動でグループ化されますが、目的とは異なる単位でグループ化された場合は、[グループ化] ダイアログボックスで変更しましょう。ここでは、グループ化の単位を「月」「日」から「四半期」「月」に変更します。

4

グループ化・並べ替えで表を見やすくしよう

補足

グループ化の設定は維持される

一度グループ化が行われると、グループ化したフィールドをピボットテーブルから削除しても、グループ化の設定自体は維持されます。95ページで[行]エリアから「日付」を削除しましたが、グループ化の設定は[月][日]のまま維持されます。

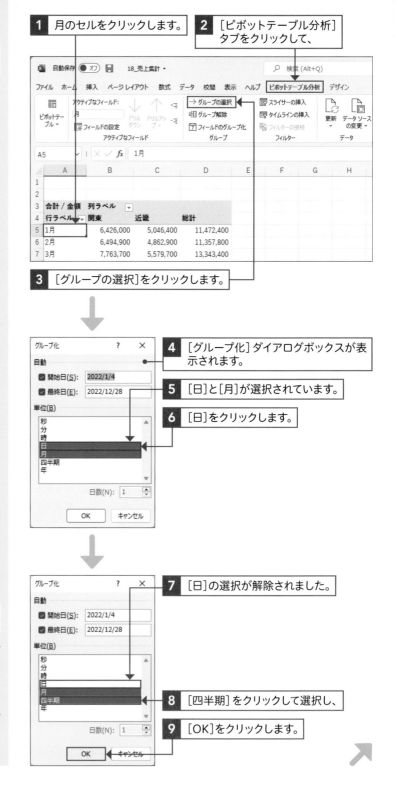

1 月のセルをクリックします。

2 [ピボットテーブル分析] タブをクリックして、

3 [グループの選択]をクリックします。

4 [グループ化]ダイアログボックスが表示されます。

5 [日]と[月]が選択されています。

6 [日]をクリックします。

7 [日]の選択が解除されました。

8 [四半期]をクリックして選択し、

9 [OK]をクリックします。

ヒント

［日付］フィールドが
月単位に変わる

［グループ化］ダイアログボックスの設定に応じて、［日付］フィールドの単位が変わります。［月］［日］でグループ化した場合、［月］フィールドが自動作成され、もとからある［日付］フィールドの単位は［日］になります。また、［四半期］［月］でグループ化した場合、［四半期］フィールドが自動作成され、もとからある［日付］フィールドの単位は［月］になります。ちなみに［月］だけでグループ化した場合も、［日付］フィールドの単位は［月］になります。

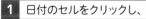

［四半期］［月］でグループ化した場合の［日付］フィールドは「月」単位になります。

10 「四半期」と「月」でグループ化されました。

	A	B	C	D
1				
2				
3	合計 / 金額	列ラベル		
4	行ラベル	関東	近畿	総計
5	⊟ 第1四半期	20,684,600	15,489,000	36,173,600
6	1月	6,426,000	5,046,400	11,472,400
7	2月	6,494,900	4,862,900	11,357,800
8	3月	7,763,700	5,579,700	13,343,400
9	⊟ 第2四半期	22,266,300	15,698,500	37,964,800
10	4月	8,164,600	5,545,700	13,710,300
11	5月	7,267,500	5,131,000	12,398,500
12	6月	6,834,200	5,021,800	11,856,000
13	⊟ 第3四半期	20,649,900	15,473,800	36,123,700
14	7月	6,887,500	5,050,000	11,937,500
15	8月	6,815,400	4,943,800	11,759,200
16	9月	6,947,000	5,480,000	12,427,000
17	⊟ 第4四半期	20,167,200	15,635,700	35,802,900
18	10月	7,311,300	5,536,800	12,848,100
19	11月	6,398,900	5,025,300	11,424,200
20	12月	6,457,000	5,073,600	11,530,600
21	総計	83,768,000	62,297,000	146,065,000
22				

ヒント **グループ化を解除するには**

グループ化を解除するには、日付のセル（ここでは「四半期」か「月」のセル）を選択して、図のように操作します。グループ化を解除すると、同じ日付ごとにデータが集計されます。［グループ化］ダイアログボックスの［単位］で［日］だけを選択した場合は異なる年の同じ月日が同じ「日」としてグループ化されますが、グループ化を解除した場合は年が異なると別の日付として扱われます。

1 日付のセルをクリックし、

2 ［ピボットテーブル分析］タブの
［グループ解除］をクリックすると、

3 グループ化が解除されます。

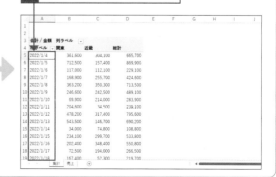

Section

19 関連する商品をひとまとめにして集計しよう

文字データのグループ化

📁 練習▶19_売上集計.xlsx

▶ 商品をグループ分けして新たな切り口で集計する

ここでは、商品を「Gシリーズ」と「SSシリーズ」の2つに分けて集計します。元のデータベースにはない分け方でも、「グループ化」の機能を使用すればグループ分けして集計できます。あらたな切り口で集計することで、売上の多角的な分析が可能になります。

Before 商品別の集計

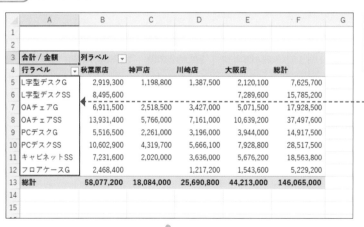

合計 / 金額	列ラベル				
行ラベル	秋葉原店	神戸店	川崎店	大阪店	総計
L字型デスクG	2,919,300	1,198,800	1,387,500	2,120,100	7,625,700
L字型デスクSS	8,495,600			7,289,600	15,785,200
OAチェアG	6,911,500	2,518,500	3,427,000	5,071,500	17,928,500
OAチェアSS	13,931,400	5,766,000	7,161,000	10,639,200	37,497,600
PCデスクG	5,516,500	2,261,000	3,196,000	3,944,000	14,917,500
PCデスクSS	10,602,900	4,319,700	5,666,100	7,928,800	28,517,500
キャビネットSS	7,231,600	2,020,000	3,636,000	5,676,200	18,563,800
フロアケースG	2,468,400		1,217,200	1,543,600	5,229,200
総計	58,077,200	18,084,000	25,690,800	44,213,000	146,065,000

商品別の集計では、どのシリーズの商品が売れているのかを読み取るのが大変です。

After シリーズ別商品別の集計

合計 / 金額	列ラベル				
行ラベル	秋葉原店	神戸店	川崎店	大阪店	総計
⊟Gシリーズ	17,815,700	5,978,300	9,227,700	12,679,200	45,700,900
L字型デスクG	2,919,300	1,198,800	1,387,500	2,120,100	7,625,700
OAチェアG	6,911,500	2,518,500	3,427,000	5,071,500	17,928,500
PCデスクG	5,516,500	2,261,000	3,196,000	3,944,000	14,917,500
フロアケースG	2,468,400		1,217,200	1,543,600	5,229,200
⊟SSシリーズ	40,261,500	12,105,700	16,463,100	31,533,800	100,364,100
L字型デスクSS	8,495,600			7,289,600	15,785,200
OAチェアSS	13,931,400	5,766,000	7,161,000	10,639,200	37,497,600
PCデスクSS	10,602,900	4,319,700	5,666,100	7,928,800	28,517,500
キャビネットSS	7,231,600	2,020,000	3,636,000	5,676,200	18,563,800
総計	58,077,200	18,084,000	25,690,800	44,213,000	146,065,000

シリーズ別に集計すると、「シリーズ」という切り口で商品の売れ行きを分析できます。

① 「Gシリーズ」の商品グループを作成する

💬 解説

Ctrl +クリックで離れたセルを選択できる

ピボットテーブルのセルは、通常のセルと同様に ➕ のマウスポインターで選択します。1つ目のセルをクリックして、 Ctrl を押しながら2つ目以降のセルをクリックすると、離れた位置にある複数のセルを同時に選択できます。

---

1 「L字型デスクG」のセルをクリックします。

合計 / 金額	列ラベル				
行ラベル	秋葉原店	神戸店	川崎店	大阪店	総計
L字型デスクG	2,919,300	1,198,800	1,387,500	2,120,100	7,625,700
L字型デスクSS	8,495,600			7,289,600	15,785,200
OAチェアG	6,911,500	2,518,500	3,427,000	5,071,500	17,928,500
OAチェアSS	13,931,400	5,766,000	7,161,000	10,639,200	37,497,600
PCデスクG	5,516,500	2,261,000	3,196,000	3,944,000	14,917,500
PCデスクSS	10,602,900	4,319,700	5,666,100	7,928,800	28,517,500
キャビネットSS	7,231,600	2,020,000	3,636,000	5,676,200	18,563,800
フロアケースG	2,468,400		1,217,200	1,543,600	5,229,200
総計	58,077,200	18,084,000	25,690,800	44,213,000	146,065,000

⚠ 注意

マウスポインターの形に注意して選択する

セルを選択するときは、 ➕ のマウスポインターでクリックします。マウスポインターを合わせる位置によっては、 ➡ や ⬇ の形になることがあります。その状態でクリックすると、ピボットテーブル内の行や列が一括選択されてしまうので注意しましょう。

1 ⬇ の形でクリックすると、

合計 / 金額	列ラベル
行ラベル	秋葉原店
L字型デスクG	2,919,300
L字型デスクSS	8,495,600
OAチェアG	6,911,500
OAチェアSS	13,931,400
PCデスクG	5,516,500
PCデスクSS	10,602,900
キャビネットSS	7,231,600
フロアケースG	2,468,400
総計	58,077,200

2 全アイテムが選択されます。

---

2 Ctrl を押しながら「OAチェアG」のセルをクリックします。

合計 / 金額	列ラベル				
行ラベル	秋葉原店	神戸店	川崎店	大阪店	総計
L字型デスクG	2,919,300	1,198,800	1,387,500	2,120,100	7,625,700
L字型デスクSS	8,495,600			7,289,600	15,785,200
OAチェアG	6,911,500	2,518,500	3,427,000	5,071,500	17,928,500
OAチェアSS	13,931,400	5,766,000	7,161,000	10,639,200	37,497,600
PCデスクG	5,516,500	2,261,000	3,196,000	3,944,000	14,917,500
PCデスクSS	10,602,900	4,319,700	5,666,100	7,928,800	28,517,500
キャビネットSS	7,231,600	2,020,000	3,636,000	5,676,200	18,563,800
フロアケースG	2,468,400		1,217,200	1,543,600	5,229,200
総計	58,077,200	18,084,000	25,690,800	44,213,000	146,065,000

3 「L字型デスクG」と「OAチェアG」のセルが選択されました。

4 同様に Ctrl を押しながら「PCデスクG」と「フロアケースG」のセルをクリックして、選択に加えます。

合計 / 金額	列ラベル				
行ラベル	秋葉原店	神戸店	川崎店	大阪店	総計
L字型デスクG	2,919,300	1,198,800	1,387,500	2,120,100	7,625,700
L字型デスクSS	8,495,600			7,289,600	15,785,200
OAチェアG	6,911,500	2,518,500	3,427,000	5,071,500	17,928,500
OAチェアSS	13,931,400	5,766,000	7,161,000	10,639,200	37,497,600
PCデスクG	5,516,500	2,261,000	3,196,000	3,944,000	14,917,500
PCデスクSS	10,602,900	4,319,700	5,666,100	7,928,800	28,517,500
キャビネットSS	7,231,600	2,020,000	3,636,000	5,676,200	18,563,800
フロアケースG	2,468,400		1,217,200	1,543,600	5,229,200
総計	58,077,200	18,084,000	25,690,800	44,213,000	146,065,000

解説

文字列データのグループ化

複数のアイテムを選択して［ピボットテーブル分析］タブの［グループの選択］をクリックすると、選択したアイテムが1つのグループになります。

ヒント

グループ化する商品を
間違えたときは

違う商品を一緒にグループ化してしまったときは、いったんグループ化を解除しましょう。「グループ1」と表示されているセルを選択して、［ピボットテーブル分析］タブにある［グループ解除］をクリックすると解除できます。

5 ［ピボットテーブル分析］タブをクリックして、

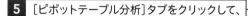

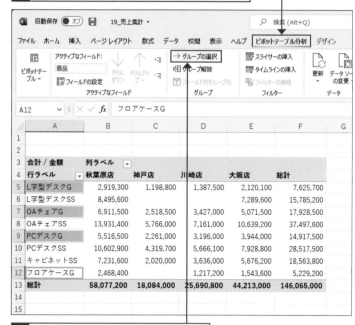

6 ［グループの選択］をクリックします。

7 ほかのセルをクリックして、アイテムの選択を解除します。

8 選択した商品が1つのグループにまとめられました。

行ラベル	秋葉原店	神戸店	川崎店	大阪店	総計
⊟グループ1	17,815,700	5,978,300	9,227,700	12,679,200	45,700,900
L字型デスクG	2,919,300	1,198,800	1,387,500	2,120,100	7,625,700
OAチェアG	6,911,500	2,518,500	3,427,000	5,071,500	17,928,500
PCデスクG	5,516,500	2,261,000	3,196,000	3,944,000	14,917,500
フロアケースG	2,468,400		1,217,200	1,543,600	5,229,200
⊟L字型デスクSS	8,495,600			7,289,600	15,785,200
L字型デスクSS	8,495,600			7,289,600	15,785,200
⊟OAチェアSS	13,931,400	5,766,000	7,161,000	10,639,200	37,497,600
OAチェアSS	13,931,400	5,766,000	7,161,000	10,639,200	37,497,600
⊟PCデスクSS	10,602,900	4,319,700	5,666,100	7,928,800	28,517,500
PCデスクSS	10,602,900	4,319,700	5,666,100	7,928,800	28,517,500
⊟キャビネットSS	7,231,600	2,020,000	3,636,000	5,676,200	18,563,800
キャビネットSS	7,231,600	2,020,000	3,636,000	5,676,200	18,563,800
総計	58,077,200	18,084,000	25,690,800	44,213,000	146,065,000

9 残りの商品は、1つの商品が1つのグループになります。

② 「SSシリーズ」の商品グループを作成する

⌨ ショートカットキー

グループ化

[Alt] + [Shift] + [→]

⌨ ショートカットキー

グループ解除

[Alt] + [Shift] + [←]

🗣 解説

**[商品]をグループ化すると
[商品2]が作成される**

99ページ～101ページの操作により、
「グループ1」「グループ2」の2つのアイ
テムからなる[商品2]フィールドが作成
され、[商品2]→[商品]の2階層の集計
が行われます。

1 [L字型デスクSS][OAチェアSS][PCデスクSS]
[キャビネットSS]のセルを選択します。

2 [ピボットテーブル分析]タブの[グループの選択]をクリックします。

3 選択した商品が1つのグループにまとめられました。

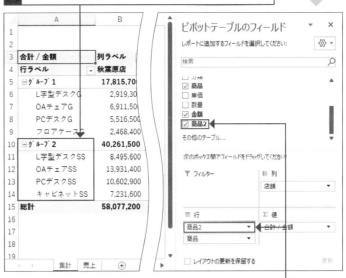

4 フィールドリストに[商品2]フィールドが追加されました。

③ 作成された新フィールドのアイテム名とフィールド名を設定する

🗨 解説

アイテム名の変更

文字列データをグループ化すると、「グループ1」「グループ2」などの仮のアイテム名が設定されるので、わかりやすい名前に変えましょう。セルに入力し直すことで、アイテム名を変更できます。

1 「グループ1」と表示されたセルを選択して、「Gシリーズ」と入力します。

	A	B	C	D	E	F	G	H
1								
2								
3	合計 / 金額	列ラベル						
4	行ラベル	秋葉原店	神戸店	川崎店	大阪店	総計		
5	Gシリーズ	17,815,700	5,978,300	9,227,700	12,679,200	45,700,900		
6	L字型デスクG	2,919,300	1,198,800	1,387,500	2,120,100	7,625,700		
7	OAチェアG	6,911,500	2,518,500	3,427,000	5,071,500	17,928,500		
8	PCデスクG	5,516,500	2,261,000	3,196,000	3,944,000	14,917,500		
9	フロアケースG	2,468,400		1,217,200	1,543,600	5,229,200		
10	グループ2	40,261,500	12,105,700	16,463,100	31,533,800	100,364,100		
11	L字型デスクSS	8,495,600			7,289,600	15,785,200		
12	OAチェアSS	13,931,400	5,766,000	7,161,000	10,639,200	37,497,600		
13	PCデスクSS	10,602,900	4,319,700	5,666,100	7,928,200	28,517,500		
14	キャビネットSS	7,231,600	2,020,000	3,636,000	5,676,200	18,563,800		
15	総計	58,077,200	18,084,000	25,690,800	44,213,000	146,065,000		
16								

2 [Enter] を押します。

3 「Gシリーズ」と表示されました。

	A	B	C	D	E	F	G	H
1								
2								
3	合計 / 金額	列ラベル						
4	行ラベル	秋葉原店	神戸店	川崎店	大阪店	総計		
5	Gシリーズ	17,815,700	5,978,300	9,227,700	12,679,200	45,700,900		
6	L字型デスクG	2,919,300	1,198,800	1,387,500	2,120,100	7,625,700		
7	OAチェアG	6,911,500	2,518,500	3,427,000	5,071,500	17,928,500		
8	PCデスクG	5,516,500	2,261,000	3,196,000	3,944,000	14,917,500		
9	フロアケースG	2,468,400		1,217,200	1,543,600	5,229,200		
10	SSシリーズ	40,261,500	12,105,700	16,463,100	31,533,800	100,364,100		
11	L字型デスクSS	8,495,600			7,289,600	15,785,200		
12	OAチェアSS	13,931,400	5,766,000	7,161,000	10,639,200	37,497,600		
13	PCデスクSS	10,602,900	4,319,700	5,666,100	7,928,200	28,517,500		
14	キャビネットSS	7,231,600	2,020,000	3,636,000	5,676,200	18,563,800		
15	総計	58,077,200	18,084,000	25,690,800	44,213,000	146,065,000		
16								

4 同様に、「グループ2」を「SSシリーズ」に変更します。

5 「Gシリーズ」または「SSシリーズ」のセルをクリックし、

6 [ピボットテーブル分析]タブをクリックします。

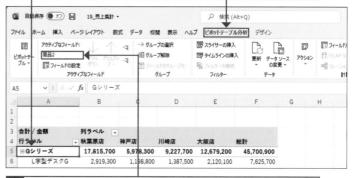

7 [アクティブなフィールド] 欄に「商品2」というフィールド名が表示されていることを確認します。

🔍 重要用語

アクティブなフィールド

「アクティブなフィールド」とは、現在選択されているフィールドのことです。[ピボットテーブル分析]タブの[アクティブなフィールド]欄で、現在選択されているフィールドのフィールド名を確認できます。

フィールド名の変更

文字列データをグループ化すると、「商品2」のような仮のフィールド名が設定されるので、わかりやすい名前に変えましょう。[ピボットテーブル分析]タブの[アクティブなフィールド]欄で、フィールド名を変更できます。

8 「シリーズ」と入力して、

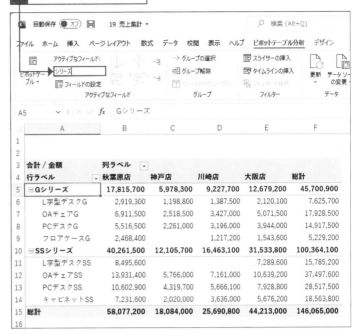

9 [Enter]を押します。

10 フィールド名が「シリーズ」に変更されました。

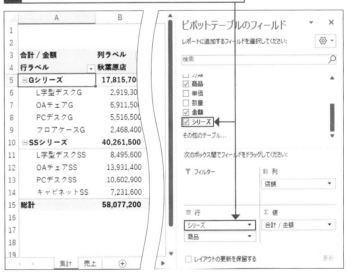

「シリーズ」はフィールドとして使用できる

[シリーズ]フィールドはフィールドリストに追加されるので、これ以降、通常のフィールドとして自由に使用できます。

	A	B	C	D
1				
2				
3	合計 / 金額	列ラベル		
4	行ラベル	Gシリーズ	SSシリーズ	総計
5	チェア	17,928,500	37,497,600	55,426,100
6	デスク	22,543,200	44,302,700	66,845,900
7	収納	5,229,200	18,563,800	23,793,000
8	総計	45,700,900	100,364,100	146,065,000
9				

通常のフィールドとして集計に使用できます。

応用編

単価を価格帯別にまとめて集計しよう

数値データのグループ化

📁 練習▶20_売上集計.xlsx

▶ 単価をグループ化して集計すれば価格帯ごとの売上がわかる

ピボットテーブルでは、数値データをグループ化することもできます。単価を1000円単位や5000円単位でグループ化すると、価格帯別に売上金額や売上数を集計できます。個々の商品の売れ行きではなく、**「どの価格帯の商品がどれだけ売れたか」**といった価格帯に焦点を当てた分析を行いたいときに便利です。このほか、年齢を10歳単位でグループ化して年代別にアンケートを集計するなど、数値のグループ化はさまざまなシーンで活用できます。

Before 単価ごとに集計

	A	B	C	D	E	F	G
1							
2							
3	合計 / 金額	列ラベル					
4	行ラベル	関東	近畿	総計			
5	6,800	3,685,600	1,543,600	5,229,200			
6	8,500	8,712,500	6,205,000	14,917,500			
7	11,100	4,306,800	3,318,900	7,625,700			
8	11,500	10,338,500	7,590,000	17,928,500			
9	18,600	21,092,400	16,405,200	37,497,600			
10	18,700	16,269,000	12,248,500	28,517,500			
11	20,200	10,867,600	7,696,200	18,563,800			
12	26,800	8,495,600	7,289,600	15,785,200			
13	総計	83,768,000	62,297,000	146,065,000			
14							

同じ単価の商品ごとに売上金額が集計されています。

After 価格帯別にグループ化

	A	B	C	D	E	F	G
1							
2							
3	合計 / 金額	列ラベル					
4	行ラベル	関東	近畿	総計			
5	5000-9999	12,398,100	7,748,600	20,146,700			
6	10000-14999	14,645,300	10,908,900	25,554,200			
7	15000-19999	37,361,400	28,653,700	66,015,100			
8	20000-24999	10,867,600	7,696,200	18,563,800			
9	25000-29999	8,495,600	7,289,600	15,785,200			
10	総計	83,768,000	62,297,000	146,065,000			
11							

5000円単位でグループ化すると、価格帯別の売上金額を集計できます。

① 単価を5000円単位でグループ化する

解説

単価を配置すると単価別集計になる

行ラベルフィールドに単価を配置すると、「6800円の商品の集計」「8500円の商品の集計」という具合に、同じ単価の商品ごとに集計が行われます。

次のボックス間でフィールドをドラッグしてください：

▼ フィルター		▥ 列
		地区 ▼

≡ 行		Σ 値
単価 ▼		合計 / 金額 ▼

1 単価の任意のセルをクリックして選択します。

2 ［ピボットテーブル分析］タブをクリックして、

3 ［グループの選択］をクリックします。

4 ［グループ化］ダイアログボックスが表示されます。

5 ［先頭の値］に「5000」、［末尾の値］に「29999」、［単位］に「5000」と入力して、

6 ［OK］をクリックします。

グループ化　　　　　　　　　？　　×

自動

☐ 先頭の値(S): 　5000

☐ 末尾の値(E): 　29999

単位(B): 　5000

OK　　キャンセル

補足

レイアウトを変えてもグループ化は持続する

グループ化の設定は、ピボットテーブルから［単価］フィールドを削除しても持続します。フィールドリストから再度［単価］を配置すると、単価がグループ化された状態で表示されます。単価別の集計に戻したい場合は、97ページのヒントを参考にグループ化を解除しましょう。

7 単価が5000円単位でグループ化されました。

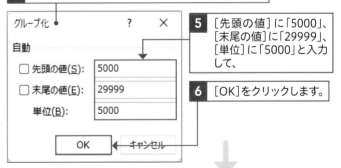

総計額の高い順に集計表を並べ替えよう

数値の並べ替え

📁 練習▶21_売上集計.xlsx

▶ 売上金額の高い順に表を並べ替えて売れ筋商品を見極める

売れ筋商品を分析したいときは、売上金額の高い順に集計表を並べ替えるのが鉄則です。並べ替えを行わない場合、数値を見比べて売上の高い商品を探さなければならず大変です。**表を売上順に並べ替えておけば、「どの商品が売れているか」が一目瞭然となります。順位を明確にすることで、売上データが分析しやすくなるのです。**

Before 並べ替え前

数値を見て、売れ筋商品を探すのは大変です。

	A	B	C	D	E	F
3	合計 / 金額	列ラベル				
4	行ラベル	秋葉原店	神戸店	川崎店	大阪店	総計
5	L字型デスクG	2,919,300	1,198,800	1,387,500	2,120,100	7,625,700
6	L字型デスクSS	8,495,600			7,289,600	15,785,200
7	OAチェアG	6,911,500	2,518,500	3,427,000	5,071,500	17,928,500
8	OAチェアSS	13,931,400	5,766,000	7,161,000	10,639,200	37,497,600
9	PCデスクG	5,516,500	2,261,000	3,196,000	3,944,000	14,917,500
10	PCデスクSS	10,602,900	4,319,700	5,666,100	7,928,800	28,517,500
11	キャビネットSS	7,231,600	2,020,000	3,636,000	5,676,200	18,563,800
12	フロアケースG	2,468,400		1,217,200	1,543,600	5,229,200
13	総計	58,077,200	18,084,000	25,690,800	44,213,000	146,065,000

After 総計順に並べ替え

売上順に並べ替えれば、売れ筋商品がわかりやすくなります。

売上の高い店舗順に並べ替えることも可能です。

	A	B	C	D	E	F
3	合計 / 金額	列ラベル				
4	行ラベル	秋葉原店	大阪店	川崎店	神戸店	総計
5	OAチェアSS	13,931,400	10,639,200	7,161,000	5,766,000	37,497,600
6	PCデスクSS	10,602,900	7,928,800	5,666,100	4,319,700	28,517,500
7	キャビネットSS	7,231,600	5,676,200	3,636,000	2,020,000	18,563,800
8	OAチェアG	6,911,500	5,071,500	3,427,000	2,518,500	17,928,500
9	L字型デスクSS	8,495,600	7,289,600			15,785,200
10	PCデスクG	5,516,500	3,944,000	3,196,000	2,261,000	14,917,500
11	L字型デスクG	2,919,300	2,120,100	1,387,500	1,198,800	7,625,700
12	フロアケースG	2,468,400	1,543,600	1,217,200		5,229,200
13	総計	58,077,200	44,213,000	25,690,800	18,084,000	146,065,000

① 総計列の値順に商品を並べ替える

💬 解説

昇順と降順

データを並べ替えるには、[データ]タブの[昇順]または[降順]を使用します。「昇順」とは数値の小さい順、「降順」とは数値の大きい順のことです。

昇順（小さい順）

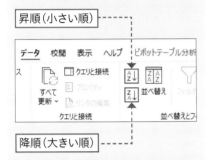

降順（大きい順）

1 [総計]の列の任意のセルを選択します。

2 [データ]タブをクリックして、

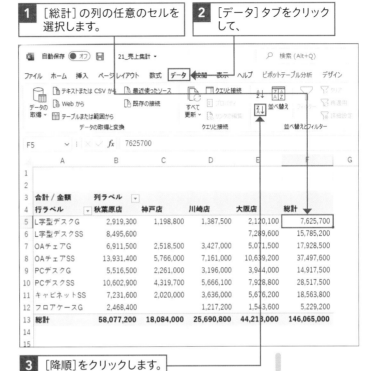

3 [降順]をクリックします。

4 [総計]の数値の高い順に、商品が行単位で並べ替えられました。

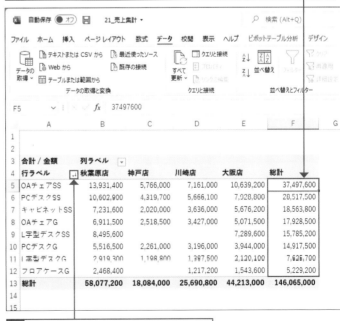

✏️ 補足

並べ替えの設定は持続する

一度並べ替えの指定を行うと、データを更新したり抽出の機能を実行したりしたときに、常にその時点で表示されているデータを基準に自動的に並べ替えが行われます。

 5 ▼ボタンの図柄が ↓に変わりました。

② 総計行の値順に店舗を並べ替える

✦ 応用技

［総計］以外の行や列を
基準に並べ替えるには

値フィールドのセルを選択して、［デー
タ］タブにある［並べ替え］をクリックす
ると、［値で並べ替え］ダイアログボック
スが表示され、並べ替えの方向を指定で
きます。「大阪店」の「OAチェアG」のセ
ルを選択して降順に並べ替える場合、［行
単位］を指定すると「大阪店」で売れてい
る商品順に、［列単位］を指定すると「OA
チェアG」の売上実績の高い店舗順に並
べ替えられます。

1 並べ替えの順序を指定し、

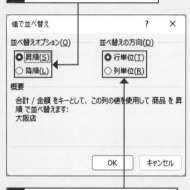

2 並べ替えの方向を指定します。

---

1 ［総計］の行の任意のセルを選択します。

2 ［データ］タブをクリックして、

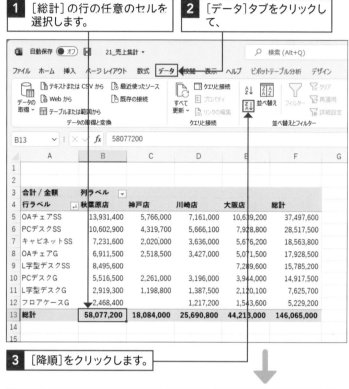

3 ［降順］をクリックします。

4 ［総計］の数値の高い順に、店舗が列単位で並べ替えられました。

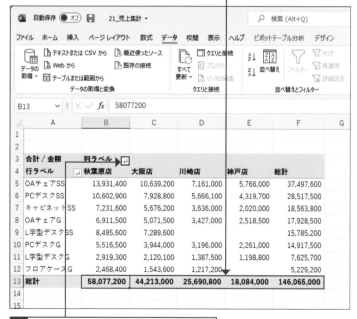

5 ▾ボタンの図柄が ↲ に変わりました。

補足 **階層集計の表を並べ替えるには**

階層構造になっている集計表では、階層ごとに並べ替えを行えます。ここでは、[分類] フィールドと [商品] フィールドの2階層の集計表で、それぞれのフィールドを降順に並べ替えてみましょう。まず、売上の高い [分類] 順に並べ替えられ、同じ [分類] の中では、売上の高い [商品] 順に並べ替えが行われます。

上の階層を並べ替える

1 上の階層（ここでは [分類] フィールド）の売上のセルを選択します。

2 [データ] タブをクリックして、

4 [分類] が売上の高い順に並べ替えられました。

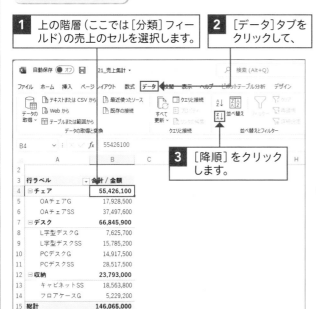

3 [降順] をクリックします。

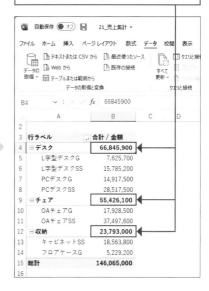

下の階層を並べ替える

1 下の階層（ここでは [商品] フィールド）の売上のセルを選択します。

2 [データ] タブをクリックして、

4 [分類] ごとに、[商品] が売上の高い順に並べ替えられます。

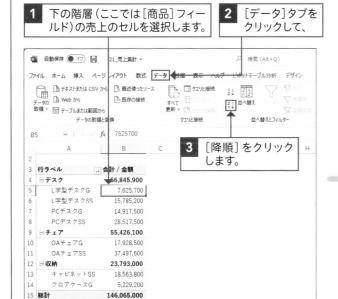

3 [降順] をクリックします。

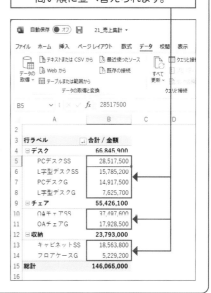

Section 22 独自の順序で商品名を並べ替えよう

ユーザー設定リストの利用

練習▶22_売上集計.xlsx

▶ 商品名をいつもの順序で見やすく表示する

商品別集計や支店別集計を行うときに、商品名や支店名を見慣れた順序で並べたいことがあります。いつも使用しているわかりやすい並び順を「**ユーザー設定リスト**」に登録すれば、登録した順序でピボットテーブルのデータを表示できます。登録作業は1回で済むので、気軽に利用しましょう。

① データの並び順を登録する

💬 **解説**

独自の順序の登録

独自の順序で並べ替えを行うには、その並び順を[ユーザー設定リスト]に登録します。

	A	B	C
1			
2			
3	行ラベル	合計 / 金額	
4	PCデスクG	14,917,500	
5	PCデスクSS	28,517,500	
6	L字型デスクG	7,625,700	
7	L字型デスクSS	15,785,200	
8	OAチェアG	17,928,500	
9	OAチェアSS	37,497,600	
10	フロアケースG	5,229,200	
11	キャビネットSS	18,563,800	
12	総計	146,065,000	

いつもの順序で商品を並べ替えれば、目的の商品が探しやすくなります。

1 任意のセルに、並べたい順序で商品を入力しておきます。

A2 ✕ ✓ fx PCデスクG

	A	B	C	D	E	F
1	商品名		分類		店舗名	
2	PCデスクG		デスク		秋葉原店	
3	PCデスクSS		チェア		川崎店	
4	L字型デスクG		収納		大阪店	
5	L字型デスクSS				神戸店	
6	OAチェアG					
7	OAチェアSS					
8	フロアケースG					
9	キャビネットSS					
10						
11						
12						
13						
14						
15						
16						
17						

2 商品のセルを選択します。

重要用語

ユーザー設定リスト

ユーザー設定リストとは、データの並び順を登録したリストのことです。「January、February、March…、December」「日、月、火…、土」など、あらかじめ数種類のリストが登録されていますが、独自のリストを登録することもできます。登録したリストは、オートフィルにより連続データとして自動入力したり、並べ替えの基準として利用したりできます。

補足

文字データの並び順

ワークシートに入力した表であれば、入力したときの読みの情報がふりがなとしてセルに記憶されるため、ふりがなによる並べ替えが可能です。しかし、ピボットテーブルのセルにはふりがなの情報がないので、商品や支店の名前が漢字の場合、データは文字コードの順に並びます。

3 ［ファイル］タブをクリックします。

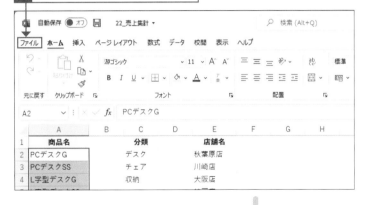

4 ［その他］をクリックして、

5 ［オプション］をクリックします。

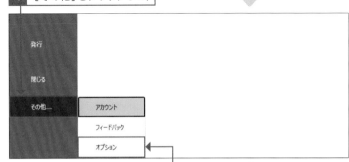

6 ［Excelのオプション］ダイアログボックスが表示されます。

7 ［詳細設定］をクリックして、

8 スライダーを下にドラッグします。

9 ［ユーザー設定リストの編集］をクリックします。

ヒント

登録した並び順を修正・削除するには

[ユーザー設定リスト]ダイアログボックスの一覧からデータを選択すると、[リストの項目]欄にデータが一覧表示されます。その状態で、並び順を編集するには、[リストの項目]欄でデータを編集して[OK]をクリックします。また、並び順を削除するには、[削除]をクリックします。

1 データを選択して、

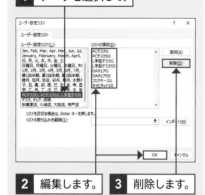

2 編集します。　　**3** 削除します。

ヒント

登録作業を続けて行うには

手順**13**の実行後、続けて他のフィールドの並び順を登録することもできます。それには、並び順を入力したセル範囲を[リストの取り込み元範囲]欄で指定して、[インポート]をクリックします。

10 [ユーザー設定リスト]ダイアログボックスが表示されます。

11 商品のセルが指定されていることを確認して、

12 [インポート]をクリックします。

13 [ユーザー設定リスト]に追加されたことを確認して、

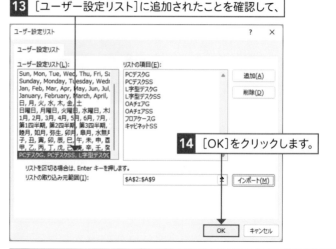

14 [OK]をクリックします。

15 [Excelのオプション]ダイアログボックスに戻るので、[OK]をクリックして閉じます。

16 同様に、ほかのフィールドの並び順も[ユーザー設定リスト]に登録しておきます。

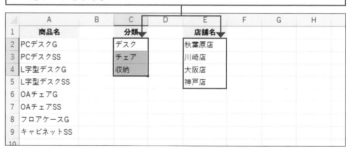

② 登録したリストの順序で商品を並べ替える

解説

ユーザー設定リストによる並べ替え

[データ]タブの[昇順]をクリックすると、ユーザー設定リストに登録した並び順でデータが並べ替えられます。

なお、ユーザー設定リストに並び順を登録してから、フィールドをピボットテーブルに追加すると、並べ替えの操作を行わなくても最初から登録した並び順で表示されます。

1 商品の任意のセルを選択します。

2 [データ]タブをクリックして、

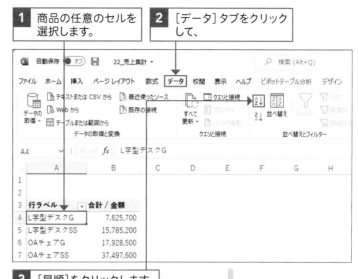

3 [昇順]をクリックします。

4 ユーザー設定リストに登録した順序で商品が並べ替えられました。

ヒント

登録したパソコンでのみ有効

ユーザー設定リストは、ファイルではなくパソコンに登録されます。ユーザー設定リストを使用して並べ替えたピボットテーブルをほかのパソコンで開くと、開いた直後は並び順が保持されますが、更新したりフィールドを入れ替えたりすると文字コード順に並べ替えられます。

4

グループ化・並べ替えで表を見やすくしよう

補足 ユーザー設定リストの使用／不使用を切り替えるには

ユーザー設定リストを使用するかどうかは、[ピボットテーブルオプション]ダイアログボックスで指定できます。67ページのヒントを参考に「ピボットテーブルオプション]ダイアログボックスを表示し、[集計とフィルター]タブの[並べ替え時にユーザー設定リストを使用する]のチェックを切り替えます。初期状態では、チェックが付いています。

応用編

自由な位置に移動して並べ替えよう

ドラッグでの並べ替え

📁 練習▶23_売上集計.xlsx

▶ 商品名をいつもの順序で見やすく表示する

「全支店の中の自支店の位置付け」「全商品における注力商品の動向」など、**特定のアイテムに着目してデータを分析**したいことがあります。そのようなときは、着目したいアイテムを集計表の先頭に配置すると、見やすくて効果的です。特定の項目を特定の位置に配置するには、ドラッグ操作で移動します。

Before アイテムを移動前

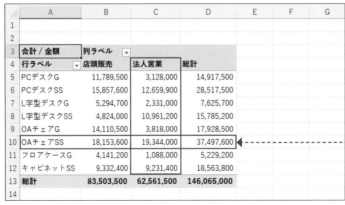

「法人営業」の「OAチェア SS」が目立ちません。

合計 / 金額	列ラベル		
行ラベル	店頭販売	法人営業	総計
PCデスクG	11,789,500	3,128,000	14,917,500
PCデスクSS	15,857,600	12,659,900	28,517,500
L字型デスクG	5,294,700	2,331,000	7,625,700
L字型デスクSS	4,824,000	10,961,200	15,785,200
OAチェアG	14,110,500	3,818,000	17,928,500
OAチェアSS	18,153,600	19,344,000	37,497,600
フロアケースG	4,141,200	1,088,000	5,229,200
キャビネットSS	9,332,400	9,231,400	18,563,800
総計	83,503,500	62,561,500	146,065,000

After アイテムを移動後

「法人営業」の「OAチェア SS」に着目したいときは、それぞれを表の先頭に配置すると見やすくなります。

合計 / 金額	列ラベル		
行ラベル	法人営業	店頭販売	総計
OAチェアSS	19,344,000	18,153,600	37,497,600
PCデスクG	3,128,000	11,789,500	14,917,500
PCデスクSS	12,659,900	15,857,600	28,517,500
L字型デスクG	2,331,000	5,294,700	7,625,700
L字型デスクSS	10,961,200	4,824,000	15,785,200
OAチェアG	3,818,000	14,110,500	17,928,500
フロアケースG	1,088,000	4,141,200	5,229,200
キャビネットSS	9,231,400	9,332,400	18,563,800
総計	62,561,500	83,503,500	146,065,000

① 「OAチェアSS」を行単位で移動する

🗨️ 解説

行全体や列全体が移動する

行ラベルフィールドや列ラベルフィールドのセルをドラッグすると、自動的に行全体や列全体が移動します。

1 「OAチェアSS」のセルをクリックして、

2 枠にマウスポインターを合わせ、マウスポインターがこの形なったらドラッグします。

3 移動したい位置に太線が表示されたら、ボタンをはなします。

4 「OAチェアSS」の行全体が移動しました。

⚠️ 注意

マウスポインターの形に注意する

移動の際は、セルにマウスポインターを合わせ、マウスポインターの形が に変わったのを確認してから、ドラッグを開始しましょう。

② 「法人営業」を列単位で移動する

💡 ヒント

階層ごと移動できる

階層のある集計表で上位の階層のセルを
ドラッグすると、下位のフィールドのア
イテムごと移動できます。
「チェア」のセルA9をドラッグすると、
「OAチェアG」「OAチェアSS」の行も一
緒に移動されます。

	A	B
1		
2		
3	行ラベル ▽	合計 / 金額
4	⊟デスク	66,845,900
5	PCデスクG	14,917,500
6	PCデスクSS	28,517,500
7	L字型デスクG	7,625,700
8	L字型デスクSS	15,785,200
9	⊟チェア	55,426,100
10	OAチェアG	17,928,500
11	OAチェアSS	37,497,600
12	⊟収納	23,793,000
13	フロアケースG	5,229,200
14	キャビネットSS	18,563,800
15	総計	146,065,000
16		

1 「法人営業」のセルをクリックして、

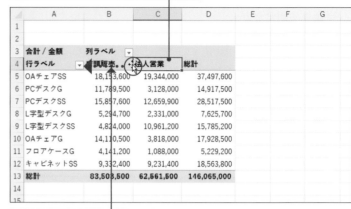

	A	B	C	D	E	F	G
1							
2							
3	合計 / 金額	列ラベル ▽					
4	行ラベル	店頭販売	法人営業	総計			
5	OAチェアSS	18,153,600	19,344,000	37,497,600			
6	PCデスクG	11,789,500	3,128,000	14,917,500			
7	PCデスクSS	15,857,600	12,659,900	28,517,500			
8	L字型デスクG	5,294,700	2,331,000	7,625,700			
9	L字型デスクSS	4,824,000	10,961,200	15,785,200			
10	OAチェアG	14,110,500	3,818,000	17,928,500			
11	フロアケースG	4,141,200	1,088,000	5,229,200			
12	キャビネットSS	9,332,400	9,231,400	18,563,800			
13	総計	83,503,500	62,561,500	146,065,000			
14							
15							

2 枠にマウスポインターを合わせ、マウスポインター
がこの形なったらドラッグします。

3 移動したい位置に太線が表示されたら、ボタンをはなします。

	A	B	C	D	E	F	G
1							
2							
3	合計 / 金額	列 A4:A13 ▽					
4	行ラベル	店頭販売	法人営業	総計			
5	OAチェアSS	18,153,600	19,344,000	37,497,600			
6	PCデスクG	11,789,500	3,128,000	14,917,500			
7	PCデスクSS	15,857,600	12,659,900	28,517,500			
8	L字型デスクG	5,294,700	2,331,000	7,625,700			
9	L字型デスクSS	4,824,000	10,961,200	15,785,200			
10	OAチェアG	14,110,500	3,818,000	17,928,500			
11	フロアケースG	4,141,200	1,088,000	5,229,200			
12	キャビネットSS	9,332,400	9,231,400	18,563,800			
13	総計	83,503,500	62,561,500	146,065,000			
14							
15							

4 「法人営業」の列全体が移動しました。

	A	B	C	D	E	F	G
1							
2							
3	合計 / 金額	列ラベル ▽					
4	行ラベル	法人営業	店頭販売	総計			
5	OAチェアSS	19,344,000	18,153,600	37,497,600			
6	PCデスクG	3,128,000	11,789,500	14,917,500			
7	PCデスクSS	12,659,900	15,857,600	28,517,500			
8	L字型デスクG	2,331,000	5,294,700	7,625,700			
9	L字型デスクSS	10,961,200	4,824,000	15,785,200			
10	OAチェアG	3,818,000	14,110,500	17,928,500			
11	フロアケースG	1,088,000	4,141,200	5,229,200			
12	キャビネットSS	9,231,400	9,332,400	18,563,800			
13	総計	62,561,500	83,503,500	146,065,000			
14							
15							

第 **5** 章

フィルターを利用して注目 データを取り出そう 応用編

フィルターの使い方を知ろう

▶ 行単位や列単位の抽出

条件に当てはまるデータを抽出する機能を「**フィルター**」と呼びます。フィルターを利用してピボットテーブル上のデータを絞り込むと、表に目的のデータだけが表示されて分析しやすくなります。条件は、行ラベル／列ラベルや総計の数値に対して指定できます。たとえば、行ラベルから「○○」を含む、「○○」で始まるなどのアイテムを抽出したり、総計値から「○円以上」「上位○件」などの数値を抽出したりできます。

もとの集計表

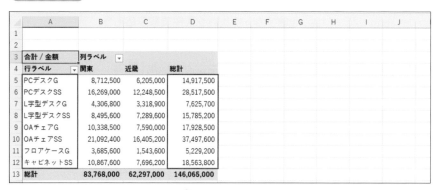

行ラベルのアイテムの抽出

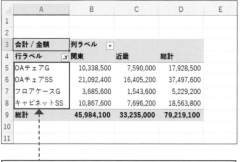

総計値の抽出

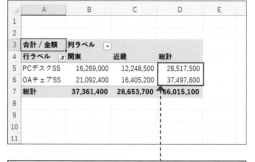

商品名に「デスク」を含まない商品を抽出します。

総計が「20,000,000以上」のデータを抽出します。

▶ 抽出結果の集計

「レポートフィルター」や「スライサー」、「タイムライン」を使用すると、集計対象のデータを絞り込むことができます。たとえば、レポートフィルターやスライサーで「秋葉原店」という条件を指定すると、もとのテーブルから秋葉原店のデータが抽出されて集計されます。また、タイムラインで「5月～7月」という条件を指定すると、もとのテーブルから5月～7月のデータが抽出されて集計されます。

抽出したデータの集計

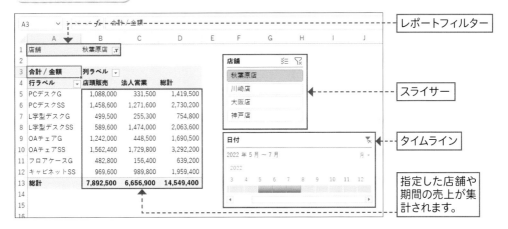

▶ 気になるデータの追跡

集計結果に気になる数値を見つけたときは、数値のもとになるレコードを抽出したり（ドリルスルー）、視点を詳細化したり（ドリルダウン）、集約したりと（ドリルアップ）、さまざまな機能を使いながらその要因を追跡します。

データの追跡

合計 / 金額	列ラベル					
行ラベル	1月	2月	3月	4月	5月	6月
⊞関東	6,426,000	6,494,900	7,763,700	8,164,600	7,267,500	6,834,200
⊟近畿	5,046,400	4,862,900	5,579,700	5,545,700	5,131,000	5,021,800
⊞大阪店	3,596,100	3,535,200	3,891,200	3,895,800	3,616,600	3,539,100
⊟神戸店	1,450,300	1,327,700	1,688,500	1,649,900	1,514,400	1,482,700
店頭販売	894,100	819,600	1,106,300	1,112,100	1,003,100	915,100
法人営業	556,200	508,100	582,200	537,800	511,300	567,600
総計	11,472,400	11,357,800	13,343,400	13,710,300	12,398,500	11,856,000

ドリルダウンで「近畿」→「神戸店」→「法人営業」と視点を詳細化していきます。

応用編

119

Section

24

行や列のアイテムを絞り込もう

チェックボックス

練習▶24_売上集計.xlsx

▶ 見たい項目だけを絞り込んで表示する

特定の店舗の特定の商品の売れ行きを分析するときに、集計表上にほかのデータがあると、見たいデータを探すのが大変です。また、目的のデータ同士を比較するときの妨げにもなります。そのようなときは、ほかのデータを非表示にし、分析対象のデータだけが表示されるようにしましょう。ピボットテーブルの行ラベルや列ラベルのセルに表示される**フィルターボタン**を使用すると、かんたんに目的のデータを絞り込めます。指定した条件に合うデータだけを抽出して表示する機能を「**フィルター**」と呼びます。

Before 全商品を表示した表

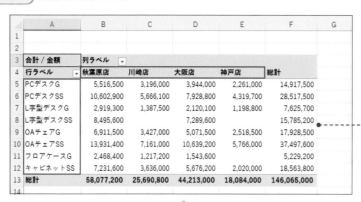

全店舗の全商品が表示されているので、目的の店舗の目的の商品同士を比較するのが大変です。

After フィルター実行

不要なデータを非表示にして、必要なデータだけを見やすく表示します。

① 列見出しに表示されるアイテムを絞り込む

解説

2つのフィルターボタンを使い分ける

フィルターボタン ▼ は、列ラベルフィールド用と行ラベルフィールド用の2つあります。どちらのフィールドを絞り込むかによって、使い分けましょう。なお、項目を絞り込むと、フィルターボタンの絵柄が ▼ から ▼ に変わります。

合計 / 金額	列ラベル ▼	
行ラベル ▼	秋葉原店	川崎店
PCデスクG	5,516,500	3,196,000
PCデスクSS	10,602,900	5,666,100
L字型デスクG	2,919,300	1,387,500

解説

レイアウトを変えてもフィルターは維持される

フィルターを実行したフィールドには、フィールドリストのフィールド名の横に、▽マークが表示されます。このフィールドをピボットテーブルから削除しても、フィルターの状態は維持され、▽マークは表示されたままになります。再度、ピボットテーブルに追加すると、アイテムが絞り込まれた状態で集計されます。

1 「列ラベル」と表示されているセルのフィルターボタン ▼ をクリックします。

2 列ラベルフィールドの全アイテムが表示されます。

3 非表示にするアイテムのチェックを外し、

4 [OK]をクリックします。

5 列ラベルフィールドに表示されるアイテムを絞り込めました。

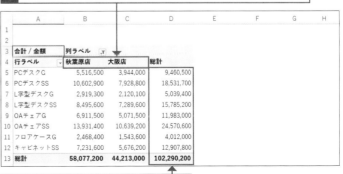

6 総計も2店舗の合計に変わります。

② 行見出しに表示されるアイテムを絞り込む

💬 解説

[(すべて選択)]を 上手に利用する

数多くの中から2、3項目だけを表示したいときは、いったん[(すべて選択)]のチェックを外します。すると、全項目のチェックが外れるので、目的の項目だけをすばやく選択できます。

1 「行ラベル」と表示されているセルのフィルターボタン □ をクリックします。

2 [(すべて選択)]をクリックしてチェックを外すと、

3 全商品のチェックが外れます。

4 表示したいアイテムだけにチェックを付けて、

5 [OK]をクリックします。

6 行ラベルフィールドに表示されるアイテムを絞り込めました。

💡 ヒント

複数の絞り込みを 一気に解除するには

[ピボットテーブル分析]タブの[アクション]をクリックして、[クリア]→[フィルターのクリア]を順にクリックすると、複数のフィールドの絞り込みをまとめて解除できます。

ヒント 特定のフィールドの絞り込みを解除するには

行ラベルフィールドと列ラベルフィールドの一方だけ絞り込みを解除するには、解除したいほうのフィルターボタンをクリックします。[" (フィールド名) "からフィルターをクリア] をクリックすると、絞り込みを解除してすべてのアイテムを表示できます。

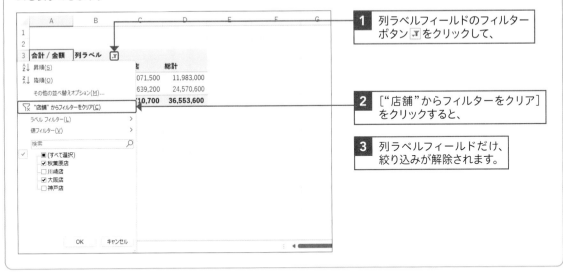

1 列ラベルフィールドのフィルターボタン ☑ をクリックして、

2 [" 店舗 "からフィルターをクリア] をクリックすると、

3 列ラベルフィールドだけ、絞り込みが解除されます。

応用技 階層構造のフィールドの項目を絞り込むには

行や列に複数のフィールドが配置されている場合でも、フィルターボタン ☑ は1つしか表示されません。アイテムを絞り込むには、[フィールドの選択] 欄でフィールドを指定します。たとえば、分類と商品の2フィールドが配置されている場合、[フィールドの選択] で [分類] を指定すると分類のアイテム、[商品] を指定すると [商品] のアイテムを絞り込めます。

1 「分類」と「商品」が表示されています。

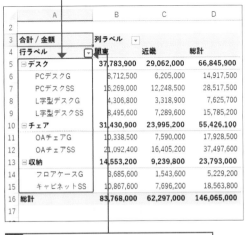

2 フィルターボタン ☑ をクリックします。

3 [フィールドの選択] から [分類] を選ぶと、

4 [分類] のアイテムを絞り込めます。

123

「○○を含まない」という条件で絞り込もう

ラベルフィルター

練習▶25_売上集計.xlsx

▶ 「ラベルフィルター」を利用してあいまいな条件でアイテムを絞り込む

「○○デスクXX」以外の商品の売上を集計するには、「○○デスクXX」を非表示にする必要があります。チェックボックスを使用して、「デスク」を含む商品のチェックを外す方法もありますが、商品の数が多いと面倒です。こんなときは、「ラベルフィルター」を利用しましょう。「○○を含む」「○○を含まない」「○○で始まる」「○○で終わる」といった、あいまいな条件でアイテムをかんたんに絞り込めます。

Before 全商品を表示した表

	A	B	C	D	E	F
1						
2						
3	合計 / 金額	列ラベル				
4	行ラベル	秋葉原店	川崎店	大阪店	神戸店	総計
5	PCデスクG	5,516,500	3,196,000	3,944,000	2,261,000	14,917,500
6	PCデスクSS	10,602,900	5,666,100	7,928,800	4,319,700	28,517,500
7	L字型デスクG	2,919,300	1,387,500	2,120,100	1,198,800	7,625,700
8	L字型デスクSS	8,495,600		7,289,600		15,785,200
9	OAチェアG	6,911,500	3,427,000	5,071,500	2,518,500	17,928,500
10	OAチェアSS	13,931,400	7,161,000	10,639,200	5,766,000	37,497,600
11	フロアケースG	2,468,400	1,217,200	1,543,600		5,229,200
12	キャビネットSS	7,231,600	3,636,000	5,676,200	2,020,000	18,563,800
13	総計	58,077,200	25,690,800	44,213,000	18,084,000	146,065,000

全商品が表示されています。

After ラベルフィルター実行

	A	B	C	D	E	F
1						
2						
3	合計 / 金額	列ラベル				
4	行ラベル	秋葉原店	川崎店	大阪店	神戸店	総計
5	OAチェアG	6,911,500	3,427,000	5,071,500	2,518,500	17,928,500
6	OAチェアSS	13,931,400	7,161,000	10,639,200	5,766,000	37,497,600
7	フロアケースG	2,468,400	1,217,200	1,543,600		5,229,200
8	キャビネットSS	7,231,600	3,636,000	5,676,200	2,020,000	18,563,800
9	総計	30,542,900	15,441,200	22,930,500	10,304,500	79,219,100
10						
11						
12						

「○○デスクXX」を非表示にして、その他の商品だけを表示できます。

1 「デスク」を含まないアイテムを抽出する

💬 解説

ラベルフィルター

ラベルフィルターを使用すると、[指定の値を含む][指定の値で始まる][指定の値で終わる]など、目的に応じた抽出条件を指定できます。

1 フィルターボタン ▾ をクリックし、

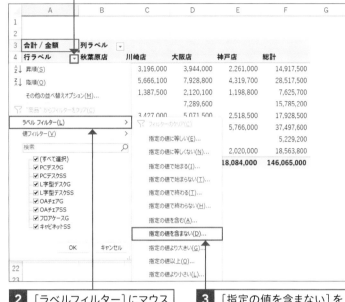

2 [ラベルフィルター]にマウスポインターを合わせて、

3 [指定の値を含まない]をクリックします。

4 「デスク」と入力して、

5 [を含まない]が選択されていることを確認して、

6 [OK]をクリックします。

💡 ヒント

ラベルフィルターを解除するには

ラベルフィルターを解除する方法は、チェックボックスによる絞り込みの解除と同じです。フィルターボタン ▾ をクリックして、["(フィールド名)"からフィルターをクリア]をクリックします。

7 名前に「デスク」を含まない商品だけが表示されました。

応用編

特定期間のデータだけを表示しよう

日付フィルター

練習▶26_売上集計.xlsx

▶「日付フィルター」を利用して表示される期間を絞り込む

フィルターボタンをクリックしたときに表示されるメニューは、行ラベルや列ラベルに配置したフィールドの種類によって変わります。日付データを配置した場合は［日付フィルター］が表示され、「○○より後」「○○から○○まで」「今月」「先月」などの抽出を行えます。この Section では、［日付フィルター］を使用して、特定の期間の抽出をしてみましょう。

Before すべての日付が表示されている

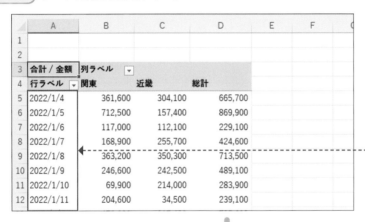

すべての日付データが表示されています。

After 日付フィルター実行

特定の期間の日付だけを表示できます。

① 期間を指定して抽出する

💬 解説

日付フィルター

日付フィルターでは、[指定の値より前]
[指定の値より後][指定の範囲内]など、
日付の範囲の抽出条件を指定できます。

1 フィルターボタン ▼ をクリックし、

2 [日付フィルター]にマウス
ポインターを合わせて、

3 [指定の範囲内]を
クリックします。

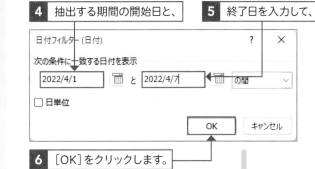

4 抽出する期間の開始日と、

5 終了日を入力して、

日付フィルター（日付）

次の条件に一致する日付を表示

| 2022/4/1 | と | 2022/4/7 | | の間 |

□ 日単位

OK　　キャンセル

6 [OK]をクリックします。

7 指定した期間のデータだけが表示されました。

	A	B	C	D	E	F	G
1							
2							
3	合計 / 金額	列ラベル ▼					
4	行ラベル ▼	関東	近畿	総計			
5	2022/4/1	123,400	228,500	351,900			
6	2022/4/2	455,200	211,600	666,800			
7	2022/4/3	176,800	209,300	386,100			
8	2022/4/4	46,000	154,600	200,600			
9	2022/4/5	432,500	373,100	805,600			
10	2022/4/6	89,400	80,800	170,200			
11	2022/4/7	101,000	111,600	212,600			
12	総計	1,424,300	1,369,500	2,793,800			

💡 ヒント

タイムラインも使える

集計期間を絞り込むための機能には、タ
イムラインも用意されています。148ペ
ージで解説するので、参考にしてくださ
い。

応用編

売上目標を達成したデータを抽出しよう

値フィルター

練習▶27_売上集計.xlsx

▶ 1千万円以上を売り上げた商品をすばやく表示できる

［値フィルター］を使用すると、**集計結果から特定の範囲の数値を抽出**できます。たとえば、「売上目標の金額以上」という条件で抽出を実行すると、売上目標を達成したデータを抽出できます。行ラベルフィールドに「商品」を配置している場合は「売上目標を達成した商品」が抽出され、「支店」を配置している場合は「売上目標を達成した支店」が抽出されるという具合に、**条件と行ラベルフィールドの組み合わせに応じて、さまざまな抽出結果を得られます。**ここでは、「10,000,000以上」という条件で売れ筋商品を抽出してみます。

Before すべての商品が表示されている

目標金額を達成した商品を探すのが大変です。

After 値フィルター実行

総計が「10,000,000以上」の商品が抽出され、目標金額を達成した商品がわかります。

① 売上が「10,000,000以上」の商品を抽出する

値フィルター

手順 **2** のメニューには、[ラベルフィルター]と[値フィルター]があります。[ラベルフィルター]は商品名など、集計表の見出しを抽出する機能であるのに対して、[値フィルター]は集計結果の数値を抽出する機能です。

1 「行ラベル」と表示されているセルのフィルターボタン ▼ をクリックし、

2 [値フィルター]にマウスポインターを合わせて、

3 [指定の値以上]をクリックします。

4 「10000000」と入力して、

5 [OK]をクリックします。

6 総計が「10,000,000以上」の商品が抽出されました。

	A	B	C	D	E	F	G
1							
2							
3	合計 / 金額	列ラベル ▼					
4	行ラベル ▼	秋葉原店	川崎店	大阪店	神戸店	総計	
5	PCデスクG	5,516,500	3,196,000	3,944,000	2,261,000	14,917,500	
6	PCデスクSS	10,602,900	5,666,100	7,928,800	4,319,700	28,517,500	
7	L字型デスクSS	8,495,600		7,289,600		15,785,200	
8	OAチェアG	6,911,500	3,427,000	5,071,500	2,518,500	17,928,500	
9	OAチェアSS	13,931,400	7,161,000	10,639,200	5,766,000	37,497,600	
10	キャビネットSS	7,231,600	3,636,000	5,676,200	2,020,000	18,563,800	
11	総計	52,689,500	23,086,100	40,549,300	16,885,200	133,210,100	
12							
13							

行ラベルと列ラベルの値フィルター

行ラベルの[値フィルター]を実行すると、手順 **6** のように[総計]列の数値が抽出されます。列ラベルの[値フィルター]を実行した場合は、[総計]行の数値が抽出されます。

Section 28

売上トップ5を抽出しよう

トップテンフィルター

練習▶28_売上集計.xlsx

▶ 売れ行きのよい商品をすばやく抽出して表示する

たくさんのデータの中から、「**トップ5**」や「**ワースト3**」などのデータに焦点をあてて分析したいときは、**トップテンの機能を使用して「上位○位」や「下位○位」を抽出します。**たとえば、売上が「上位5位」の商品を抽出すると、売上の高い商品だけを表示でき、「人気の秘密」や「売れる秘訣」などが分析しやすくなります。反対に、「下位5位」の商品を抽出すれば、「顧客に受け入れられない要因」が見いだせるかもしれません。「上位／下位」と順位を指定するだけなので、操作もかんたんなんです。

Before すべての商品が表示されている

	A	B	C	D	E	F	G
1							
2							
3	合計 / 金額	列ラベル					
4	行ラベル	秋葉原店	川崎店	大阪店	神戸店	総計	
5	PCデスクG	5,516,500	3,196,000	3,944,000	2,261,000	14,917,500	
6	PCデスクSS	10,602,900	5,666,100	7,928,800	4,319,700	28,517,500	
7	L字型デスクG	2,919,300	1,387,500	2,120,100	1,198,800	7,625,700	
8	L字型デスクSS	8,495,600		7,289,600		15,785,200	
9	OAチェアG	6,911,500	3,427,000	5,071,500	2,518,500	17,928,500	
10	OAチェアSS	13,931,400	7,161,000	10,639,200	5,766,000	37,497,600	
11	フロアケースG	2,468,400	1,217,200	1,543,600		5,229,200	
12	キャビネットSS	7,231,600	3,636,000	5,676,200	2,020,000	18,563,800	
13	総計	58,077,200	25,690,800	44,213,000	18,084,000	146,065,000	
14							

どの商品が売れているのか探すのが面倒です。

After トップテンフィルター実行

	A	B	C	D	E	F	G
1							
2							
3	合計 / 金額	列ラベル					
4	行ラベル	秋葉原店	川崎店	大阪店	神戸店	総計	
5	PCデスクSS	10,602,900	5,666,100	7,928,800	4,319,700	28,517,500	
6	L字型デスクSS	8,495,600		7,289,600		15,785,200	
7	OAチェアG	6,911,500	3,427,000	5,071,500	2,518,500	17,928,500	
8	OAチェアSS	13,931,400	7,161,000	10,639,200	5,766,000	37,497,600	
9	キャビネットSS	7,231,600	3,636,000	5,676,200	2,020,000	18,563,800	
10	総計	47,173,000	19,890,100	36,605,300	14,624,200	118,292,600	
11							
12							
13							
14							

上位5位までの商品が抽出され、売れている商品が一目でわかります。

① 売上トップ5の商品を抽出する

💬 **解説**

トップテンフィルター

トップテンフィルターは、[総計]から上位または下位のデータを抽出する機能です。[総計]列（ここではF列）から抽出を行う場合は、行ラベルのフィルターボタン ▼ からトップテンフィルターを実行します。

💬 **解説**

トップテンフィルターで選択できる単位

[トップテンフィルター]ダイアログボックスでは、単位を[項目][パーセント][合計]から選択できます。[パーセント]を選択すると、「上位10%」や「下位10%」を抽出できます。また、[合計]を選択すると、「上から合計10,000,000まで」のような指定も可能です。

✨ **応用技**

トップ5を順位通りに並べて表示するには

トップテンの機能は抽出を行うだけで、並べ替えは行われません。抽出結果を並べ替えるには、[総計]の列のセルを選択して、[データ]タブにある[降順] をクリックします。

---

1 フィルターボタン ▼ をクリックし、

2 [値フィルター]にマウスポインターを合わせて、

3 [トップテン]をクリックします。

4 [上位][5][項目]を選択します。

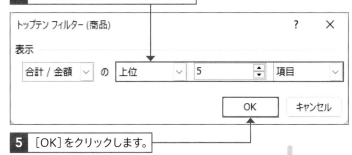

5 [OK]をクリックします。

6 売上の高い5つの商品が抽出されます。

合計 / 金額	列ラベル				
行ラベル	秋葉原店	川崎店	大阪店	神戸店	総計
PCデスクSS	10,602,900	5,666,100	7,928,800	4,319,700	28,517,500
L字型デスクSS	8,495,600		7,289,600		15,785,200
OAチェアG	6,911,500	3,427,000	5,071,500	2,518,500	17,928,500
OAチェアSS	13,931,400	7,161,000	10,639,200	5,766,000	37,497,600
キャビネットSS	7,231,600	3,636,000	5,676,200	2,020,000	18,563,800
総計	47,173,000	19,890,100	36,605,300	14,624,200	118,292,600

Section 29
3次元集計で集計対象の「店舗」を絞り込もう

レポートフィルター

練習▶29_売上集計.xlsx

▶ 切り口を変えてデータを分析できる

ピボットテーブルでは、フィールドを入れ替えることで視点を変えた集計が行えることが最大の特徴ですが、ときには視点を据えて、集計結果をじっくり分析することも大切です。そのようなときに、同じ視点のまま集計対象のデータを入れ替える「**スライス分析**」と呼ばれる分析手法が役に立ちます。たとえば、「商品別四半期別集計表」では「いつ何が売れたか」がわかります。そこに「店舗」という条件を組み込めば、「○○店でいつ何が売れたか」という、より踏み込んだ分析が行えます。このように**切り口を変えて分析する手法**を、集計表の束から1枚だけを切り出す（スライスする）イメージにたとえて、「スライス分析」と呼びます。

スライス分析

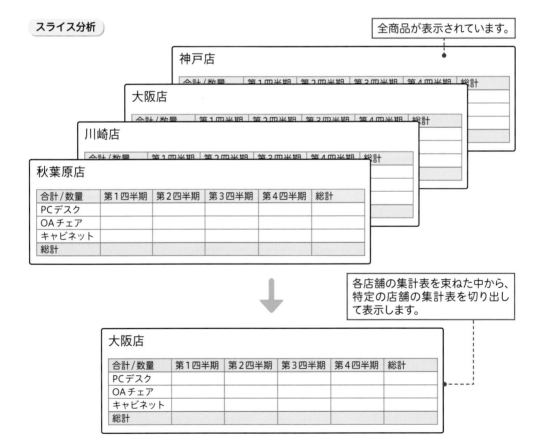

全商品が表示されています。

各店舗の集計表を束ねた中から、特定の店舗の集計表を切り出して表示します。

ピボットテーブルでスライス分析をするには

ピボットテーブルで**スライス分析をするには**、レポートフィルターフィールドを使用します。レポートフィルターとは、集計対象のデータの抽出機能です。たとえば、レポートフィルターフィールドに[店舗]を配置して[大阪店]を選択すると、ピボットテーブルが「大阪店」の集計表に早変わりします。

Before 全店舗の売上が表示されている

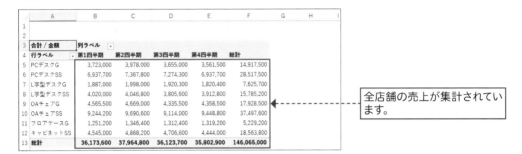

全店舗の売上が集計されています。

After レポートフィルター実行

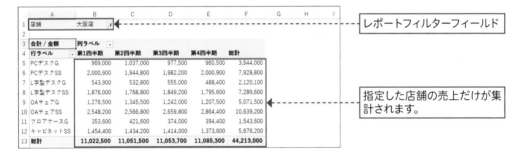

レポートフィルターフィールド

指定した店舗の売上だけが集計されます。

① [フィルター]エリアにフィールドを配置する

1 「商品別四半期別集計表」があります。

ヒント

「年」や「月」で絞り込みたいときは

レポートフィルターフィールドでは、日付のグループ化を行えません。あらかじめ、日付のフィールドを [行] エリアに配置し、Sec.18を参考に「年」や「月」でグループ化してから、[フィルター] エリアに移動します。

先にグループ化してから配置すると、集計表を「月」で絞り込めます。

2 ［店舗］にマウスポインターを合わせて、

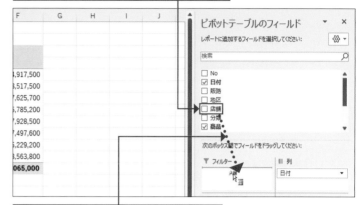

3 ［フィルター］エリアにドラッグします。

4 ［店舗］フィールドが配置されました。

	A	B	C	D	E	F	G
1	店舗	（すべて）					
2							
3	合計 / 金額	列ラベル					
4	行ラベル	第1四半期	第2四半期	第3四半期	第4四半期	総計	
5	PCデスクG	3,723,000	3,978,000	3,655,000	3,561,500	14,917,500	
6	PCデスクSS	6,937,700	7,367,800	7,274,300	6,937,700	28,517,500	
7	L字型デスクG	1,887,000	1,998,000	1,920,300	1,820,400	7,625,700	
8	L字型デスクSS	4,020,000	4,046,800	3,805,600	3,912,800	15,785,200	
9	OAチェアG	4,565,500	4,669,000	4,335,500	4,358,500	17,928,500	

② 特定の店舗の集計表に切り替える

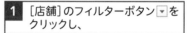解説

レポートフィルター

レポートフィルターは、集計対象のレコードを抽出するための機能です。レポートフィルターで [大阪店] を指定すると、テーブルから「大阪店」のレコードが抽出されて、ピボットテーブルで集計されます。

1 ［店舗］のフィルターボタン▼をクリックし、

2 ［大阪店］をクリックして、

3 ［OK］をクリックします。

絞り込みを解除するには

レポートフィルターの絞り込みを解除するには、フィルターボタン 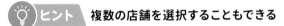 をクリックして、[(すべて)]を選択して[OK]をクリックします。

4 「大阪店」だけの集計結果が表示されました。

	A	B	C	D	E	F	G
1	店舗	大阪店					
2							
3	合計 / 金額	列ラベル					
4	行ラベル	第1四半期	第2四半期	第3四半期	第4四半期	総計	
5	PCデスクG	969,000	1,037,000	977,500	960,500	3,944,000	
6	PCデスクSS	2,000,900	1,944,800	1,982,200	2,000,900	7,928,800	
7	L字型デスクG	543,900	532,800	555,000	488,400	2,120,100	
8	L字型デスクSS	1,876,000	1,768,800	1,849,200	1,795,600	7,289,600	
9	OAチェアG	1,276,500	1,345,500	1,242,000	1,207,500	5,071,500	
10	OAチェアSS	2,548,200	2,566,800	2,659,800	2,864,400	10,639,200	
11	フロアケースG	353,600	421,600	374,000	394,400	1,543,600	
12	キャビネットSS	1,454,400	1,434,200	1,414,000	1,373,600	5,676,200	
13	総計	11,022,500	11,051,500	11,053,700	11,085,300	44,213,000	
14							
15							
16							
17							
18							
19							

集計　売上　⊕

5

フィルターを利用して注目データを取り出そう

複数の店舗を選択することもできる

レポートフィルターの初期状態では、アイテムを1つしか選択できません。複数のアイテムを抽出したいときは、[複数のアイテムを選択]にチェックを付けてからアイテムを選択します。

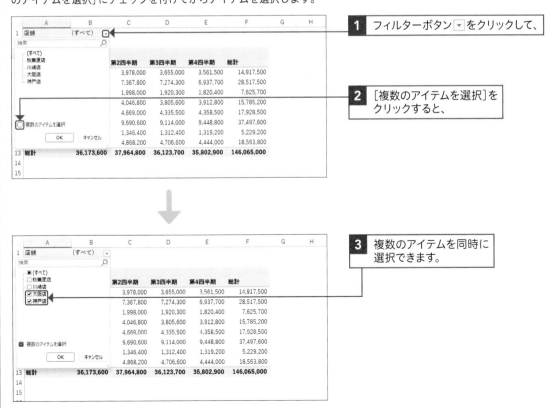

1 フィルターボタン 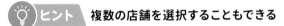 をクリックして、

2 [複数のアイテムを選択]をクリックすると、

3 複数のアイテムを同時に選択できます。

3次元集計の各店舗を別々のワークシートに取り出そう

レポートフィルターページ

📁 練習▶30_売上集計.xlsx

▶ シート見出しをクリックすれば集計表が切り替わる

Sec.29で紹介したように、**レポートフィルターフィールド**のフィルターボタン🔽をクリックして、メニューから条件を選択すれば、2回クリックするだけで集計表を切り替えられます。しかし、頻繁に切り替える場合は、2回のクリックでも面倒に感じるものです。そのようなときは、[レポートフィルターページの表示]を実行して、**集計表を別々のワークシートに分解**しましょう。そうすれば、シート見出しをワンクリックするだけで、瞬時に集計表を切り替えられます。集計表を別々の用紙に印刷したい、というときにも便利です。

別々のワークシートに店舗ごとの集計表を表示することで、集計表の切り替えがワンクリックで行えるようになります。

① 店舗ごとの集計表を別々のワークシートに表示する

💡 ヒント

レポートフィルターフィールドを配置しておく

店舗ごとの集計表を別々のワークシートに表示するには、あらかじめレポートフィルターフィールドに[店舗]を配置しておく必要があります。

1 レポートフィルターフィールドに[店舗]が配置されていることを確認します。

A	B	C	D	E	F
店舗	(すべて)				
合計 / 金額	列ラベル				
行ラベル	第1四半期	第2四半期	第3四半期	第4四半期	総計
PCデスクG	3,723,000	3,978,000	3,655,000	3,561,500	14,917,500
PCデスクSS	6,937,700	7,367,800	7,274,300	6,937,700	28,517,500
L字型デスクG	1,887,000	1,998,000	1,920,300	1,820,400	7,625,700
L字型デスクSS	4,020,000	4,046,800	3,805,600	3,912,800	15,785,200
OAチェアG	4,565,500	4,669,000	4,335,500	4,358,500	17,928,500
OAチェアSS	9,244,200	9,690,600	9,114,000	9,448,800	37,497,600
フロアケースG	1,251,200	1,346,400	1,312,400	1,319,200	5,229,200
キャビネットSS	4,545,000	4,868,200	4,706,600	4,444,000	18,563,800
総計	36,173,600	37,964,800	36,123,700	35,802,900	146,065,000

注意

**[オプション]の右の
ボタンをクリックする**

手順 **4** では、[オプション]の右にある
⌄ をクリックします。誤って[オプショ
ン]をクリックしないように注意しまし
ょう。

2 [ピボットテーブル分析]
タブをクリックします。

3 [ピボットテーブル]を
クリックして、

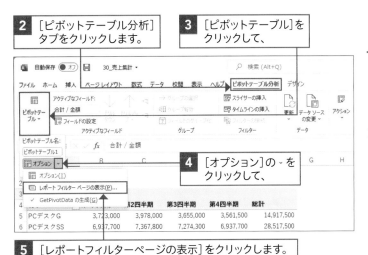

4 [オプション]の⌄を
クリックして、

5 [レポートフィルターページの表示]をクリックします。

6 [レポートフィルターページの表示]
ダイアログボックスが表示されます。

7 [店舗]をクリックして、

8 [OK]をクリックします。

9 別々のワークシートに店舗ごとの集計表が作成されました。

	A	B	C	D	E	F	G
1	店舗	秋葉原店					
2							
3	合計 / 金額	列ラベル					
4	行ラベル	第1四半期	第2四半期	第3四半期	第4四半期	総計	
5	PCデスク G	1,385,500	1,504,500	1,334,500	1,292,000	5,516,500	
6	PCデスク SS	2,524,500	2,879,800	2,674,100	2,524,500	10,602,900	
7	L字型デスク G	743,700	721,500	743,700	710,400	2,919,300	
8	L字型デスク SS	2,144,000	2,278,000	1,956,400	2,117,200	8,495,600	
9	OAチェア G	1,736,500	1,828,500	1,656,000	1,690,500	6,911,500	
10	OAチェア SS	3,515,400	3,608,400	3,403,800	3,403,800	13,931,400	
11	フロアケース G	598,400	605,200	652,800	612,000	2,468,400	
12	キャビネット SS	1,737,200	1,939,200	1,858,100	1,696,600	7,231,000	
13	総計	14,385,200	15,365,100	14,279,700	14,047,200	58,077,200	
18							
19							

秋葉原店　川崎店　大阪店　神戸店　集計　売上　➕

準備完了　アクセシビリティ: 問題ありません

**レポートフィルターフィールドが
複数存在する場合**

[フィルター]エリアには、複数のフィー
ルドを配置できます。複数配置した場合、
手順 **7** の画面に複数のフィールドが表
示されるので、どのフィールドを元に集
計表を切り出すかを指定します。

5

フィルターを利用して注目データを取り出そう

応用編

Section

31

3次元集計で集計対象の「店舗」をかんたんに絞り込もう

スライサー

練習▶31_売上集計.xlsx

▶ ワンクリックでかんたんに分析の切り口を変えられる

Sec.30で、集計表を特定の切り口で切り取る「スライス分析」を紹介しました。その際、切り口となる条件は、レポートフィルターフィールドで指定しましたが、**スライサー**を使用しても、**切り口となる条件を指定**できます。スライサーに一覧表示されるアイテムをクリックするだけで、かんたんに集計対象の条件を切り替えることができます。また、**複数のアイテムを条件として集計**することも可能です。集計の対象のアイテムと対象外のアイテムがスライサー上に異なる色で表示されるため、一目で現在の抽出条件を確認できて便利です。

スライサーの利用

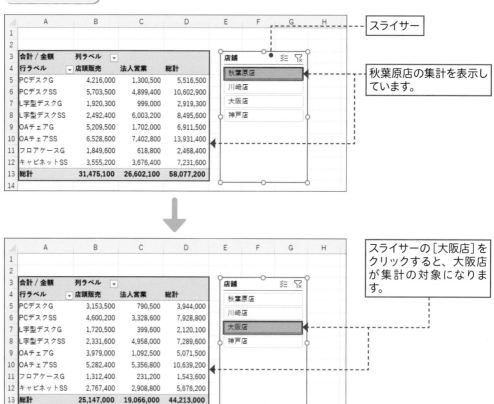

スライサー

秋葉原店の集計を表示しています。

スライサーの[大阪店]をクリックすると、大阪店が集計の対象になります。

① スライサーを挿入する

💬 解説

スライサーの挿入

手順4の画面でフィールドを選択すると、選択したフィールドの全アイテムが一覧表示されたスライサーが表示されます。スライサーの無地の部分をドラッグして、集計表と重ならない位置に移動しましょう。

💡 ヒント

スライサーのサイズを 変更するには

スライサーをクリックして選択すると、八方にサイズ変更ハンドルが表示されます。それをドラッグすると、スライサーのサイズを変更できます。

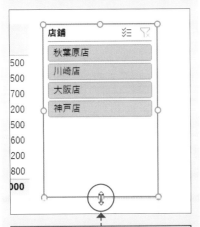

マウスポインターがこの形になったときにドラッグすると、サイズを変更できます。

1 ピボットテーブルの任意のセルを選択します。

2 ［ピボットテーブル分析］タブをクリックして、

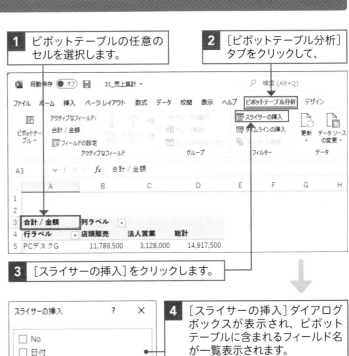

3 ［スライサーの挿入］をクリックします。

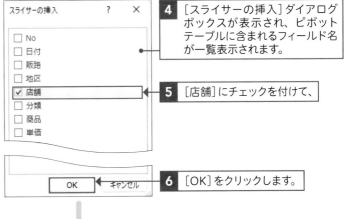

4 ［スライサーの挿入］ダイアログボックスが表示され、ピボットテーブルに含まれるフィールド名が一覧表示されます。

5 ［店舗］にチェックを付けて、

6 ［OK］をクリックします。

7 スライサーが表示されました。

8 無地の部分にマウスポインターを合わせ、ドラッグして移動します。

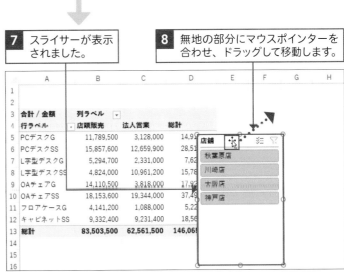

② 特定の店舗の集計表に切り替える

 ヒント

絞り込みを解除するには

［フィルターのクリア］ ▽ をクリックすると、絞り込みが解除され、すべての店舗の集計結果が表示されます。または、スライサーが選択されている状態で Alt + C を押しても解除できます。

 ヒント

スライサーを削除するには

スライサーをクリックすると、周囲8個所にサイズ変更ハンドルが表示されます。その状態で Delete を押すと、シート上からスライサーを削除できます。
スライサーを削除すると、同時に絞り込みも解除されます。ただし、絞り込みの条件は保持されるので、フィールドを再度いずれかのエリアに配置すると、絞り込みが実行されます。条件を保持する必要がない場合は、スライサーを削除する前に絞り込みを解除しましょう。

1 ［大阪店］をクリックします。

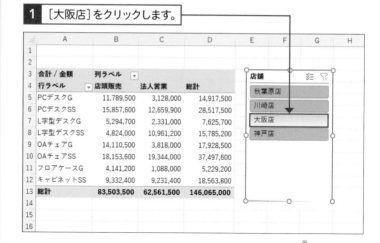

2 「大阪店」だけの集計結果が表示されました。

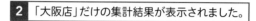

3 ［秋葉原店］をクリックすると、

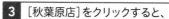

4 ［大阪店］の選択が解除されて、「秋葉原店」だけの集計結果が表示されます。

③ 複数の店舗を集計対象にする

解説

スライサーで複数の
アイテムを選択する

離れた位置にある複数のアイテムを選択するには、1つ目をクリックし、2つ目以降は Ctrl を押しながらクリックして選択します。連続するアイテムをまとめて選択するには、先頭のアイテムをクリックし、 Shift を押しながら末尾のアイテムをクリックします。

**ヒント**

［複数選択］の利用

［複数選択］ ≡ をクリックしてオンにすると複数選択モードになり、クリックするだけで複数のアイテムを選択できます。選択を解除するには、選択したアイテムをもう1度クリックします。

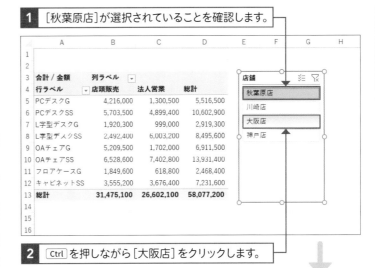

1 ［秋葉原店］が選択されていることを確認します。

2 Ctrl を押しながら［大阪店］をクリックします。

3 「秋葉原店」と「大阪店」のデータが集計されました。

応用技　複数のスライサーを使用することもできる

139ページの手順4の画面で複数のフィールドを選択すると、複数のスライサーを挿入できます。たとえば、月別の集計表に［店舗］と［販路］のスライサーを配置すれば、「大阪店の法人営業」のような複数の条件で集計を行えます。

複数のスライサーを配置すれば、複数の条件で集計できます。

スライサーを複数のピボットテーブルで共有しよう

レポートの接続

練習▶32_売上集計.xlsx

▶ 複数のピボットテーブルで同時にスライス分析できる

ワークシートに複数のピボットテーブルを作成して、「**レポートの接続**」の設定を行うと、1つの**スライサー**を複数のピボットテーブルで共有できます。スライサーで抽出条件となるアイテムを指定すると、複数のピボットテーブルで同時に抽出が行われます。**視点の異なる集計表を、同じ切り口で切り取って同時に分析できる**ので便利です。ここでは、四半期別集計表とそのスライサーが配置されているワークシートにもう1つ新しいピボットテーブルを用意して、商品別の集計表を作成します。そして、あらかじめ配置されていたスライサーで、新しい集計表を操作できるように「レポートの接続」を設定します。

Before 通常のスライサー

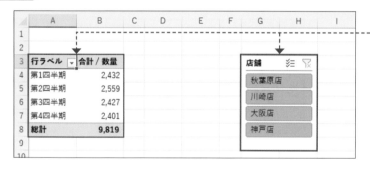

通常、スライサーで扱えるピボットテーブルは1つです。

After レポートの接続を設定

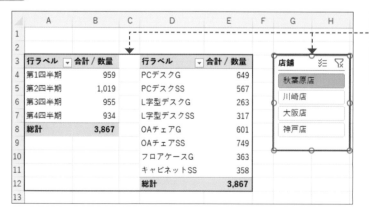

「レポートの接続」の設定を行うと、1つのスライサーで複数のピボットテーブルを操作できるようになります。

① ワークシートに2つのピボットテーブルを作成する

💬 解説

既存のワークシートに作成する

ここでは、ピボットテーブルとスライサーが配置されている[集計]シートに、新しいピボットテーブルを作成します。手順 7 の画面でセルを指定すると、指定した場所に新しいピボットテーブルを作成できます。

1 ピボットテーブルの作成先のセル(ここでは[集計]シートのセルD3)を確認しておきます。

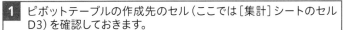

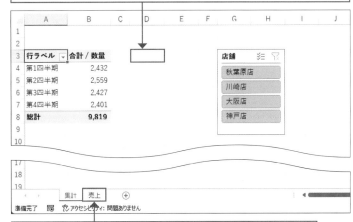

2 集計元のシート見出し(ここでは「売上」)をクリックします。

💡 ヒント

ピボットテーブルの名前を確認するには

「レポートの接続」の設定では、ピボットテーブルを名前で区別するので、あらかじめ名前を確認しておきましょう。[ピボットテーブル分析]タブの[ピボットテーブル]をクリックすると、確認できます。

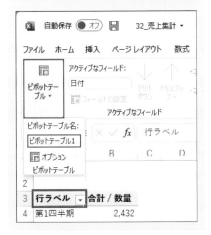

3 集計元の表内のセルをクリックして、

4 [挿入]タブをクリックし、

5 [ピボットテーブル]をクリックします。

6 [テーブルまたは範囲からのピボットテーブル]ダイアログボックスが表示されます。

7 [既存のワークシート]をクリックして、

8 このボタンをクリックします。

5

フィルターを利用して注目データを取り出そう

応用編

ヒント

セル番号を入力してもよい

手順 **8** ～ **12** の代わりに、[場所]欄にセル番号を直接入力してもかまいません。その場合、シート名とセル番号を感嘆符でつなげて「集計!D3」と入力します。

5

フィルターを利用して注目データを取り出そう

ヒント

作成直後に名前を確認できる

ピボットテーブルの作成直後の、フィールドを配置する前の状態では、ピボットテーブル上でピボットテーブル名を確認できます。

9 ピボットテーブルのシート見出し（ここでは「集計」）をクリックして、

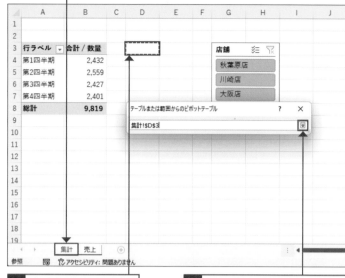

10 セルD3をクリックし、　　**11** このボタンをクリックします。

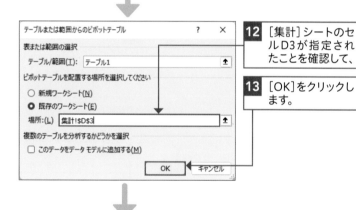

12 [集計]シートのセルD3が指定されたことを確認して、

13 [OK]をクリックします。

14 ピボットテーブルの土台が作成されました。

15 ピボットテーブルの名前（ここでは「ピボットテーブル2」）を確認します。

② 作成したピボットテーブルにフィールドを配置する

ヒント

チェックを付けて配置する方法もある

フィールドリスト上でフィールドをクリックしてチェックを付けると、エリアに配置できます。文字列や日付のフィールドは[行]エリアに配置され、数値のフィールドは[値]エリアに配置されます。

[商品]にチェックを付けると[行]エリアに配置される。

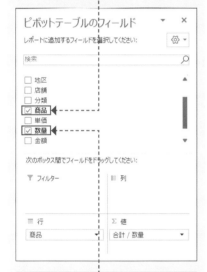

[数量]にチェックを付けると[値]エリアに配置される。

1 新しいピボットテーブルのセルをクリックします。

2 [商品]にマウスポインターを合わせて、

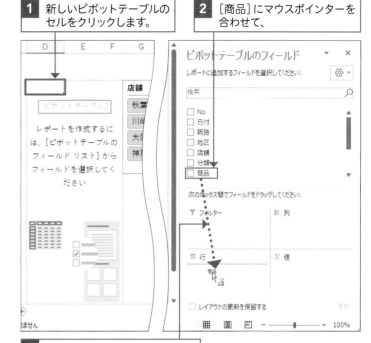

3 [行]エリアまでドラッグします。

4 [数量]にマウスポインターを合わせて、

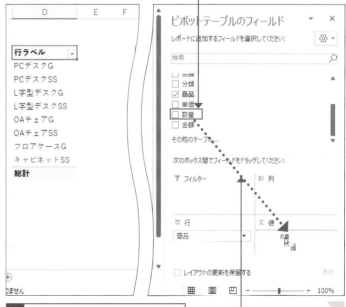

5 [値]エリアまでドラッグします。

応用編

6 商品別の売上数集計表が作成されました。

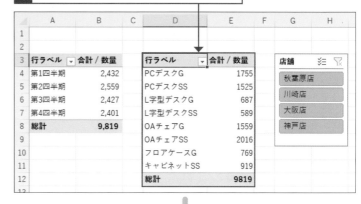

7 Sec.15を参照して、桁区切りの表示形式を設定しておきます。

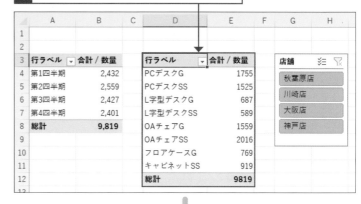

ヒント

2つの集計表の総計値がそろう

ピボットテーブル1とピボットテーブル2の両方とも［数量］フィールドを集計しているので、手順 **6** の段階では総計値が等しくなります。

③ スライサーからピボットテーブルに接続する

解説

スライサーの有効範囲

スライサーで指定した抽出条件は、作成元のピボットテーブルだけで有効です。手順 **1** のスライサーはピボットテーブル1で作成したものなので、ピボットテーブル2には効力がありません。

1 ［秋葉原店］をクリックします。

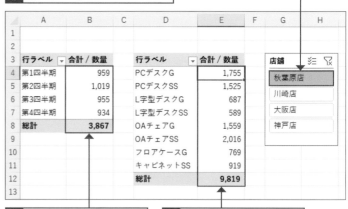

2 ピボットテーブル1では秋葉原店の集計が行われますが、

3 ピボットテーブル2では行われません。

ヒント

[スライサー]タブ

スライサーを選択すると、リボンに[スライサー]タブが表示されます。[スライサー]タブでは、スライサーの色合いを変更したり、スライサーに表示されるアイテムの列数を設定したりできます。

4 スライサーをクリックして選択します。

5 [スライサー]タブをクリックして、

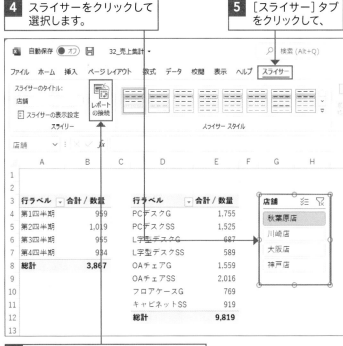

6 [レポートの接続]をクリックします。

7 [レポート接続]ダイアログボックスが表示されます。

8 [ピボットテーブル1]にチェックが付いていることを確認して、

9 [ピボットテーブル2]をクリックしてチェックを付けて、

10 [OK]をクリックします。

解説

レポートの接続

[レポートの接続]では、スライサーとピボットテーブルの関連付けを設定／解除します。チェックを付けると関連付けが設定され、チェックをはずすと関連付けが解除されます。

11 スライサーで選択した店舗のデータが集計されるようになりました。

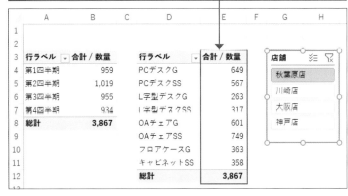

Section
33

特定期間のデータだけを
かんたんに集計しよう

タイムライン

📁 練習▶33_売上集計.xlsx

▶ タイムラインを使えば集計期間をかんたんに変更できる

「**タイムライン**」を使用すると、ピボットテーブルの集計期間をわかりやすく変更できます。
操作も、タイムライン上に表示される時間軸のバーをクリックまたはドラッグして指定する
だけなのでかんたんです。集計期間の単位も、[日][月][四半期]など、タイムライン上で
かんたんに切り替えられます。タイムラインを見れば、いつからいつまでのデータを集計し
ているのかが一目瞭然なので便利です。

「月」単位で集計

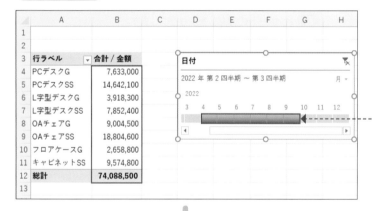

タイムラインで4～9月を
ドラッグすると、その期
間の集計が行われます。

「日」単位で集計

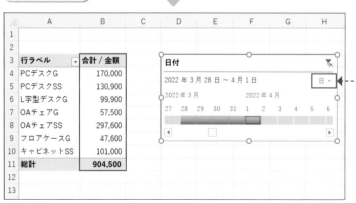

「日」単位に変えると、「○
日～○日」の集計が行え
ます。

① タイムラインを表示する

 解説

**タイムラインのサイズを
変更するには**

タイムラインの無地の部分をクリックして選択すると、八方にサイズ変更ハンドルが表示されます。ハンドルをドラッグすると、サイズを変更できます。

1 ピボットテーブルの任意の
セルを選択します。

2 ［ピボットテーブル分析］
タブをクリックして、

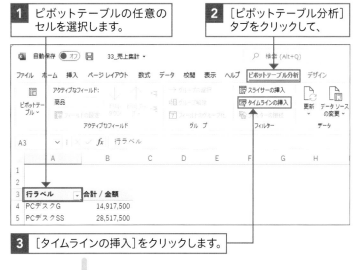

3 ［タイムラインの挿入］をクリックします。

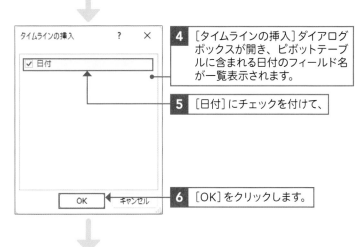

4 ［タイムラインの挿入］ダイアログ
ボックスが開き、ピボットテーブル
に含まれる日付のフィールド名
が一覧表示されます。

5 ［日付］にチェックを付けて、

6 ［OK］をクリックします。

7 タイムラインが表示されました。

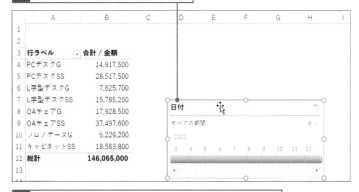

 ヒント

削除するには

タイムラインの無地の部分をクリックして選択し、Delete を押すと、シート上からタイムラインを削除できます。

8 タイムラインを使いやすい位置に移動しておきます。

② 4月の集計を行う

🔍 重要用語

期間タイルと期間ハンドル

時間を表す青い四角形を「期間タイル」、期間タイルの両脇に表示されるハンドルを「期間ハンドル」と呼びます。

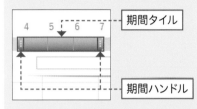

① 4月の期間タイルをクリックすると、

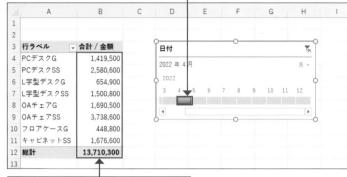

② 4月の集計結果が表示されます。

③ 4月～7月の集計を行う

💡 ヒント

**期間の選択を
解除するには**

［フィルターのクリア］ 🔻 をクリックすると、集計期間の選択が解除され、全期間の集計が行われます。または、タイムラインが選択されている状態で Alt ＋ C を押しても解除できます。

① タイムラインにマウスポインターを移動すると、

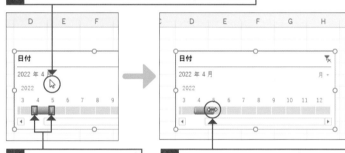

② 両端に期間ハンドルが
表示されます。

③ 期間ハンドルにマウスポインターを合わせ、マウスポインターがこの形になったら、

④ 9月までドラッグします。

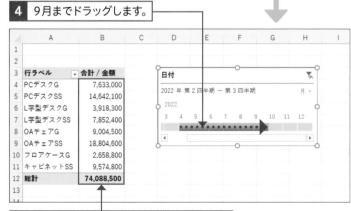

⑤ 4月～9月の集計結果が表示されました。

左右に隠れている
日付を選択するには

タイムライン下部にあるスクロールバーの ◀ や ▶ をクリックすると、左右に隠れている日付を表示できます。Shift を利用して図のように操作すると、現在表示されている日付を開始日、隠れている日付を終了日として、集計期間を効率よく選択できます。

1 「4月28日」の期間タイルをクリックして、

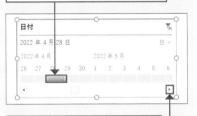

2 ▶ を何度かクリックします。

3 Shift を押しながら「5月12日」の期間タイルをクリックすると、

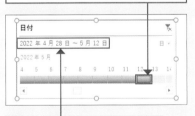

4 「4月28日〜5月12日」が選択されます。

複数のピボットテーブルと
接続するには

1つのスライサーで複数のピボットテーブルを扱う方法をSec.32で紹介しましたが、同様の操作でタイムラインも複数のピボットテーブルに接続できます。

1 [月]をクリックして、

2 [日]をクリックします。

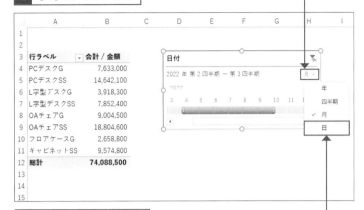

3 目盛りが「日」単位に変わりました。

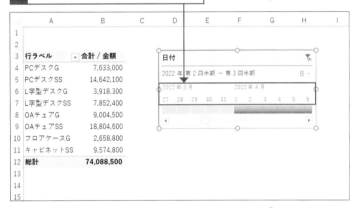

4 期間タイルをドラッグすると、

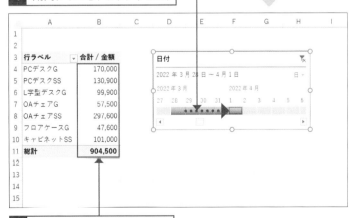

5 「日」単位の集計が行えます。

Section

34 集計値の元データを 一覧表示しよう

ドリルスルー

📁 練習▶34_売上集計.xlsx

▶ 集計値の内訳を調べて売上低下の原因を探る

「いつもに比べて売上が低い」「予想以上の成績を記録した」など、ピボットテーブルの集計結果から気になる数値を見つけたときは、その数値の内訳を調べると数値の要因を分析できます。ただし、集計元のデータベースに含まれる大量のレコードから、特定の集計値のもとになるレコードを探すのは大変です。そのようなときは、ピボットテーブルの数値のセルをダブルクリックしてみましょう。新しいワークシートが挿入され、**数値の元データとなるレコードが一覧表の形式で表示**されます。一覧表を分析すれば、売上低下の原因や成績好調の要因を探ることができるというわけです。このように、集計値のもとになった詳細データを分析する手法を「**ドリルスルー分析**」と呼びます。

ドリルスルー分析

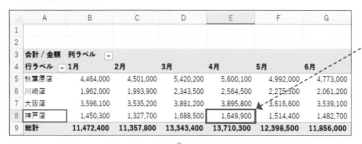

4月の繁忙期に神戸店の売上が期待したほど伸びていないことが気になります。

内訳を一覧表形式で表示して、原因を探ります。

① 詳細データを表示する

🗨 解説

ドリルスルー

集計値のもとになったデータを参照することを、「ドリルスルー」と呼びます。ピボットテーブルでは、集計値のセルをダブルクリックすることでドリルスルーを行えます。詳細データを参照することで、集計値だけでは推し量れない綿密な分析を行えます。

1 神戸店の4月の集計値のセルをダブルクリックすると、

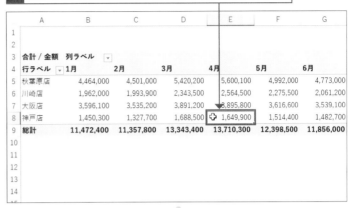

2 新しいワークシートに神戸店の4月の内訳が表示されます。

💡 ヒント

レコードを並べ替えるには

レコードを並べ替えるには、並べ替えの基準となるフィールドのセルを選択して、[昇順] ↓、または[降順] ↓ をクリックします。

3 必要に応じて、列幅の調整や並べ替えの設定を行います。

💡 ヒント　集計値のポップヒント

集計値のセルにマウスポインターを合わせると、行と列のラベルの内容がポップヒントに表示されます。行や列の位置がわかりづらい大きな表の場合に便利です。

	2月	3月	4月	5月	6月
00	4,501,000	5,420,200	5,600,100	4,992,000	4,773,000
00	1,993,900	2,343,500	2,564,500	2,275,500	2,061,200
00	3,535,200	3,891,200	3,895,800	3,616,600	3,539,100
00	1,327,700	1,688,500	1,649,900	1,514,400	1,482,700
0	11,357,800	13,343,400		12,398,500	11,856,000

合計 / 金額
値: 1,649,900
行: 神戸店
列: 4月

集計項目を展開して内訳を表示しよう

ドリルダウン

練習▶35_売上集計.xlsx

▶ ドリルダウンで気になるデータの詳細を追跡する

売上が伸び悩んでいる原因を探りたい…。そんなときは、ピボットテーブルの**集計項目を大分類から小分類へと掘り下げて分析する「ドリルダウン」**を行います。たとえば、「近畿地区の4月の売上」が気になるときは、1段階掘り下げて、「近畿地区」のどの店舗に伸び悩みの原因があるのかを調べます。その結果、「神戸店」に原因があることが判明した場合、今度は分析の視点を変えて、神戸店の伸び悩みに販路が関係しているかを調べます。このように順を追って調べることにより、気になる数値の原因を絞り込むことができるのです。

ドリルダウン分析

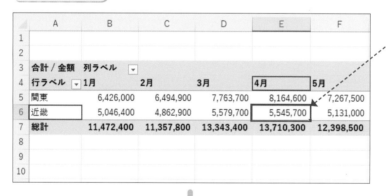

> 繁忙期の4月に近畿地区の売上が伸び悩んでいるのが気になります。

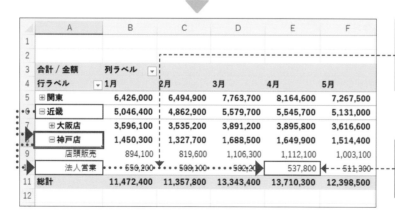

> 4月の伸び悩みの原因を、ドリルダウンで「近畿」→「神戸店」→「法人営業」と絞り込んでいきます。

> 法人営業で期待した売上を達成できなかったことが原因だと推測できます。

📢 解説

ドリルダウン

「商品分類→商品」「年→月→日」「地域→店舗」というように、視点を詳細化していきながら分析する手法を、ドリルで穴を掘り進める様子にたとえて「ドリルダウン」と呼びます。原因や要因を分析するのに役立ちます。ピボットテーブルでは、行ラベルや列ラベルのセルをダブルクリックすることでドリルダウンを行えます。

1 「近畿」のセルをダブルクリックします。

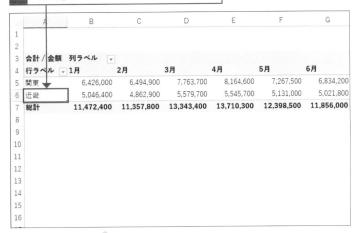

2 調べたいフィールド（ここでは[店舗]）をクリックして、

3 [OK]をクリックします。

4 「近畿」地区の店舗別の内訳が表示されました。

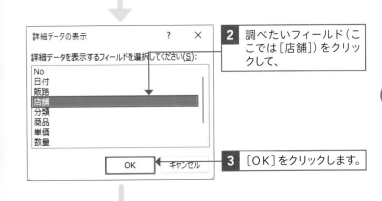

5 神戸店の売上が伸び悩んでいることがわかりました。

⚠️ 注意

マウスポインターの形に注意する

セルをダブルクリックするときは、白い十字のマウスポインターになったときにダブルクリックします。セルの端にマウスポインターを移動すると、黒い矢印の形➡になりますが、その状態でダブルクリックしてもドリルダウンは行えないので注意してください。

② さらにデータを掘り下げる

💬 **解説**

別のフィールドでドリルダウンするには

一度ドリルダウンのフィールドを指定すると、そのフィールドは[行]エリアに追加されます。「販路ではなく商品ごとにドリルダウンしたい」というときは、[行]エリアから[販路]フィールドを削除して、[商品]フィールドでドリルダウンをやり直します。

[販路]フィールドを削除してから、ドリルダウンをやり直します。

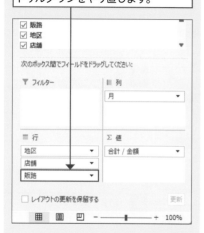

1 「神戸店」のセルをダブルクリックします。

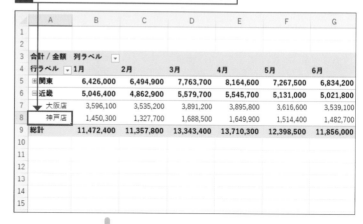

	A	B	C	D	E	F	G
1							
2							
3	合計 / 金額	列ラベル					
4	行ラベル	1月	2月	3月	4月	5月	6月
5	⊞関東	6,426,000	6,494,900	7,763,700	8,164,600	7,267,500	6,834,200
6	⊟近畿	5,046,400	4,862,900	5,579,700	5,545,700	5,131,000	5,021,800
7	大阪店	3,596,100	3,535,200	3,891,200	3,895,800	3,616,600	3,539,100
8	神戸店	1,450,300	1,327,700	1,688,500	1,649,900	1,514,400	1,482,700
9	総計	11,472,400	11,357,800	13,343,400	13,710,300	12,398,500	11,856,000
10							
11							
12							
13							
14							
15							

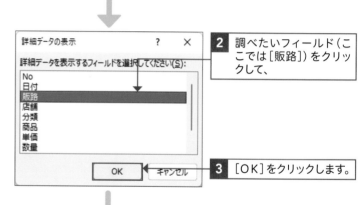

2 調べたいフィールド（ここでは[販路]）をクリックして、

3 [OK]をクリックします。

4 「神戸店」の販路別の内訳が表示されました。

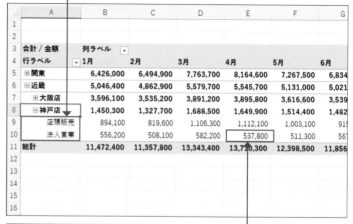

	A	B	C	D	E	F	G
1							
2							
3	合計 / 金額	列ラベル					
4	行ラベル	1月	2月	3月	4月	5月	6月
5	⊞関東	6,426,000	6,494,900	7,763,700	8,164,600	7,267,500	6,834
6	⊟近畿	5,046,400	4,862,900	5,579,700	5,545,700	5,131,000	5,021
7	⊞大阪店	3,596,100	3,535,200	3,891,200	3,895,800	3,616,600	3,539
8	⊟神戸店	1,450,300	1,327,700	1,688,500	1,649,900	1,514,400	1,482
9	店頭販売	894,100	819,600	1,106,300	1,112,100	1,003,100	91
10	法人営業	556,200	508,100	582,200	537,800	511,300	56
11	総計	11,472,400	11,357,800	13,343,400	13,710,300	12,398,500	11,856
12							
13							
14							
15							
16							

5 神戸店の4月の法人営業の伸び悩みが全体の売上に影響していたことが推察されます。

③ ほかの商品も調べる

解説

あとはダブルクリックだけで表示できる

一度ドリルダウンのフィールドを指定すると、ほかのアイテムはダブルクリックするだけでドリルダウンできます。左図では、「神戸店」をダブルクリックしたときに[販路]フィールドを指定したので、「大阪店」はダブルクリックするだけで、販路別内訳を表示できます。

1 「大阪店」のセルをダブルクリックします。

	A	B	C	D	E	F	G
1							
2							
3	合計 / 金額	列ラベル					
4	行ラベル	1月	2月	3月	4月	5月	6月
5	⊞関東	6,426,000	6,494,900	7,763,700	8,164,600	7,267,500	6,834,200
6	⊟近畿	5,046,400	4,862,900	5,579,700	5,545,700	5,131,000	5,021,800
7	⊞大阪店	3,596,100	3,535,200	3,891,200	3,895,800	3,616,600	3,539,100
8	⊟神戸店	1,450,300	1,327,700	1,688,500	1,649,900	1,514,400	1,482,700
9	店頭販売	894,100	819,600	1,106,300	1,112,100	1,003,100	915,100
10	法人営業	556,200	508,100	582,200	537,800	511,300	567,600
11	総計	11,472,400	11,357,800	13,343,400	13,710,300	12,398,500	11,856,000
12							
13							
14							

2 「大阪店」の販路別の内訳が表示されました。

	A	B	C	D	E	F	G
1							
2							
3	合計 / 金額	列ラベル					
4	行ラベル	1月	2月	3月	4月	5月	6月
5	⊞関東	6,426,000	6,494,900	7,763,700	8,164,600	7,267,500	6,834,200
6	⊟近畿	5,046,400	4,862,900	5,579,700	5,545,700	5,131,000	5,021,800
7	⊟大阪店	3,596,100	3,535,200	3,891,200	3,895,800	3,616,600	3,539,100
8	店頭販売	2,018,000	1,903,500	2,345,400	2,254,000	2,129,200	1,988,100
9	法人営業	1,578,100	1,631,700	1,545,800	1,641,800	1,487,400	1,551,000
10	⊟神戸店	1,450,300	1,327,700	1,688,500	1,649,900	1,514,400	1,482,700
11	店頭販売	894,100	819,600	1,106,300	1,112,100	1,003,100	915,100
12	法人営業	556,200	508,100	582,200	537,800	511,300	567,600
13	総計	11,472,400	11,357,800	13,343,400	13,710,300	12,398,500	11,856,000
14							

④ 詳細データを折りたたんでドリルアップする

解説

ドリルアップ

ドリルダウンとは逆に、詳細データを集約しながらより大きな視点で分析していく手法を「ドリルアップ」と呼びます。物事の動向や傾向を把握したり、要因を検証したりするのに役立ちます。

1 「大阪店」のセルをダブルクリックします。

	A	B	C	D	E	F	G
1							
2							
3	合計 / 金額	列ラベル					
4	行ラベル	1月	2月	3月	4月	5月	6月
5	⊞関東	6,426,000	6,494,900	7,763,700	8,164,600	7,267,500	6,834,200
6	⊟近畿	5,046,400	4,862,900	5,579,700	5,545,700	5,131,000	5,021,800
7	⊟大阪店	3,596,100	3,535,200	3,891,200	3,895,800	3,616,600	3,539,100
8	店頭販売	2,018,000	1,903,500	2,345,400	2,254,000	2,129,200	1,988,100
9	法人営業	1,578,100	1,631,700	1,545,800	1,641,800	1,487,400	1,551,000
10	⊟神戸店	1,450,300	1,327,700	1,688,500	1,649,900	1,514,400	1,482,700
11	店頭販売	894,100	819,600	1,106,300	1,112,100	1,003,100	915,100
12	法人営業	556,200	508,100	582,200	537,800	511,300	567,600
13	総計	11,472,400	11,357,800	13,343,400	13,710,300	12,398,500	11,856,000
14							

ヒント

＋や－で切り替えることもできる

項目の前に表示される ＋ をクリックすると、項目を展開できます。また、 － をクリックすると、項目を折りたためます。

 ヒント

リボンのボタンも使える

[ピボットテーブル分析] タブの [フィールドの折りたたみ] -፥ をクリックすると、選択したセルの階層を一気に折り畳めます。また、[フィールドの展開] +፥ をクリックすると、1階層ずつ展開できます。

2 「大阪店」の詳細データが折りたたまれました。

	A	B	C	D	E	F	G
1							
2							
3	合計 / 金額	列ラベル					
4	行ラベル	1月	2月	3月	4月	5月	6月
5	⊞関東	6,426,000	6,494,900	7,763,700	8,164,600	7,267,500	6,834,200
6	⊟近畿	5,046,400	4,862,900	5,579,700	5,545,700	5,131,000	5,021,800
7	⊞大阪店	3,596,100	3,535,200	3,891,200	3,895,800	3,616,600	3,539,100
8	⊟神戸店	1,450,300	1,327,700	1,688,500	1,649,900	1,514,400	1,482,700
9	店頭販売	894,100	819,600	1,106,300	1,112,100	1,003,100	915,100
10	法人営業	556,200	508,100	582,200	537,800	511,300	567,600
11	総計	11,472,400	11,357,800	13,343,400	13,710,300	12,398,500	11,856,000
12							
13							
14							
15							
16							

3 「近畿」のセルをダブルクリックします。

	A	B	C	D	E	F	G
1							
2							
3	合計 / 金額	列ラベル					
4	行ラベル	1月	2月	3月	4月	5月	6月
5	⊞関東	6,426,000	6,494,900	7,763,700	8,164,600	7,267,500	6,834,200
6	⊟近畿	5,046,400	4,862,900	5,579,700	5,545,700	5,131,000	5,021,800
7	⊞大阪店	3,596,100	3,535,200	3,891,200	3,895,800	3,616,600	3,539,100
8	⊟神戸店	1,450,300	1,327,700	1,688,500	1,649,900	1,514,400	1,482,700
9	店頭販売	894,100	819,600	1,106,300	1,112,100	1,003,100	915,100
10	法人営業	556,200	508,100	582,200	537,800	511,300	567,600
11	総計	11,472,400	11,357,800	13,343,400	13,710,300	12,398,500	11,856,000
12							
13							
14							
15							
16							

4 「近畿」より下の階層がすべて折りたたまれました。

	A	B	C	D	E	F	G
1							
2							
3	合計 / 金額	列ラベル					
4	行ラベル	1月	2月	3月	4月	5月	6月
5	⊞関東	6,426,000	6,494,900	7,763,700	8,164,600	7,267,500	6,834,200
6	⊞近畿	5,046,400	4,862,900	5,579,700	5,545,700	5,131,000	5,021,800
7	総計	11,472,400	11,357,800	13,343,400	13,710,300	12,398,500	11,856,000
8							
9							
10							
11							
12							
13							
14							
15							
16							

第 **6** 章

さまざまな計算方法で
集計しよう 応用編

集計方法と計算の種類を知ろう

▶ 「合計」にとどまらない、ピボットテーブルの計算

ピボットテーブルの集計方法は、合計にとどまりません。データの個数、平均、最大値、最小値と、目的に合わせてさまざまな集計が行えます。また、集計結果の数値から比率や累計、順位などを求めることもできます。

●データ数を集計

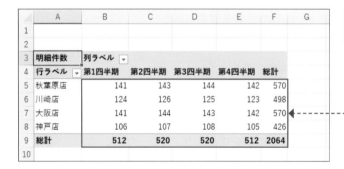

支店別四半期別に売上データの数を求めます。

	第1四半期	第2四半期	第3四半期	第4四半期	総計
秋葉原店	141	143	144	142	570
川崎店	124	126	125	123	498
大阪店	141	144	143	142	570
神戸店	106	107	108	105	426
総計	512	520	520	512	2064

●売上構成比を計算

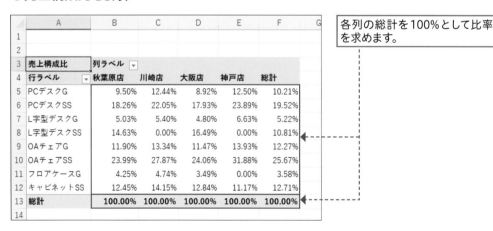

各列の総計を100%として比率を求めます。

	秋葉原店	川崎店	大阪店	神戸店	総計
PCデスクG	9.50%	12.44%	8.92%	12.50%	10.21%
PCデスクSS	18.26%	22.05%	17.93%	23.89%	19.52%
L字型デスクG	5.03%	5.40%	4.80%	6.63%	5.22%
L字型デスクSS	14.63%	0.00%	16.49%	0.00%	10.81%
OAチェアG	11.90%	13.34%	11.47%	13.93%	12.27%
OAチェアSS	23.99%	27.87%	24.06%	31.88%	25.67%
フロアケースG	4.25%	4.74%	3.49%	0.00%	3.58%
キャビネットSS	12.45%	14.15%	12.84%	11.17%	12.71%
総計	100.00%	100.00%	100.00%	100.00%	100.00%

●前月比を計算

行ラベル	合計 / 金額	前月比
1月	11,472,400	100.00%
2月	11,357,800	99.00%
3月	13,343,400	117.48%
4月	13,710,300	102.75%
5月	12,398,500	90.43%
6月	11,856,000	95.62%
7月	11,937,500	100.69%
8月	11,759,200	98.51%
9月	12,427,000	105.68%
10月	12,848,100	103.39%
11月	11,424,200	88.92%
12月	11,530,600	100.93%
総計	146,065,000	

前月を100%として比率を求めます。

●累計を計算

行ラベル	合計 / 金額	累計
1月	11,472,400	11,472,400
2月	11,357,800	22,830,200
3月	13,343,400	36,173,600
4月	13,710,300	49,883,900
5月	12,398,500	62,282,400
6月	11,856,000	74,138,400
7月	11,937,500	86,075,900
8月	11,759,200	97,835,100
9月	12,427,000	110,262,100
10月	12,848,100	123,110,200
11月	11,424,200	134,534,400
12月	11,530,600	146,065,000
総計	146,065,000	

今月までの累計を求めます。

ピボットテーブル上で新フィールドや新アイテムを作成する

独自に計算式を定義して、新しいフィールドや新しいアイテムを作成できます。ピボットテーブル上で作成する新しいフィールドを「集計フィールド」、新しいアイテムを「集計アイテム」と呼びます。

●集計フィールドの作成

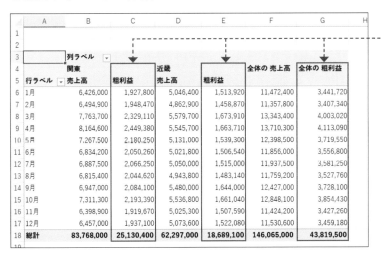

行ラベル	列ラベル 関東 売上高	関東 粗利益	近畿 売上高	近畿 粗利益	全体の 売上高	全体の 粗利益
1月	6,426,000	1,927,800	5,046,400	1,513,920	11,472,400	3,441,720
2月	6,494,900	1,948,470	4,862,900	1,458,870	11,357,800	3,407,340
3月	7,763,700	2,329,110	5,579,700	1,673,910	13,343,400	4,003,020
4月	8,164,600	2,449,380	5,545,700	1,663,710	13,710,300	4,113,090
5月	7,267,500	2,180,250	5,131,000	1,539,300	12,398,500	3,719,550
6月	6,834,200	2,050,260	5,021,800	1,506,540	11,856,000	3,556,800
7月	6,887,500	2,066,250	5,050,000	1,515,000	11,937,500	3,581,250
8月	6,815,400	2,044,620	4,943,800	1,483,140	11,759,200	3,527,760
9月	6,947,000	2,084,100	5,480,000	1,644,000	12,427,000	3,728,100
10月	7,311,300	2,193,390	5,536,800	1,661,040	12,848,100	3,854,430
11月	6,398,900	1,919,670	5,025,300	1,507,590	11,424,200	3,427,260
12月	6,457,000	1,937,100	5,073,600	1,522,080	11,530,600	3,459,180
総計	83,768,000	25,130,400	62,297,000	18,689,100	146,065,000	43,819,500

集計フィールドを作成すると、集計結果をもとに独自の計算を行えます。

さまざまな計算方法で集計しよう

応用編

36

値フィールドの名前を変更しよう

フィールド名の変更

練習▶36_売上集計.xlsx

▶ 項目名を変更すると見やすい表になる

ピボットテーブルに表示される値フィールドには、「合計 / 数量」「データの個数 / 商品」など、集計方法とフィールド名が組み合わされた見出しが表示されます。自動で表示される見出しでは、冗長に感じたり、計算の内容が分かりづらかったりする場合があります。そのようなときは、**値フィールドのフィールド名を簡潔でわかりやすい名前に変更しましょう**。ここでは、「行ラベル」の表示も、わかりやすい項目名に変更します。

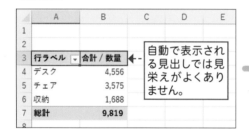

Before 自動で表示される見出し

自動で表示される見出しでは見栄えがよくありません。

After フィールド名を変更

見出しの文字列を変更すると、簡潔で見やすい表になります。

① 値フィールドのフィールド名を変更する

解説

フィールド名の変更

値フィールドの任意のセルを選択し、[ピボットテーブル分析]タブの[アクティブなフィールド]欄に新しい名前を入力すると、フィールド名を変更できます。

1 値フィールドの任意のセルをクリックします。

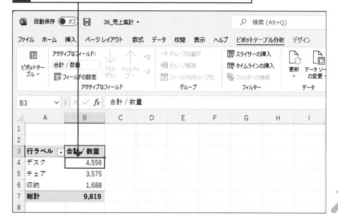

ヒント

[値] エリアの表示も変わる

フィールド名を「売上数」に変更すると、フィールドリストの[値]エリアの表示も[合計 / 数量]から[売上数]に変わります。

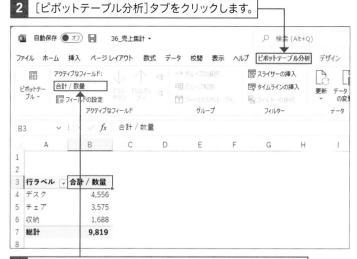

2 [ピボットテーブル分析]タブをクリックします。

3 [アクティブなフィールド]にフィールド名が表示されます。

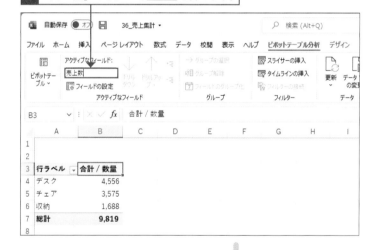

4 「売上数」と入力して、[Enter]を押します。

5 見出しの文字が変更されました。

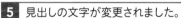
6 列幅が自動調整されました。

7 「行ラベル」のセルには、直接項目名を入力します。

補足

集計項目を変更する場合

「行ラベル」に「販路」と入力したあと、「販路」フィールドを削除して、ほかのフィールドを配置しても、「販路」の文字は変化しません。「行ラベル」や「列ラベル」のセルの文字は、適宜修正しましょう。

6

さまざまな計算方法で集計しよう

応用編

37 数量と金額の2フィールドを集計しよう

値フィールドの追加

📁 練習▶37_売上集計.xlsx

▶「数量」と「金額」の2フィールドを1つの表で集計できる

値エリアに複数のフィールドを配置すると、1つの集計表に複数の集計結果を表示できます。
ここでは、[数量] フィールドと [金額] フィールドを配置して、「商品分類別地区別」の集計
を行います。2つのフィールドを集計することで、「数量に比例して売上も高い」や「数量が
少ない割に売上は高い」といった考察ができるようになります。

Before [数量] フィールドの集計

[数量] フィールドが集計
されています。

	A	B	C	D
3	合計 / 数量	列ラベル		
4	行ラベル	関東	近畿	総計
5	デスク	2,600	1,956	4,556
6	チェア	2,033	1,542	3,575
7	収納	1,080	608	1,688
8	総計	5,713	4,106	9,819

After [数量] フィールドと [金額] フィールドの2つを集計

[金額] フィールドを追加
して、[数量] と [金額]
の2種類の数値を集計し
ます。

	A	B	C	D	E	F	G
3		列ラベル					
4		関東		近畿		全体の 売上数	全体の 売上高
5	行ラベル	売上数	売上高	売上数	売上高		
6	デスク	2,600	37,783,900	1,956	29,062,000	4,556	66,845,900
7	チェア	2,033	31,430,900	1,542	23,995,200	3,575	55,426,100
8	収納	1,080	14,553,200	608	9,239,800	1,688	23,793,000
9	総計	5,713	83,768,000	4,106	62,297,000	9,819	146,065,000

ヒント

緑の太線を目安に配置する

［金額］フィールドを［値］エリアにドラッグし、［合計 / 数量］の下に緑の太線が表示されたところでドロップしましょう。誤って［合計 / 数量］の上にドロップしてしまった場合は、ドラッグして位置を入れ替えてください。

1 「商品分類別地区別」に［数量］フィールドが集計されています。

2 ピボットテーブルの任意のセルをクリックして、

3 ［金額］にマウスポインターを合わせて、

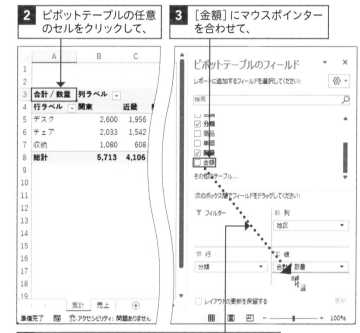

4 ［値］エリアの［合計 / 数量］の下にドラッグします。

解説

［Σ値］が配置される

［値］エリアに複数のフィールドを配置すると、［列］エリアに［Σ値］が追加されます。これは、集計値のレイアウトを変更するためのフィールドです。レイアウトの変更方法は、167ページの応用技で解説します。

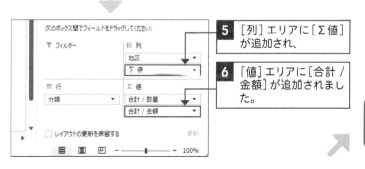

5 ［列］エリアに［Σ値］が追加され、

6 ［値］エリアに［合計 / 金額］が追加されました。

表示形式の変更

表示形式を変更するときに、[合計 / 金額] の数値のセルを1つ選択して設定すると、同じフィールドのすべてのセルに設定されます。

1 金額のセルを1つ選択して表示形式を設定すると、

2 金額のすべてのセルに同じ表示形式が設定されます。

7 地区ごとに、「合計 / 数量」と「合計 / 金額」が表示されました。

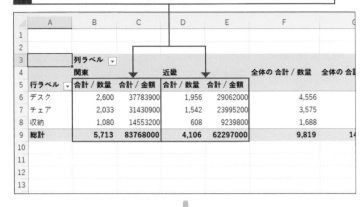

8 82ページを参考に桁区切りの表示形式を設定しておきます。

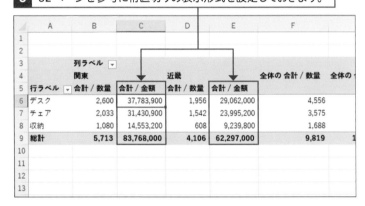

② 値フィールドのフィールド名を変更する

簡潔で見やすい名称に変える

ピボットテーブルに複数の値フィールドを配置すると、表の見出しに「合計 / 数量」「合計 / 金額」などの文字が並びます。表が冗長になるので、簡潔で見やすい名称に変えましょう。フィールド名を変えると、フィールドリストの[値]エリアも「売上数」「売上高」に変化します。

1 162ページを参考に「合計 / 数量」を「売上数」、「合計 / 金額」を「売上高」に変更します。

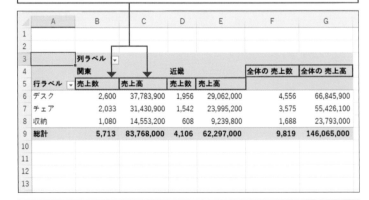

2 ほかの列も自動で「合計 / 数量」が「売上数」、「合計 / 金額」が「売上高」に変わります。

応用技 集計値のレイアウトを横から縦に変更する

[値] エリアに複数のフィールドを配置すると、[列] エリアに [Σ値] が追加され、ピボットテーブルには複数の集計値が横並びで表示されます。[Σ値] を [列] エリアから [行] エリアにドラッグして移動すると、ピボットテーブルでは集計値が縦並びに変わります。

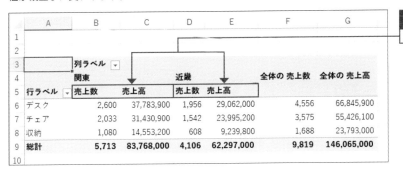

1 「売上数」と「売上高」が横に並んでいます。

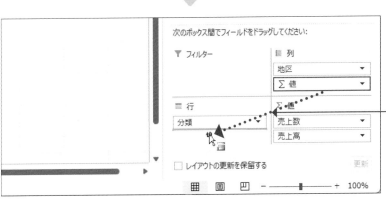

2 [列] エリアの [Σ値] を [行] エリアの [分類] の下にドラッグします。

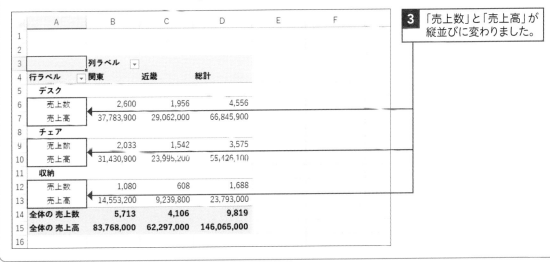

3 「売上数」と「売上高」が縦並びに変わりました。

Section

38 データの個数を求めよう

集計方法の変更

📁 練習▶38_売上集計.xlsx

▶ データの「個数」を求めれば「明細件数」や「受注件数」がわかる

ピボットテーブルでは、[値]エリアに数値のフィールドを配置すると合計、文字列のフィールドを配置するとデータの個数が求められます。しかし、分析の目的によっては、自動的に集計される以外の方法で集計したいこともあるでしょう。集計方法の種類には、合計、データの個数、平均、最大値、最小値などがあり、あとから自由に変更できます。集計方法を変更することで、アンケートから年齢別の回答者数（データ数）を求めたり、試験データから選択科目別の平均点、最高点、最低点を求めたりと、さまざまな集計が可能になります。ここでは、[No]フィールドの個数を集計して、店舗ごとの「明細件数」を求めます。

Before [No]フィールドの合計を集計

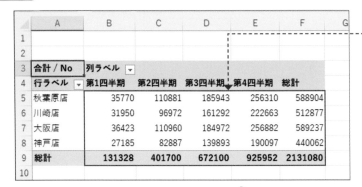

[No]フィールドを集計すると合計が求められますが、「No」（明細番号）を合計しても意味がありません。

合計 / No	列ラベル				
行ラベル	第1四半期	第2四半期	第3四半期	第4四半期	総計
秋葉原店	35770	110881	185943	256310	588904
川崎店	31950	96972	161292	222663	512877
大阪店	36423	110960	184972	256882	589237
神戸店	27185	82887	139893	190097	440062
総計	131328	401700	672100	925952	2131080

After [No]フィールドの個数を集計

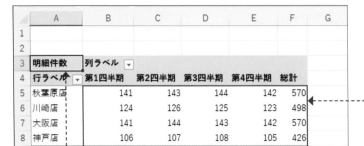

集計方法を「合計」から「個数」に変えると、各店舗の明細件数がわかります。

明細件数	列ラベル				
行ラベル	第1四半期	第2四半期	第3四半期	第4四半期	総計
秋葉原店	141	143	144	142	570
川崎店	124	126	125	123	498
大阪店	141	144	143	142	570
神戸店	106	107	108	105	426
総計	512	520	520	512	2064

フィールド名を「明細件数」に変更すると、集計の意味が伝わります。

① 現在の集計方法を確認する

🗨 解説

件数のカウントには「No」を使用する

レコード数を求めるときは、空欄のないフィールドでデータをカウントする必要があります。「No」のように、レコード固有の値が入力されているフィールドを利用するのが一般的です。

1 [値]エリアに[No]フィールドが配置されていることを確認します。

2 「No」フィールドの合計が表示されていることを確認します。

	A	B	C	D	E	F	G	H
1								
2								
3	合計 / No	列ラベル						
4	行ラベル	第1四半期	第2四半期	第3四半期	第4四半期	総計		
5	秋葉原店	35770	110881	185943	256310	588904		
6	川崎店	31950	96972	161292	222663	512877		
7	大阪店	36423	110960	184972	256882	589237		
8	神戸店	27185	82887	139893	190097	440062		
9	総計	131328	401700	672100	925952	2131080		
10								

② 集計方法を変更する

💡 ヒント

データの種類で集計方法が決まる

ピボットテーブルでは、[値]エリアに数値のフィールドを配置すると、自動的に合計が求められます。このSectionでは、数値が入力されている「No」を配置したので、「No」の数値が合計されました。

	A	B	C	D	E	
1	No	日付	販路	地区	店舗	分類
2	1	2022/1/4	店頭販売	関東	秋葉原店	チェ
3	2	2022/1/4	店頭販売	関東	秋葉原店	収納
4	3	2022/1/4	店頭販売	関東	川崎店	デス
5	4	2022/1/4	店頭販売	近畿	大阪店	収納

[No]フィールドには数値が入力されています。

1 値フィールドの任意のセルをクリックして、

2 [ピボットテーブル分析]タブをクリックし、

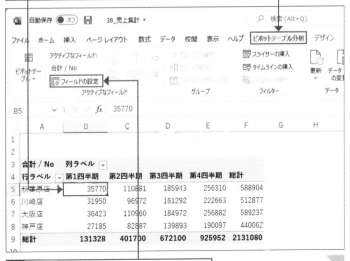

3 [フィールドの設定]をクリックします。

応用編

169

⏰ 時短

ショートカット
メニューも使える

値フィールドの任意のセルを右クリック
して、[値の集計方法]のサブメニューか
ら集計方法を変更することもできます。
ダイアログボックスを使用するより、す
ばやく操作できて便利です。

1 集計値を右クリックして、

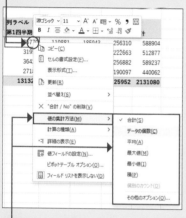

2 [値の集計方法]のサブメニュー
から集計方法を選択します。

✏️ 補足

集計方法を変更してから
名前を変更する

手順**6**で集計方法を「個数」に変更する
と、フィールド名は自動的に「個数 / No」
に変わります。先に「明細件数」と入力し
ても、集計方法を変更すると書き換わっ
てしまうので、集計方法を設定したあと
でフィールド名を入力しましょう。

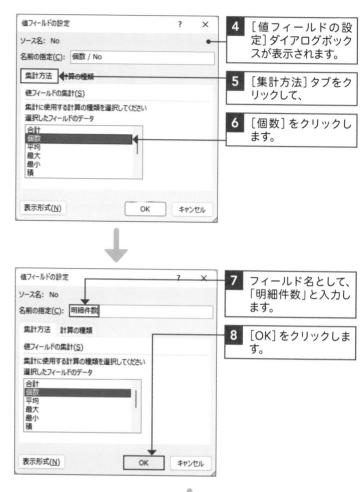

4 [値フィールドの設定]ダイアログボックスが表示されます。

5 [集計方法]タブをクリックして、

6 [個数]をクリックします。

7 フィールド名として、「明細件数」と入力します。

8 [OK]をクリックします。

9 「No」フィールドのデータの個数が求められました。

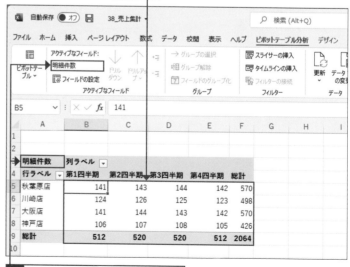

10 フィールド名を変更できました。

応用技 同じフィールドを複数の集計方法で集計するには

試験の得点のデータベースを元に、「得点」の平均、最高点、最低点を求めたいことがあります。そのようなときは、[値] エリアに [得点] フィールドを3回ドラッグします。集計表に「合計 / 得点」「合計 / 得点2」「合計 / 得点3」の3列が表示されるので、それぞれの集計方法を [平均] [最大] [最小] に変更し、[表示形式] を使用して平均点の小数点以下の桁数を1桁に設定します。

1 学生の得点のデータベースからピボットテーブルを作成し、

	A	B	C	D	E	F
1	学籍番号	氏名	性別	クラス	得点	
2	130001	相川　美優	女	2年D組	9	
3	130002	相田　洋子	女	2年B組	80	
4	130003	相武　慶	男	2年B組	54	
5	130004	青山　みゆき	女	2年D組	67	
6	130005	浅井　美佐子	女	2年B組	80	
7	130006	朝倉　茜	女	2年A組	72	
8	130007	浅野　俊二	男	2年B組	18	
9	130008	浅野　優	女	2年B組	66	
10	130009	芦田　ひかり	女	2年A組	81	
11	130010	足立　博	男	2年E組	62	
12	130011	鮎川　恵美子	女	2年D組	64	
13	130012	新井　千夏	女	2年C組	77	
14	130013	有馬　直人	男	2年E組	55	
15	130014	石田　聡	男	2年E組	48	
16	130015	石塚　道行	男	2年A組	63	

2 [値] エリアに [得点] を3回追加すると、

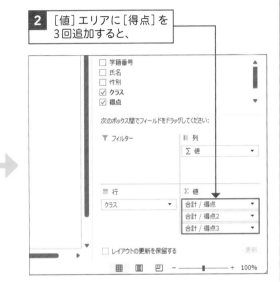

3 得点の合計が3列表示されます。

	A	B	C	D	E
1					
2					
3	行ラベル	合計 / 得点	合計 / 得点2	合計 / 得点3	
4	2年A組	2520	2520	2520	
5	2年B組	2478	2478	2478	
6	2年C組	2746	2746	2746	
7	2年D組	2462	2462	2462	
8	2年E組	2712	2712	2712	
9	総計	12918	12918	12918	
10					

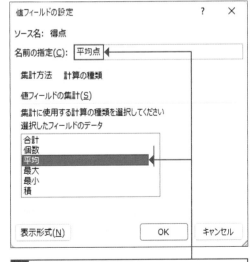

値フィールドの設定

ソース名: 得点

名前の指定(C): 平均点

集計方法　計算の種類

値フィールドの集計(S)

集計に使用する計算の種類を選択してください
選択したフィールドのデータ

合計
個数
平均
最大
最小
積

表示形式(N)　　OK　　キャンセル

5 「得点」をもとに、平均点、最高点、最低点が計算されます。

	A	B	C	D	E	F	G
1							
2							
3	行ラベル	平均点	最高点	最低点			
4	2年A組	63.0	100	16			
5	2年B組	60.4	100	18			
6	2年C組	67.0	96	15			
7	2年D組	61.6	96	9			
8	2年E組	66.1	99	31			
9	総計	63.6	100	9			
10							

4 それぞれの列で集計方法とフィールド名を変更すると、

Section 39 総計行を基準として売上構成比を求めよう

列集計に対する比率

練習▶39_売上集計.xlsx

▶ 各商品の貢献度が明白になる

売上全体に対する各商品や各支店の貢献度を分析したいときは、売上の数値を比較するよりも、**全体に占める割合（構成比）で比較**するほうが確実です。ピボットテーブルでは、合計やデータの個数などの集計結果をもとに、比率を求めることができます。ここでは、商品別支店別のクロス集計表で、総計行（各支店の売上の合計）を100％として比率を計算します。計算結果から、「みなと店の商品別売上構成比」「桜ヶ丘店の商品別売上構成比」という具合に、支店ごとに売上構成比が求められます。どの商品が売上に貢献しているかを、支店ごとに調べられます。

Before 売上金額の合計を集計

商品別支店別に売上が集計されています。

合計 / 金額	列ラベル				
行ラベル	秋葉原店	川崎店	大阪店	神戸店	総計
PCデスクG	5,516,500	3,196,000	3,944,000	2,261,000	14,917,500
PCデスクSS	10,602,900	5,666,100	7,928,800	4,319,700	28,517,500
L字型デスクG	2,919,300	1,387,500	2,120,100	1,198,800	7,625,700
L字型デスクSS	8,495,600		7,289,600		15,785,200
OAチェアG	6,911,500	3,427,000	5,071,500	2,518,500	17,928,500
OAチェアSS	13,931,400	7,161,000	10,639,200	5,766,000	37,497,600
フロアケースG	2,468,400	1,217,200	1,543,600		5,229,200
キャビネットSS	7,231,600	3,636,000	5,676,200	2,020,000	18,563,800
総計	58,077,200	25,690,800	44,213,000	18,084,000	146,065,000

After 総計行を基準として売上の比率を計算

売上構成比	列ラベル				
行ラベル	秋葉原店	川崎店	大阪店	神戸店	総計
PCデスクG	9.50%	12.44%	8.92%	12.50%	10.21%
PCデスクSS	18.26%	22.05%	17.93%	23.89%	19.52%
L字型デスクG	5.03%	5.40%	4.80%	6.63%	5.22%
L字型デスクSS	14.63%	0.00%	16.49%	0.00%	10.81%
OAチェアG	11.90%	13.34%	11.47%	13.93%	12.27%
OAチェアSS	23.99%	27.87%	24.06%	31.88%	25.67%
フロアケースG	4.25%	4.74%	3.49%	0.00%	3.58%
キャビネットSS	12.45%	14.15%	12.84%	11.17%	12.71%
総計	100.00%	100.00%	100.00%	100.00%	100.00%

各列の総計を100％として比率を求めます。各商品の貢献度が明らかになります。

① 列集計に対する比率を求める

（時短）

ショートカットメニューも使える

値フィールドの任意のセルを右クリックして、[計算の種類]のサブメニューからも計算の種類を変更できます。

1 集計値を右クリックして、

2 [計算の種類]から選択します。

（ヒント）

「集計方法」と「計算の種類」の違い

値フィールドでは、「集計方法」(Sec.38参照)と「計算の種類」の2種類を設定できます。「集計方法」とは、データベースのレコードを集めて計算するときの方法を指定するもので、合計、データの個数、平均などを選べます。一方、「計算の種類」とは、求めた合計やデータの個数などの数値をもとに、比率や累計などを計算する機能です。「計算の種類」の初期値は[計算なし]で、その場合、「集計方法」で指定した計算結果がそのまま表示されます。

1 値フィールドの任意のセルをクリックして、

2 [ピボットテーブル分析] タブをクリックし、

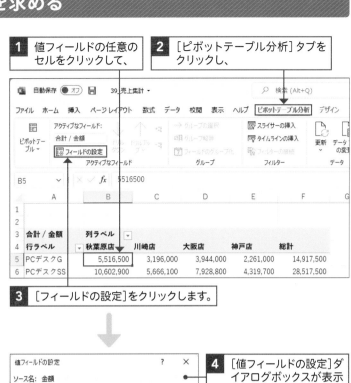

合計 / 金額	列ラベル				
行ラベル	秋葉原店	川崎店	大阪店	神戸店	総計
PCデスクG	5,516,500	3,196,000	3,944,000	2,261,000	14,917,500
PCデスクSS	10,602,900	5,666,100	7,928,800	4,319,700	28,517,500

3 [フィールドの設定]をクリックします。

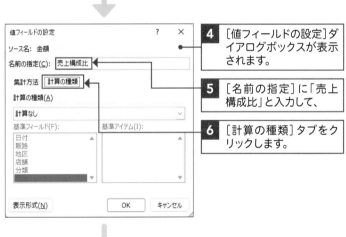

4 [値フィールドの設定]ダイアログボックスが表示されます。

5 [名前の指定]に「売上構成比」と入力して、

6 [計算の種類]タブをクリックします。

7 ∨をクリックして[列集計に対する比率]を選択します。

8 [OK]をクリックします。

ヒント

計算の種類を元の状態に戻すには

[値フィールドの設定]ダイアログボックスの[計算方法]タブで、[計算の種類]から[計算なし]を選択すると、もとの状態に戻せます。

9 総計（セルB13〜F13）を100％として比率が計算されました。

	A	B	C	D	E	F	G
1							
2							
3	売上構成比	列ラベル ▾					
4	行ラベル ▾	秋葉原店	川崎店	大阪店	神戸店	総計	
5	PCデスクG	9.50%	12.44%	8.92%	12.50%	10.21%	
6	PCデスクSS	18.26%	22.05%	17.93%	23.89%	19.52%	
7	L字型デスクG	5.03%	5.40%	4.80%	6.63%	5.22%	
8	L字型デスクSS	14.63%	0.00%	16.49%	0.00%	10.81%	
9	OAチェアG	11.90%	13.34%	11.47%	13.93%	12.27%	
10	OAチェアSS	23.99%	27.87%	24.06%	31.88%	25.67%	
11	フロアケースG	4.25%	4.74%	3.49%	0.00%	3.58%	
12	キャビネットSS	12.45%	14.15%	12.84%	11.17%	12.71%	
13	総計	100.00%	100.00%	100.00%	100.00%	100.00%	
14							
15							
16							
17							
18							

10 各列の合計が100％になります。

ヒント　目的に応じて計算の種類を選ぶ

下表は、[値フィールドの設定]ダイアログボックスの[計算の種類]タブで設定できる計算の種類です。目的に応じて使い分けましょう。

計算の種類	説明	参照
計算なし	[集計方法]で指定した計算結果をそのまま表示	－
総計に対する比率	総合計（表の右下隅のセル）を100％とした比率を表示	175ページ
列集計に対する比率	各列の総計をそれぞれ100％として、列ごとに比率を表示	175ページ
行集計に対する比率	各行の総計をそれぞれ100％として、行ごとに比率を表示	175ページ
基準値に対する比率	「基準フィールド」の「基準アイテム」で指定した値を100％として、比率を表示	178ページ
親行集計に対する比率	行ラベルの上位の階層をそれぞれ100％として、各アイテムの比率を表示	－
親列集計に対する比率	列ラベルの上位の階層をそれぞれ100％として、各アイテムの比率を表示	－
親集計に対する比率	「基準フィールド」で指定した値を100％として比率を表示	176ページ
基準値との差分	「基準フィールド」の「基準アイテム」で指定した値との差を表示	－
基準値との差分の比率	「基準フィールド」の「基準アイテム」で指定した値を100％として求めた比率から100％を引いて値を表示	179ページ
累計	「基準フィールド」の値の累計を表示	180ページ
比率の累計	「基準フィールド」の比率の累計を表示	－
昇順での順位	フィールドの値の小さい順の順位を表示	182ページ
降順での順位	フィールドの値の大きい順の順位を表示	182ページ
指数（インデックス）	「（アイテムの値×総計）÷（行の総計×列の総計）」を表示	－

ヒント **総計値を基準に比率を求める**

クロス集計表で総計値を基準に比率を求めるには、次の3種類の方法があります。どの値を基準にするかによって、見えてくるものが変わります。特徴を理解して設定しましょう。

総計に対する比率

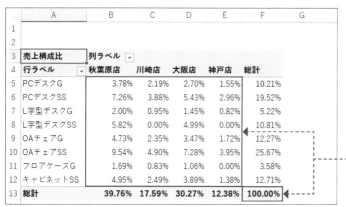

	A	B	C	D	E	F	G
1							
2							
3	売上構成比	列ラベル ▾					
4	行ラベル ▾	秋葉原店	川崎店	大阪店	神戸店	総計	
5	PCデスクG	3.78%	2.19%	2.70%	1.55%	10.21%	
6	PCデスクSS	7.26%	3.88%	5.43%	2.96%	19.52%	
7	L字型デスクG	2.00%	0.95%	1.45%	0.82%	5.22%	
8	L字型デスクSS	5.82%	0.00%	4.99%	0.00%	10.81%	
9	OAチェアG	4.73%	2.35%	3.47%	1.72%	12.27%	
10	OAチェアSS	9.54%	4.90%	7.28%	3.95%	25.67%	
11	フロアケースG	1.69%	0.83%	1.06%	0.00%	3.58%	
12	キャビネットSS	4.95%	2.49%	3.89%	1.38%	12.71%	
13	総計	39.76%	17.59%	30.27%	12.38%	100.00%	

> 総合計（セルF13）を100%として、各集計値の比率が求められます。
> セルB5～E12の合計が100%になります。

列集計に対する比率

	A	B	C	D	E	F	G
1							
2							
3	売上構成比	列ラベル ▾					
4	行ラベル ▾	秋葉原店	川崎店	大阪店	神戸店	総計	
5	PCデスクG	9.50%	12.44%	8.92%	12.50%	10.21%	
6	PCデスクSS	18.26%	22.05%	17.93%	23.89%	19.52%	
7	L字型デスクG	5.03%	5.40%	4.80%	6.63%	5.22%	
8	L字型デスクSS	14.63%	0.00%	16.49%	0.00%	10.81%	
9	OAチェアG	11.90%	13.34%	11.47%	13.93%	12.27%	
10	OAチェアSS	23.99%	27.87%	24.06%	31.88%	25.67%	
11	フロアケースG	4.25%	4.74%	3.49%	0.00%	3.58%	
12	キャビネットSS	12.45%	14.15%	12.84%	11.17%	12.71%	
13	総計	100.00%	100.00%	100.00%	100.00%	100.00%	

> 総計行を100%として、列ごとに比率を計算します。
> たとえば「秋葉原店」の場合、セルB5～B12の合計が100%になります。

行集計に対する比率

	A	B	C	D	E	F	G
1							
2							
3	売上構成比	列ラベル ▾					
4	行ラベル ▾	秋葉原店	川崎店	大阪店	神戸店	総計	
5	PCデスクG	36.98%	21.42%	26.44%	15.16%	100.00%	
6	PCデスクSS	37.18%	19.87%	27.80%	15.15%	100.00%	
7	L字型デスクG	38.28%	18.20%	27.80%	15.72%	100.00%	
8	L字型デスクSS	53.82%	0.00%	46.18%	0.00%	100.00%	
9	OAチェアG	38.55%	19.11%	28.29%	14.05%	100.00%	
10	OAチェアSS	37.15%	19.10%	28.37%	15.38%	100.00%	
11	フロアケースG	47.20%	23.28%	29.52%	0.00%	100.00%	
12	キャビネットSS	38.96%	19.59%	30.58%	10.88%	100.00%	
13	総計	39.76%	17.59%	30.27%	12.38%	100.00%	

> 総計列を100%として、行ごとに比率を計算します。
> たとえば「PCデスクG」の場合、セルB5～E5の合計が100%になります。

小計行を基準として 売上構成比を求めよう

親集計に対する比率

練習▶40_売上集計.xlsx

▶ 階層ごとに売上構成比を求められる

階層構造の集計表で、[親集計に対する比率]という計算方法で集計を行うと、小計の値を100%として**階層ごとに構成比率を求める**ことができます。ここでは、行ラベルフィールドに[地区]と[店舗]を配置した表で、地区ごとに各店舗の売上構成比を求めます。[親集計に対する比率]の設定時に、[基準フィールド]として[地区]を指定することがポイントです。

Before 「地区」と「店舗」の2階層の集計表

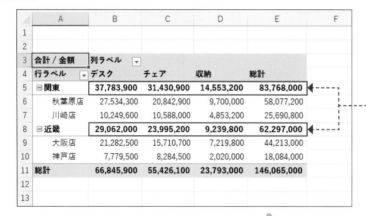

地区ごとに小計が表示されています。

After 「地区」を基準に比率を計算

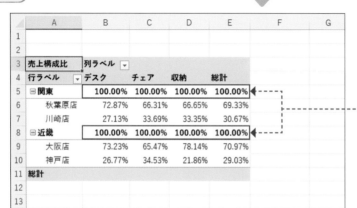

小計を100%として比率を求めます。
地区ごとに各店舗の貢献度が明らかになります。

① 親集計に対する比率を求める

解説

[基準フィールド]の指定がカギ

[親集計に対する比率]を計算するときは、[基準フィールド]として小計のフィールドを指定することがポイントです。行ラベルフィールドが階層化されている場合は小計行、列ラベルフィールドが階層化されている場合は小計列のフィールドを指定しましょう。

ヒント

総計行を非表示にするには

分類ごとに売上構成比を求めると、総計行は空欄になります。Sec.49を参考に[行のみ集計を行う]を設定すると、総計行を非表示にできます。

| 総計行が空欄になります。 |

売上構成比	デスク	チェア	収納	総計
関東	100.00%	100.00%	100.00%	100.00%
秋葉原店	72.87%	66.31%	66.65%	69.33%
川崎店	27.13%	33.69%	33.35%	30.67%
近畿	100.00%	100.00%	100.00%	100.00%
大阪店	73.23%	65.47%	78.14%	70.97%
神戸店	26.77%	34.53%	21.86%	29.03%
総計				

1 値フィールドの任意のセルをクリックして、

2 [ピボットテーブル分析]タブをクリックし、

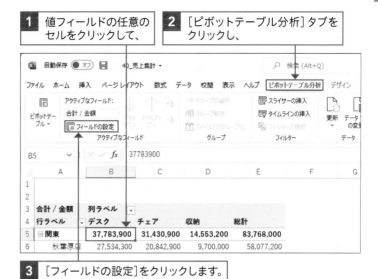

3 [フィールドの設定]をクリックします。

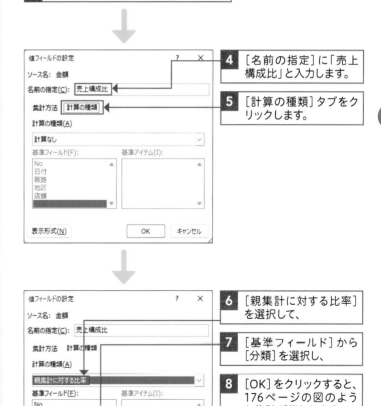

4 [名前の指定]に「売上構成比」と入力します。

5 [計算の種類]タブをクリックします。

6 [親集計に対する比率]を選択して、

7 [基準フィールド]から[分類]を選択し、

8 [OK]をクリックすると、176ページの図のような集計が行われます。

Section

41

前月に対する比率を求めよう

基準値に対する比率

練習▶41_売上集計.xlsx

▶ 前月を基準に比率を求めれば売上の成長度がわかる

月々の業績の成長度を分析したいときは、[基準値に対する比率]という計算方法を使用して、**前月の売上高を基準に比率を求めます**。「100%より大きければプラス成長」「100%未満であればマイナス成長」という具合に、成長度が一目瞭然になります。下図のように、売上と比率を並べて表示すれば、売上と成長度が一目でわかる見やすい表になります。

6

さまざまな計算方法で集計しよう

Before　月ごとの売上

[金額]フィールドが2つ追加されています。

行ラベル	合計 / 金額	合計 / 金額2
1月	11,472,400	11472400
2月	11,357,800	11357800
3月	13,343,400	13343400
4月	13,710,300	13710300
5月	12,398,500	12398500
6月	11,856,000	11856000
7月	11,937,500	11937500
8月	11,759,200	11759200
9月	12,427,000	12427000
10月	12,848,100	12848100
11月	11,424,200	11424200
12月	11,530,600	11530600
総計	146,065,000	146065000

月々の売上の合計が計算されています。

After　前月比を計算

行ラベル	合計 / 金額	前月比
1月	11,472,400	100.00%
2月	11,357,800	99.00%
3月	13,343,400	117.48%
4月	13,710,300	102.75%
5月	12,398,500	90.43%
6月	11,856,000	95.62%
7月	11,937,500	100.69%
8月	11,759,200	98.51%
9月	12,427,000	105.68%
10月	12,848,100	103.39%
11月	11,424,200	88.92%
12月	11,530,600	100.93%
総計	146,065,000	

前月の売上高を100%として比率を求めます。

① 基準値に対する比率を求める

💬 解説

[金額] フィールドを2回追加する

[値] エリアに同じフィールドを追加すると、フィールド同士を区別するために、「合計 / 金額2」のようにフィールド名の末尾に数字が付きます。ここでは、[値] エリアに [金額] フィールドを2回追加して、右の [金額] フィールドを前月比の計算に使用します。

✨ 応用技

「伸び率」を求めるには

[値フィールドの設定] ダイアログボックスの [計算の種類] で [基準値との差分の比率]、[基準フィールド] で [日付]、[基準アイテム] で [(前の値)] を選択すると、伸び率が求められます。伸び率とは、前月比から「100％」を引いた値のことです。たとえば、前月比が「99％」なら伸び率は「-1％」になります。

3	行ラベル	合計 / 金額	伸び率
4	1月	11,472,400	
5	2月	11,357,800	-1.00%
6	3月	13,343,400	17.48%
7	4月	13,710,300	2.75%
8	5月	12,398,500	-9.57%
9	6月	11,856,000	-4.38%
10	7月	11,937,500	0.69%
11	8月	11,759,200	-1.49%
12	9月	12,427,000	5.68%
13	10月	12,848,100	3.39%
14	11月	11,424,200	-11.08%
15	12月	11,530,600	0.93%
16	総計	146,065,000	

プラスの数値なら売上アップ、マイナスの数値なら売上ダウンと判断できます。

1 右側の [金額] フィールドのセルをクリックして、

2 [ピボットテーブル分析] タブをクリックし、

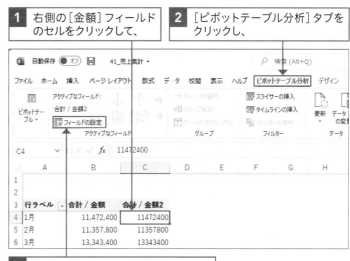

3 [フィールドの設定] をクリックします。

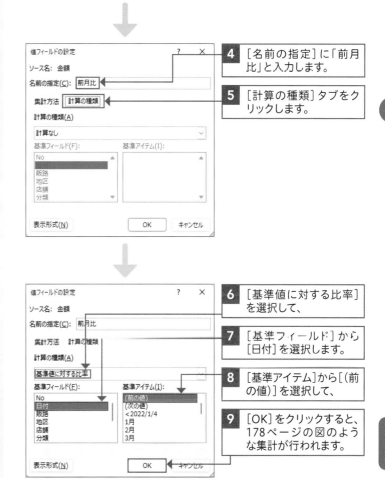

4 [名前の指定] に「前月比」と入力します。

5 [計算の種類] タブをクリックします。

6 [基準値に対する比率] を選択して、

7 [基準フィールド] から [日付] を選択します。

8 [基準アイテム] から [(前の値)] を選択して、

9 [OK] をクリックすると、178ページの図のような集計が行われます。

応用編

179

売上の累計を求めよう

累計の計算

練習▶42_売上集計.xlsx

▶ 累計を求めれば、目標に到達した月が一目瞭然！

ピボットテーブルには、累計を求める機能があります。月々の売上の累計を求めれば、「10月に年間目標の○○万円を達成した」「年間売上目標まであと○○万円」というような分析がかんたんに行えます。また、予算や経費など、限られたコストの中でやり繰りが必要なデータの場合も、累計がわかれば管理しやすくなります。累計のデータはさまざまなシーンで役に立つので、計算方法を覚えておきましょう。

Before | 月ごとの売上

[金額]フィールドが2つ追加されています。

行ラベル	合計 / 金額	合計 / 金額2
1月	11,472,400	11,472,400
2月	11,357,800	11,357,800
3月	13,343,400	13,343,400
4月	13,710,300	13,710,300
5月	12,398,500	12,398,500
6月	11,856,000	11,856,000
7月	11,937,500	11,937,500
8月	11,759,200	11,759,200
9月	12,427,000	12,427,000
10月	12,848,100	12,848,100
11月	11,424,200	11,424,200
12月	11,530,600	11,530,600
総計	146,065,000	146,065,000

月々の売上の合計が計算されています。

After | 累計を計算

行ラベル	合計 / 金額	累計
1月	11,472,400	11,472,400
2月	11,357,800	22,830,200
3月	13,343,400	36,173,600
4月	13,710,300	49,883,900
5月	12,398,500	62,282,400
6月	11,856,000	74,138,400
7月	11,937,500	86,075,900
8月	11,759,200	97,835,100
9月	12,427,000	110,262,100
10月	12,848,100	123,110,200
11月	11,424,200	134,534,400
12月	11,530,600	146,065,000
総計	146,065,000	

累計を求めると、その月までの売上の合計が一目でわかります。

① 累計を求める

解説

［金額］フィールドを 2回追加する

［値］エリアに同じフィールドを追加すると、フィールド同士を区別するために、「合計 / 金額2」のようにフィールド名の末尾に数字が付きます。ここでは、［値］エリアに［金額］フィールドを2回追加して、右の［金額］フィールドを累計の計算に使用します。

ヒント

フィールド名を変更すると わかりやすい

セルA3の「行ラベル」を「月」に、セルB3の「合計 / 金額」を「売上高」に変更すると、集計表がよりわかりやすくなります。

1 右側の［金額］フィールドのセルをクリックして、

2 ［ピボットテーブル分析］タブをクリックし、

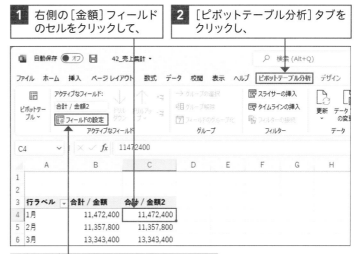

3 ［フィールドの設定］をクリックします。

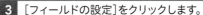

4 ［名前の指定］に「累計」と入力します。

5 ［計算の種類］タブをクリックします。

6 ［累計］を選択して、

7 ［基準フィールド］から［日付］を選択して、

8 ［OK］をクリックすると、180ページの図のような集計が行われます。

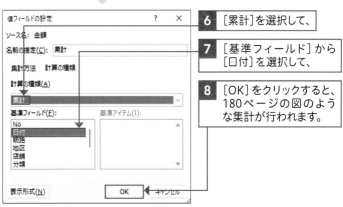

Section 43 売上の高い順に順位を求めよう

順位の計算

練習▶43_売上集計.xlsx

▶ 地区ごとに順位を振れば、地区の順位と総合順位の関係が歴然！

売上順に並べ替えると、売れ行きのよい商品や営業成績のよい支店がわかります。そこに順位を振れば、さらにわかりやすい表になります。ここでは商品別販路別の売上集計表で、商品の売上に順位を付けます。総合順位と販路別の順位を表示することで、販路による商品の売上の違いや、総計に及ぼす影響などを分析しやすくなります。「1、2、3…」と番号を振ることで、販路ごとの商品の位置付けがダイレクトに伝わります。

Before　総計順に並べ替え

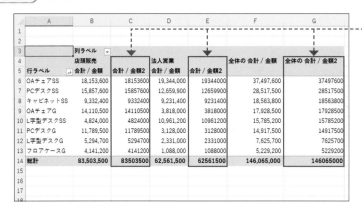

総計の高い順に並べ替えただけでは、総合順位と販路の順位の関係がわかりません。

After　順位を表示

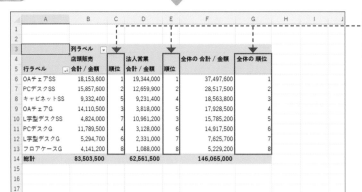

販路ごとに順位を振れば、総合順位との関係が歴然とします。

① 順位を求める

解説

[基準フィールド]で
順位の方向を指定する

このSectionの集計表では、行に商品、列に販路が配置されています。手順**7**で[基準フィールド]として[商品]を選択すると、販路ごとに商品の順位が求められます。ちなみに[基準フィールド]として[販路]を選択した場合は、商品ごとに販路の順位が求められます。

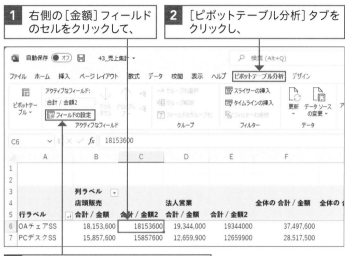

1 右側の[金額]フィールドのセルをクリックして、

2 [ピボットテーブル分析]タブをクリックし、

3 [フィールドの設定]をクリックします。

4 [名前の指定]に「順位」と入力します。

5 [計算の種類]タブをクリックします。

応用技

[昇順での順位]と
[降順での順位]

[値フィールドの設定]ダイアログボックスの[計算の種類]には、[昇順での順位]と[降順での順位]があります。前者は数値の小さい順の順位、後者は数値の大きい順の順位です。

6 [降順での順位]を選択して、

7 [基準フィールド]から[商品]を選択して、

8 [OK]をクリックすると、182ページの図のような集計が行われます。

44

金額フィールドをもとに
新しいフィールドを作成しよう

集計フィールドの挿入

練習▶44_売上集計.xlsx

▶ ピボットテーブル内で集計結果をもとに計算できる

ピボットテーブルの集計結果を使用して、計算を行いたいことがあります。そのようなときに活躍するのが、「集計フィールド」の機能です。この機能を使用すると、**集計結果をもとにピボットテーブル上で値フィールド用の新しいフィールドを作成できます**。ここでは、粗利をシミュレーションしてみましょう。粗利率を30%として、「金額×30%」という数式から「粗利」という集計フィールドを作成します。

粗利フィールドを作成

	A	B	C	D	E	F	G	H
1								
2								
3		列ラベル ▼						
4		関東		近畿		全体の 売上高	全体の 粗利益	
5	行ラベル ▼	売上高	粗利益	売上高	粗利益			
6	1月	6,426,000	1,927,800	5,046,400	1,513,920	11,472,400	3,441,720	
7	2月	6,494,900	1,948,470	4,862,900	1,458,870	11,357,800	3,407,340	
8	3月	7,763,700	2,329,110	5,579,700	1,673,910	13,343,400	4,003,020	
9	4月	8,164,600	2,449,380	5,545,700	1,663,710	13,710,300	4,113,090	
10	5月	7,267,500	2,180,250	5,131,000	1,539,300	12,398,500	3,719,550	
11	6月	6,834,200	2,050,260	5,021,800	1,506,540	11,856,000	3,556,800	
12	7月	6,887,500	2,066,250	5,050,000	1,515,000	11,937,500	3,581,250	
13	8月	6,815,400	2,044,620	4,943,800	1,483,140	11,759,200	3,527,760	
14	9月	6,947,000	2,084,100	5,480,000	1,644,000	12,427,000	3,728,100	
15	10月	7,311,300	2,193,390	5,536,800	1,661,040	12,848,100	3,854,430	
16	11月	6,398,900	1,919,670	5,025,300	1,507,590	11,424,200	3,427,260	
17	12月	6,457,000	1,937,100	5,073,600	1,522,080	11,530,600	3,459,180	
18	総計	83,768,000	25,130,400	62,297,000	18,689,100	146,065,000	43,819,500	
19								

集計　売上　⊕

準備完了　📷　🧏‍♀️アクセシビリティ: 問題ありません

粗利率を30%として粗利をシミュレーションします。

① 集計フィールドを作成する

44

金額フィールドをもとに
新しいフィールドを作成しよう

集計フィールドの計算

集計フィールドの数式には、「+」「-」「*」
「/」などの算術演算子やExcelの関数を
使用できます。ここでは「金額*0.3」とい
う数式を設定して[粗利]フィールドを作
成します。

1 月別地区別の売上集計表があります。

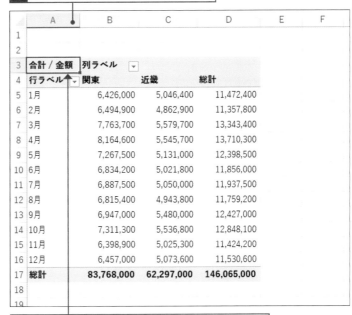

	A	B	C	D	E	F
1						
2						
3	合計 / 金額	列ラベル				
4	行ラベル	関東	近畿	総計		
5	1月	6,426,000	5,046,400	11,472,400		
6	2月	6,494,900	4,862,900	11,357,800		
7	3月	7,763,700	5,579,700	13,343,400		
8	4月	8,164,600	5,545,700	13,710,300		
9	5月	7,267,500	5,131,000	12,398,500		
10	6月	6,834,200	5,021,800	11,856,000		
11	7月	6,887,500	5,050,000	11,937,500		
12	8月	6,815,400	4,943,800	11,759,200		
13	9月	6,947,000	5,480,000	12,427,000		
14	10月	7,311,300	5,536,800	12,848,100		
15	11月	6,398,900	5,025,300	11,424,200		
16	12月	6,457,000	5,073,600	11,530,600		
17	総計	83,768,000	62,297,000	146,065,000		
18						
19						

2 ピボットテーブルの任意のセルをクリックします。

3 [ピボットテーブル分析]
タブをクリックし、

4 [フィールド／アイテム／セット]
をクリックして、

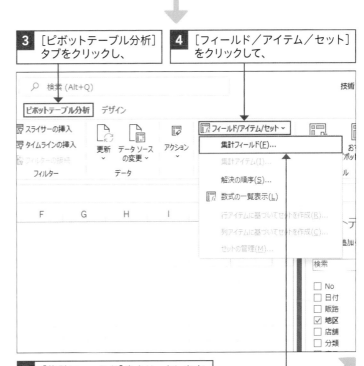

6

さまざまな計算方法で集計しよう

ヒント

[金額] の配置は必須ではない

集計フィールドの計算のもとになるフィー
ルドは、ピボットテーブル上にあって
もなくてもかまいません。ここでは、ピ
ボットテーブルにあらかじめ[金額]フィー
ルドを配置していますが、配置してい
なくても「金額*0.3」という数式から[粗
利]フィールドを作成できます。

5 [集計フィールド]をクリックします。

補足

集計値が計算の対象になる

集計フィールドの数式は、数式で使用されているフィールドの個々のデータではなく、集計結果に対して使用されます。たとえば、「＝金額*0.3」とした場合、金額の合計に0.3が乗算されます。

ヒント

[値]エリアに配置される

作成した集計フィールドは、自動的に[値]エリアに配置されます。

6 ［集計フィールドの挿入］ダイアログボックスが表示されました。

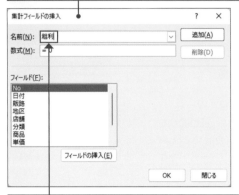

7 作成するフィールドの名前として「粗利」と入力します。

8 ［数式］に「＝」と入力します。 **9** ここを下までドラッグして、

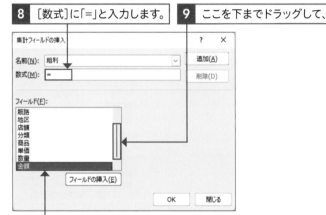

10 ［金額］をダブルクリックします。

11 「金額」が入力されました。 **12** 「*0.3」と入力して、

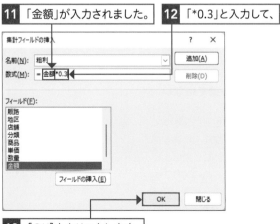

13 ［OK］をクリックします。

ヒント

さまざまなシミュレーションが できる

作成した集計フィールドはフィールドリストに追加されるので、さまざまな項目の計算に使用できます。ここでは「月別」の粗利を計算しましたが、「支店別月別」「支店別商品別」などの粗利の計算にも使用できます。なお、集計フィールドを追加できるのは[値]エリアのみです。[行]エリアや[列]エリアにドラッグするとエラーになります。

14 [粗利]フィールドが作成されました。

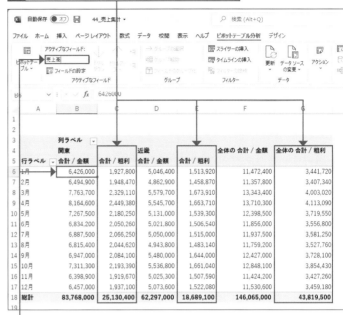

15 162ページを参考に、「合計 / 金額」を「売上高」に、「合計 / 粗利」を「粗利益」に変更しておきます。

ヒント 集計フィールドを修正／削除するには

185ページを参考に[集計フィールドの挿入]ダイアログボックスを表示し、[名前]欄から目的の集計フィールドを選択します。その状態で図のように操作すると、集計フィールドを修正／削除できます。

1 集計フィールドを選択します。

2 数式を修正して[変更]をクリックすると、集計フィールドの数式を変更できます。

3 [削除]をクリックすると、集計フィールドを削除できます。

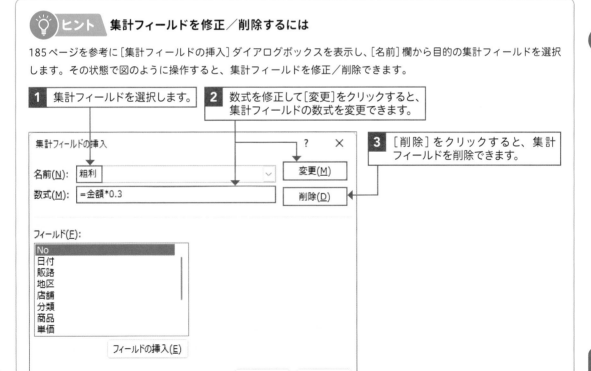

フィールド内に新しいアイテムを追加しよう

集計アイテムの挿入

練習▶45_売上集計.xlsx

▶ 集計アイテムを利用して新しいアイテムを追加する

「集計表の商品欄に発売予定の新商品を追加して売上のシミュレーションをしたい……」。通常の表であれば、表の中に新しい行を挿入して、新商品の売上の予想金額を入力できます。しかし、**ピボットテーブルでは、行の挿入もデータの入力もできません**。そのようなときは、[集計アイテム]の機能を使用して、**既存のフィールドに新しいアイテムを追加**します。ここでは、[商品]フィールドに「壁面収納SS」というアイテムを追加します。その売上は、同じSSシリーズの「キャビネットSS」の90%を見込むものとします。これにより、新商品投入時の全体の売上を予測できます。

Before 商品別の集計

通常は、[商品]フィールドに含まれるアイテムしか表示できません。

After 集計アイテムを追加

[商品]フィールドのアイテムとして「壁面収納SS」を追加して、「壁面収納SS」を販売した場合の全体の売上をシミュレーションできます。

① 集計アイテムを作成する

 ヒント

**あらかじめ商品の
セルを選択しておく**

集計アイテムを挿入するときは、あらかじめ挿入先のフィールド（ここでは[商品]フィールド）の任意のセルを選択してから、操作します。

1 ［商品］フィールドの任意のセルを選択します。

	A	B	C	D	E	F	G
1							
2							
3	合計 / 金額	列ラベル ▼					
4	行ラベル ▼	秋葉原店	川崎店	大阪店	神戸店	総計	
5	OAチェアSS	13,931,400	7,161,000	10,639,200	5,766,000	37,497,600	
6	PCデスクSS	10,602,900	5,666,100	7,928,800	4,319,700	28,517,500	
7	キャビネットSS	7,231,600	3,636,000	5,676,200	2,020,000	18,563,800	
8	OAチェアG	6,911,500	3,427,000	5,071,500	2,518,500	17,928,500	
9	L字型デスクSS	8,495,600		7,289,600		15,785,200	
10	PCデスクG	5,516,500	3,196,000	3,944,000	2,261,000	14,917,500	
11	L字型デスクG	2,919,300	1,387,550	2,120,100	1,198,800	7,625,700	
12	フロアケースG	2,468,400	1,217,200	1,543,600		5,229,200	
13	総計	58,077,200	25,690,800	44,213,000	18,084,000	146,065,000	
14							

2 ［ピボットテーブル分析］タブをクリックします。　**3** ［フィールド／アイテム／セット］をクリックして、

4 ［集計アイテム］をクリックします。

5 ［"商品"への集計アイテムの挿入］ダイアログボックスが表示されます。

"商品"への集計アイテムの挿入

名前(N): 壁面収納SS
数式(M): = 0

追加(A)　削除(D)

フィールド(F):
No
日付
販路
地区
店舗
分類
商品
単価

アイテム(I):
PCデスクG
PCデスクSS
L字型デスクG
L字型デスクSS
OAチェアG
OAチェアSS
フロアケースG
キャビネットSS

フィールドの挿入(E)　アイテムの挿入(T)

OK　閉じる

6 アイテム名として「壁面収納SS」と入力します。

 注意

**エラーが表示
されるときは**

ピボットテーブル内にグループ化されているフィールドがあると、エラーメッセージが表示されて、集計アイテムを追加できません。グループ化したフィールドをいったん［行］エリアか［列］エリアに配置し、97ページのヒントを参考にグループ化を解除すれば、集計アイテムを追加できます。

数式を
修正するには

集計アイテムとして登録した数式を変更するには、189ページの手順 **1** 〜 **4** を参考に["商品"への集計アイテムの挿入]ダイアログボックスを表示します。[名前]欄から目的の集計アイテムを選択して、[数式]欄で数式を修正し、[変更]をクリックします。

1 集計アイテムを選択して、

2 数式を修正し、

3 [変更]をクリックします。

✏️ 補足

集計アイテムの挿入位置

ここでは、[総計]列の降順に並べ替えた表に集計アイテムを追加しました。その場合、集計アイテムは並べ替えの条件に合った位置に挿入されます。なお、並べ替えを設定していない表の場合、集計アイテムは最下行に追加されます。

7 [数式]に「=」と入力します。

8 [商品]をクリックして、

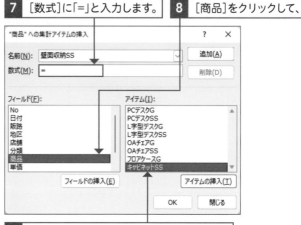

9 [キャビネットSS]をダブルクリックします。

10 「キャビネットSS」が入力されました。

11 「*0.9」と入力して、

12 [OK]をクリックします。

13 「壁面収納SS」が追加されました。

	A	B	C	D	E	F	G
1							
2							
3	合計 / 金額	列ラベル ▼					
4	行ラベル ↓	秋葉原店	川崎店	大阪店	神戸店	総計	
5	OAチェアSS	13,931,400	7,161,000	10,639,200	5,766,000	37,497,600	
6	PCデスクSS	10,602,900	5,666,100	7,928,800	4,319,700	28,517,500	
7	キャビネットSS	7,231,600	3,636,000	5,676,200	2,020,000	18,563,800	
8	OAチェアG	6,911,500	3,427,000	5,071,500	2,518,500	17,928,500	
9	壁面収納SS	6,508,440	3,272,400	5,108,580	1,818,000	16,707,420	
10	L字型デスクSS	8,495,600		7,289,600		15,785,200	
11	PCデスクG	5,516,500	3,196,000	3,944,000	2,261,000	14,917,500	
12	L字型デスクG	2,919,300	1,387,500	2,120,100	1,198,800	7,625,700	
13	フロアケースG	2,468,400	1,217,200	1,543,600		5,229,200	
14	総計	64,585,640	28,963,200	49,321,580	19,902,000	162,772,420	
15							

② 集計アイテムを目立たせる

 補足

マウスポインターの形に注意する

「壁面収納SS」のセルの左寄りにマウスポインターを合わせると、 ➡ の形になります。その状態でクリックすると、「壁面収納SS」の行全体を選択できます。または、「壁面収納SS」のセルの中央にマウスポインターを合わせ、 ✛ の形になったところで「壁面収納SS」の行のセル範囲をドラッグしても、「壁面収納SS」の行全体を選択できます。

1 「壁面収納SS」のセルにマウスポインターを合わせ、➡になったらクリックします。

6	PCデスクSS	10,602,900	5,666,100	7,928,800	4,319,700	28,517,500
7	キャビネットSS	7,231,600	3,636,000	5,676,200	2,020,000	18,563,800
8	OAチェアG	6,911,500	3,427,000	5,071,500	2,518,500	17,928,500
9	壁面収納SS	6,508,440	3,272,400	5,108,580	1,818,000	16,707,420
10	L字型デスクSS	8,495,600		7,289,600		15,785,200
11	PCデスクG	5,516,500	3,196,000	3,944,000	2,261,000	14,917,500
12	L字型デスクG	2,919,300	1,387,500	2,120,100	1,198,800	7,625,700
13	フロアケースG	2,468,400	1,217,200	1,543,600		5,229,200
14	総計	64,585,640	28,963,200	49,321,580	19,902,000	162,772,420

 補足

通常のセルと同じように色を設定できる

ピボットテーブルのセルは、通常のセルと同じように塗りつぶしや文字の色を設定できます。ただし、設定した色は、[商品]フィールドを表から削除すると解除されます。

2 「壁面収納SS」の行のセルが選択されます。

6	PCデスクSS	10,602,900	5,666,100	7,928,800	4,319,700	28,517,500
7	キャビネットSS	7,231,600	3,636,000	5,676,200	2,020,000	18,563,800
8	OAチェアG	6,911,500	3,427,000	5,071,500	2,518,500	17,928,500
9	壁面収納SS	6,508,440	3,272,400	5,108,580	1,818,000	16,707,420
10	L字型デスクSS	8,495,600		7,289,600		15,785,200
11	PCデスクG	5,516,500	3,196,000	3,944,000	2,261,000	14,917,500
12	L字型デスクG	2,919,300	1,387,500	2,120,100	1,198,800	7,625,700
13	フロアケースG	2,468,400	1,217,200	1,543,600		5,229,200
14	総計	64,585,640	28,963,200	49,321,580	19,902,000	162,772,420

 補足

集計フィールドを削除するには

ピボットテーブルから[商品]フィールドを削除しても、追加した集計アイテムはそのまま残ります。そのため、次に商品ごとに売上を集計したいときなどに、「壁面収納SS」が表示されてしまうなどの不都合が生じます。不要になった集計アイテムは、削除するようにしましょう。["商品"への集計アイテムの挿入]ダイアログボックスを表示して、[名前]から集計アイテムを選択し、[削除]をクリックすると、削除できます。

3 [ホーム]タブをクリックして、

4 [塗りつぶしの色]の⌄をクリックして、

5 色を選択します。

6 セルが塗りつぶされ、正規の商品と区別しやすくなります。

応用技 集計アイテムの数式はセルごとに変更できる

ここでは、集計アイテムを「=キャビネットSS*0.9」と定義しましたが、この数式はセルごとに変更できます。たとえば、「桜ヶ丘店」の「壁面収納SS」だけ、売上予測が「キャビネットSS」の80%という場合は、「桜ヶ丘店」の「壁面収納SS」のセルを選択し、数式バーで数式を「=キャビネットSS*0.9」から「=キャビネットSS*0.8」に修正します。

1 「川崎店」の「壁面収納SS」のセルを選択すると、

3 数式バーで数式を修正すると、

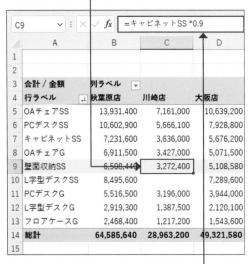

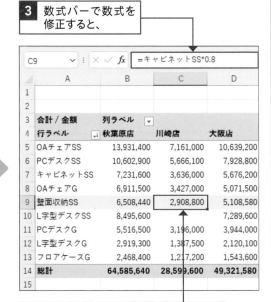

2 数式バーに数式が表示されます。

4 「川崎店」だけ集計結果が変わります。

応用技 集計フィールドや集計アイテムを一覧表示するには

どのフィールドに集計アイテムを追加したのか忘れてしまったときは、[数式の一覧表示]の機能を使用しましょう。[ピボットテーブル分析]タブの[フィールド／アイテム／セット]→[数式の一覧表示]をクリックすると、新しいワークシートに集計フィールドと集計アイテムが一覧表示されます。

新しいワークシートに集計フィールドと集計アイテムが一覧表示されます。

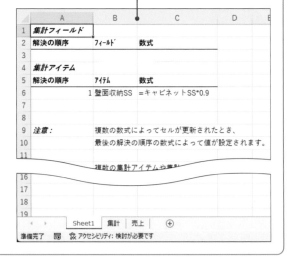

第 **7** 章

ピボットテーブルを
見やすく表示しよう 応用編

スタイルを設定して見た目を整えよう

▶ 見た目を整えるための設定を利用する

プレゼンや報告書などの資料にピボットテーブルの集計表を掲載するときは、見た目にも気を配りたいものです。ピボットテーブルには、見た目を整えるためのさまざまな機能が用意されています。

●スタイルの設定

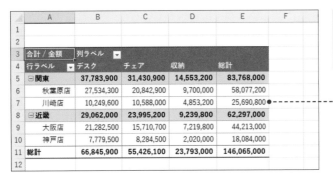

[ピボットテーブルスタイル]の中から選ぶだけで、ピボットテーブルのデザインをかんたんに変更できます。

●階層構造の行見出しのレイアウトを変更

標準では、異なる階層の行見出しが同じ列に表示される「コンパクト形式」が適用されています。

行見出しを2列に分けて表示する「表形式」に変更すると、「行ラベル」「列ラベル」の代わりにフィールド名が表示され、見やすくなります。

●総計や小計の表示／非表示

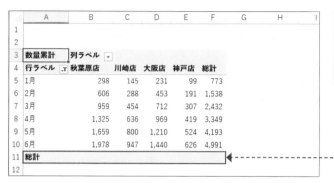

小計や総計は、必要に応じて非表示にできます。たとえば、累計を計算した表では総計行が空白になるので、総計行自体を非表示にしたほうがすっきりします。

●空白のセルに「0」を表示

ピボットテーブルでは値のないセルが空白になりますが、空白のセルに「0」を表示するように設定できます。

●集計値がなくても全アイテムを表示

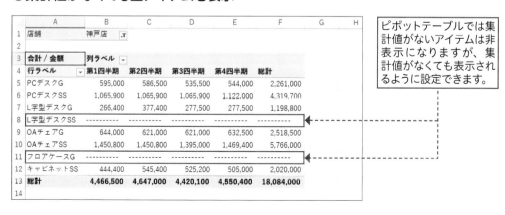

ピボットテーブルでは集計値がないアイテムは非表示になりますが、集計値がなくても表示されるように設定できます。

応用編

集計表に新しいスタイルを設定しよう

ピボットテーブルスタイル

練習▶46_売上集計.xlsx

▶ 瞬時に美しいデザインの集計表に変身させる

ピボットテーブルを使用してプレゼンテーションするときなどに、表の見栄えを整えたいことがあります。[ピボットテーブルスタイル]の機能を使用すると、瞬時に美しい**デザインを設定**できます。一覧から選ぶだけなので、面倒な手間はかかりません。ピボットテーブルのセルに手動で書式を設定すると、設定の仕方によってはフィルターを使用したり、レイアウトを変えたりしたときに書式が崩れてしまうことがあります。[ピボットテーブルスタイル]なら、ピボットテーブル専用の書式機能なので、**レイアウトの変更にも適応**できます。

Before 標準のデザイン

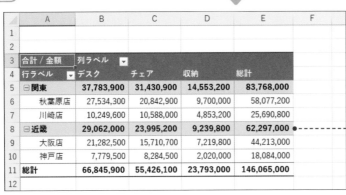

標準のデザインでは、ありきたりな印象になります。

After ピボットテーブルスタイルを設定

[ピボットテーブルスタイル]を使用すると、かんたんに表のデザインを設定できます。

① ピボットテーブルスタイルを適用する

解説

背景色の濃さは3種類

[ピボットテーブルスタイル]のデザインは、[淡色][中間][濃色]の3種類に分かれています。資料として印刷する場合は[淡色]、プレゼンで画面表示する場合は[中間]という具合に、用途に適したものを選びましょう。

ヒント

リアルタイムで プレビューできる

[ピボットテーブルスタイル]の選択肢にマウスポインターを合わせると、表にそのスタイルを適用した状態が表示されます。いろいろ試して好みに合ったものを決めてから、クリックして確定します。

ヒント

自分で自由に色を 設定したいときは

自分で自由に色を付けたい場合は、[ピボットテーブルスタイル]の先頭にある[なし]を選択すると、表が背景色のないスタイルになります。そのあと、202ページを参考に書式を設定します。

[なし]をクリックします。

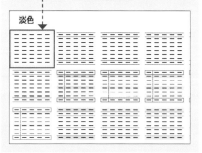

1 ピボットテーブルの任意のセルをクリックして、

2 [デザイン]タブをクリックし、

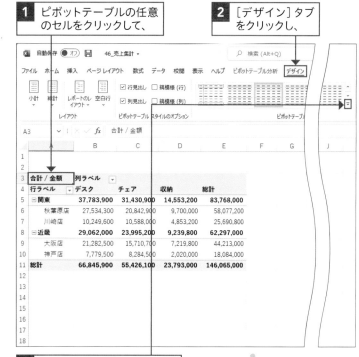

3 [その他]をクリックします。

4 好みのデザイン（ここでは[ピボットテーブル（中間）10]）をクリックすると、

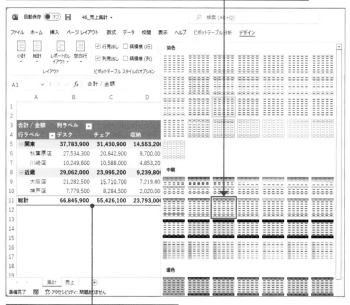

5 表にデザインが適用されます。

② ピボットテーブルスタイルのオプションを適用する

💬 解説

[行見出し]と[列見出し]

手順**2**の[行見出し]と[列見出し]は、行や列の見出しを強調するための設定です。既定ではオンになっており、見出しに塗りつぶしや太字などの書式が設定されます。どのような書式になるかは、適用したピボットテーブルスタイルによって変わります。

1 [デザイン]タブをクリックします。

2 [行見出し]と[列見出し]にはチェックが付いています。

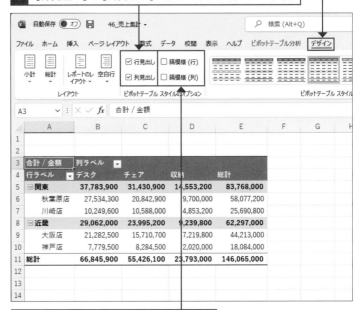

3 [縞模様（行）]と[縞模様（列）]にはチェックが付いていません。

4 [縞模様（行）]にチェックを付けると、

💬 解説

[縞模様（行）]と
[縞模様（列）]

[ピボットテーブルスタイルのオプション]にある[縞模様（行）]は偶数行と奇数行、[縞模様（列）]は偶数列と奇数列の区切りを明確にする設定です。どのような区切りになるかは、適用したピボットテーブルスタイルによって変わります。右図では罫線で区切られましたが、セルの塗りつぶしによって縞模様になる場合もあります。

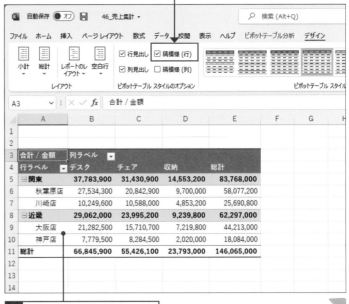

5 行間に罫線が引かれます。

初期設定のスタイルに戻すには

ピボットテーブルの作成直後に適用されているスタイルは、[ピボットスタイル（淡色）16]です。[行見出し]と[列見出し]をオン、[縞模様（行）]と[縞模様（列）]をオフにして、このスタイルを適用し直せば、ピボットテーブルを初期設定のデザインに戻せます。

6 [縞模様（列）] にチェックを付けると、

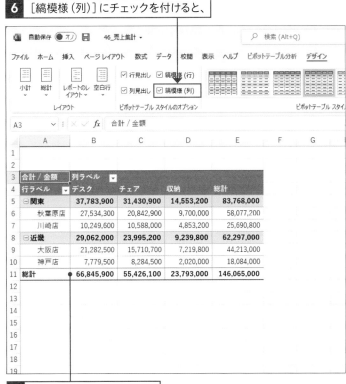

7 列間に罫線が引かれます。

 階層の有無でデザインの印象が変わる

[ピボットテーブルスタイル]の一覧には、行が階層構造になっている場合のデザインの見本が表示されます。一見、縞模様に見えるデザインは、縞模様ではなく上の階層と下の階層の書式です。そのため、集計表に階層がないと見た目が単調になる場合や、列に階層があると見本にはない色が設定される場合があります。

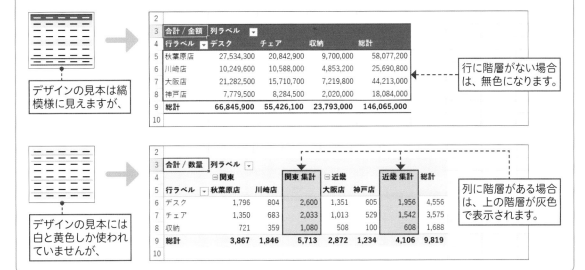

デザインの見本は縞模様に見えますが、

行に階層がない場合は、無色になります。

デザインの見本には白と黄色しか使われていませんが、

列に階層がある場合は、上の階層が灰色で表示されます。

47 集計表の一部の書式を変更しよう

書式の保持と要素の選択

練習▶47_売上集計.xlsx

▶ 個別で設定した書式をできるだけ保つ

ピボットテーブルのセルに対して手動で書式を設定しても、フィルターを使用したり、レイアウトを変えたりしたときに崩れてしまうことがあります。しかし、強化支店や注力商品など、集計表の一部のセルに独自の書式を設定して目立たせたいこともあります。そのようなときのために、**なるべく書式が維持できるように設定を確認**しておきましょう。また、特定の行に付けた書式と、ピボットテーブルの要素に付けた書式の保持のされ方の違いも確認しておきましょう。

	A	B	C	D
3	合計 / 金額	列ラベル		
4	行ラベル	関東	近畿	総計
5	デスク	37,783,900	29,062,000	66,845,900
6	チェア	31,430,900	23,995,200	55,426,100
7	収納	14,553,200	9,239,800	23,793,000
8	総計	83,768,000	62,297,000	146,065,000

特定の行、見出し、総計行に付けた色が、それぞれどのように維持されるのかを確認します。

① 書式を保持するための設定を確認する

💬 解説

**列幅の自動調整と
セル書式の保持**

ピボットテーブルの既定の設定では、レイアウトを変えたときに、列幅がデータに合わせて自動調整され、セルの書式がなるべく保持されるようになっています。ここでは、それらの設定が既定通りの設定になっていることを確認します。

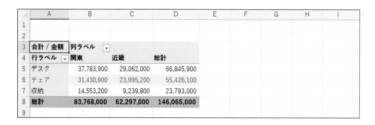

1 ピボットテーブルの任意のセルをクリックして、

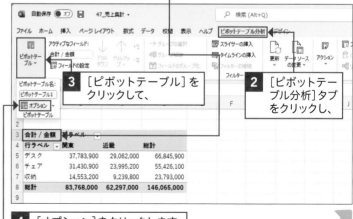

3 [ピボットテーブル] をクリックして、

2 [ピボットテーブル分析] タブをクリックし、

4 [オプション]をクリックします。

5 ［ピボットテーブルオプション］ダイアログボックスが表示されます。

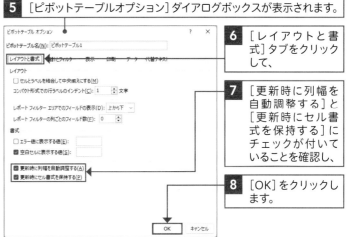

6 ［レイアウトと書式］タブをクリックして、

7 ［更新時に列幅を自動調整する］と［更新時にセル書式を保持する］にチェックが付いていることを確認し、

8 ［OK］をクリックします。

② 特定のアイテムの行に書式を設定して目立たせる

🗨 解説

書式の保持がオフだと書式は解除される

［ピボットテーブルオプション］ダイアログボックスの書式保持の設定がオフの場合、表のレイアウトを変更すると書式が解除されます。

1 目立たせたいアイテムの行を選択して、

2 ［ホーム］タブをクリックし、

3 ［塗りつぶしの色］や［フォントの色］を設定します。

4 ［販路］フィールドを追加して、階層構造にします。

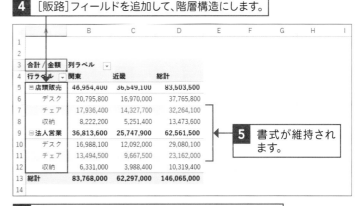

5 書式が維持されます。

💡 ヒント

表からフィールドを削除すると解除される

ピボットテーブルから［分類］フィールドを削除すると、書式の保持の設定がオンの場合でも、書式は解除されます。

6 確認したら、［販路］フィールドを削除しておきます。

③ ピボットテーブルの要素に書式を設定する

解説

全体を選択してから
ラベルを選択する

[選択]のメニューでは、最初は[ピボットテーブル全体]以外の項目が淡色表示になっています。いったん、[ピボットテーブル全体]をクリックして表全体を選択すると、[選択]のメニューから[ラベル]や[値]などを選択できるようになります。

1 ピボットテーブルの任意のセルをクリックして、

2 [ピボットテーブル分析]タブをクリックします。

3 [アクション]をクリックして、

4 [選択]をクリックし、

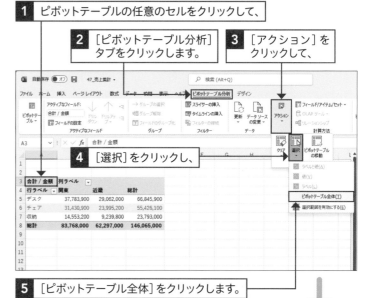

5 [ピボットテーブル全体]をクリックします。

6 表全体が選択されました。

7 [選択]をクリックし、

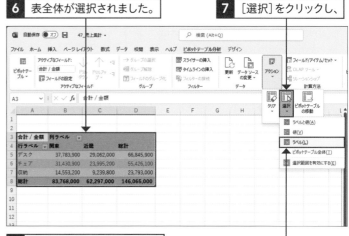

8 [ラベル]をクリックします。

ヒント

[値]をクリックすると
集計値が選択される

[選択]のメニューから[値]をクリックすると、表の集計値のセルが選択されます。「数値だけフォントを変えたい」といったときに便利です。

[選択]のメニューから[値]をクリックすると、数値のセルが選択されます。

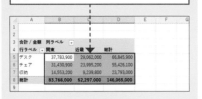

9 表の見出し行と見出し列が選択されました。

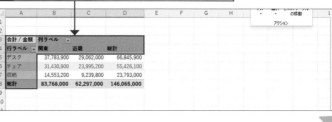

総計行や総計列を効率よく選択するには

総計行のセルの左寄りにマウスポインターを合わせると、➡ の形になります。また、総計列のセルの上よりにマウスポインターを合わせると、⬇ の形になります。その状態でクリックすると、総計行や総計列全体を選択できます。

10 [ホーム]タブをクリックして、

11 [塗りつぶしの色]の ⌄ をクリックして、

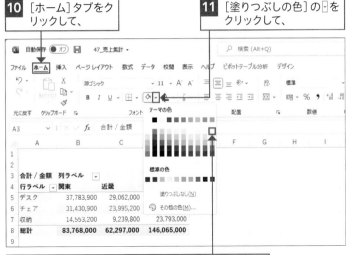

12 色を選択すると、表の見出しに色が設定されます。

13 総計行を選択して、色を設定しておきます。

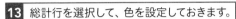

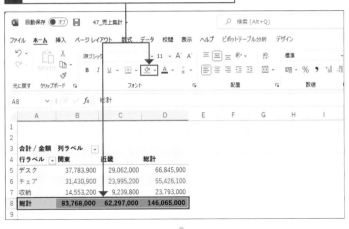

総入れ替えしても書式は保持される

ここで紹介した方法で見出しを選択して色を付けた場合、ピボットテーブル自体をクリアしない限り、フィールドを総入れ替えしても色は保持されます。また、総計行や総計列を選択して色を付けた場合も、保持されます。なお、ピボットテーブルをクリアする方法は、77ページのヒントを参照してください。

14 ピボットテーブルのフィールドをすべて削除して、別のフィールドを追加し直しても、見出しと総計行の書式は保持されます。

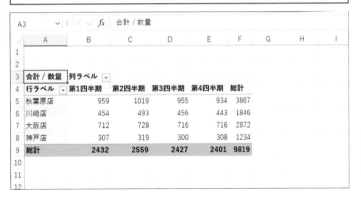

階層構造の集計表の
レイアウトを変更しよう

アウトライン形式と表形式

📁 練習▶48_売上集計.xlsx

▶ 目的に応じてレイアウトを使い分ける

［行］エリアに複数のフィールドを配置して階層構造になった行ラベルフィールドには、**3種類の表示方法**があります。既定のレイアウトは「**コンパクト形式**」で、すべての行見出しがA列に表示され、階層の低い行見出しは字下げで区別されます。階層が深くても表が横に広がらない点はメリットですが、表をほかのシートやテキストファイルなどにコピーすると、階層がわかりづらくなります。そのようなときは、レイアウトを「**アウトライン形式**」や「**表形式**」に変更すると、行見出しが異なる列に表示されるので、階層がはっきりと区別できます。また、フィールド名が明記されるというメリットもあります。

コンパクト形式

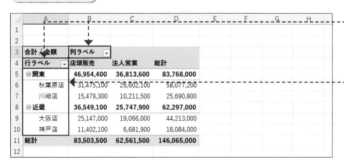

> フィールド名の代わりに「行ラベル」「列ラベル」などと表示されます。

> 地区名も店名もA列にまとめて表示されます。

アウトライン形式

表形式

> 地区名はA列、店舗名はB列に表示されます。

> 「販路」「地区」「店舗」などとフィールド名が明記されます。

① アウトライン形式に変更する

💬 **解説**

コンパクト形式に
戻すには

[デザイン]タブの[レイアウト]グループ
にある[レポートのレイアウト]をクリッ
クして、[コンパクト形式で表示]をクリ
ックすると、レイアウトをコンパクト形
式に戻せます。

💡 **ヒント**

コンパクト形式の字下げの
幅を設定するには

コンパクト形式のときに、階層の低い行
見出しの字下げの幅を設定するには、67
ページのヒントを参考に[ピボットテー
ブルオプション]ダイアログボックスを
表示します。[レイアウトと書式]タブの
[コンパクト形式での行ラベルのインデ
ント]で字下げの文字数を指定します。

> 字下げの文字数を指定します。

1 ピボットテーブルの任意のセルを選択します。

2 [デザイン]タブをクリックして、

3 [レポートのレイアウト]を
クリックし、

4 [アウトライン形式で表示]
をクリックします。

5 アウトライン形式で表示されます。

6 店舗名がB列に移動しました。

7 フィールド名が表示されました。

② 表形式に変更する

💬 **解説**

アウトラインと表形式の違い

アウトライン形式と表形式のどちらも、A列に地区名、B列に店舗名が表示されます。違いは、地区名が表示される行です。アウトライン形式では地区名と店舗名が異なる行に表示されますが、表形式では同じ行に表示されます。

1 ピボットテーブルの任意のセルをクリックします。

2 ［デザイン］タブをクリックして、

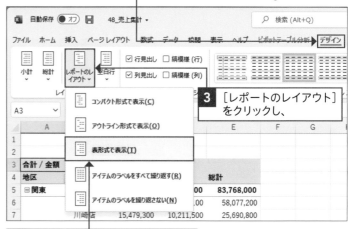

3 ［レポートのレイアウト］をクリックし、

4 ［表形式で表示］をクリックします。

5 表形式で表示されます。

6 各地区の最下行に小計行が表示されます。

💡 **ヒント**

小計行の位置と表示／非表示

コンパクト形式とアウトライン形式の場合、小計行は既定では地区の先頭に表示されますが、末尾に移動することもできます（211ページのヒント参照）。表形式の場合は、小計行は地区の末尾に固定されます。

ヒント 上階層の見出しを繰り返すには

アウトライン形式、または表形式の場合に、上の階層の見出しを繰り返し表示できます。それには[デザイン]タブの[レイアウト]グループにある[レポートのレイアウト]をクリックして、[アイテムのラベルをすべて繰り返す]を選択します。反対に非表示にするには、[アイテムのラベルを繰り返さない]を選択します。

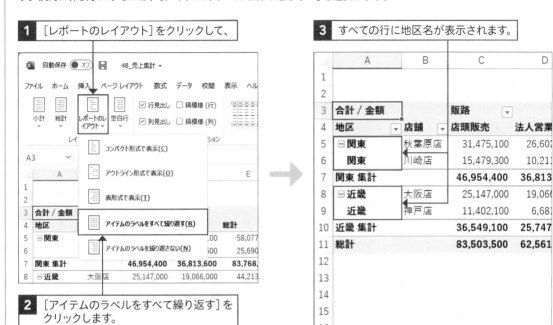

1 [レポートのレイアウト]をクリックして、

2 [アイテムのラベルをすべて繰り返す]をクリックします。

3 すべての行に地区名が表示されます。

ヒント 表形式の上階層の見出しをセル結合するには

ピボットテーブルのセルは、結合できません。ただし、表形式の上の階層のセルの場合、67ページのヒントを参考に[ピボットテーブルオプション]ダイアログボックスを表示し、[レイアウトと書式]タブで[セルとラベルを結合して中央揃えにする]にチェックを付けると、結合できます。アイテム名が中央に表示されるため、見やすくなります。

1 [セルとラベルを結合して中央揃えにする]にチェックを付けると、

2 地区名のセルを結合して中央に表示できます。

Section

49 | 総計の表示／非表示を 切り替えよう

総計の表示／非表示

練習▶49_売上集計.xlsx

▶ 必要に応じて総計の表示と非表示を切り替える

ピボットテーブルでデータの合計を求めるときは、各行各列の末尾で総計を求めるのが一般的です。しかし、比率や累計、順位を求めるときなど、総計が必要ないこともあります。また、集計表をほかのシートにコピーするときは、数式で求められるデータがないほうが都合がよいということもあります。**総計行、総計列はかんたんに表示と非表示を切り替えられる**ので、必要に応じて切り替えましょう。ここでは、累計を求めた表から総計行だけを削除する手順を例に操作を説明します。

Before 総計行を表示

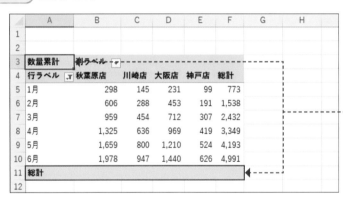

累計を求めた表があります。累計を求めると総計行が空白になります。

After 総計行を非表示

不要な総計行を非表示にできます。

① 総計行を非表示にする

ヒント

[総計]のサブメニュー

[デザイン]タブの[総計]のメニューには、次の4項目があります。選択した項目に応じて、総計行と総計列の表示／非表示が切り替わります。

行と列の集計を行わない

行と列の集計を行う

行のみ集計を行う

列のみ集計を行う

1 ピボットテーブルの任意のセルを選択します。

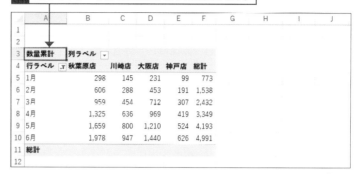

2 [デザイン]タブをクリックして、

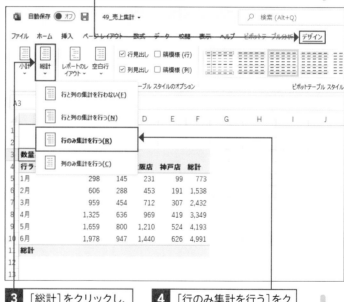

3 [総計]をクリックし、

4 [行のみ集計を行う]をクリックします。

5 総計行が非表示になりました。

6 総計列は残ります。

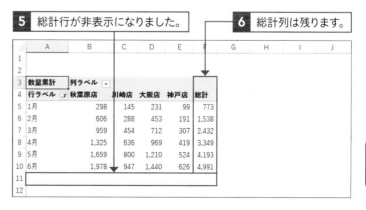

50 小計の表示／非表示を切り替えよう

小計の表示／非表示

📁 練習▶50_売上集計.xlsx

▶ 必要に応じて小計の表示と非表示を切り替える

ピボットテーブルで階層集計を行うと、小計行や小計列が表示されます。「支店を地区ごとに集計して分析したい」というときは、地区ごとの小計の計算は必須です。しかし、単に支店を地区ごとに並べることが目的のときは、小計がないほうがすっきりし、支店の集計値が見やすくなります。また、集計表をほかのシートにコピーするときも、**小計がないほうがデータベースとして使用しやすい**というメリットがあります。小計行、小計列はかんたんに表示と非表示を切り替えられるので、必要に応じて切り替えましょう。

Before 小計を表示

After 小計を非表示

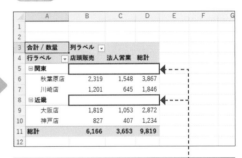

必要に応じて小計の表示と非表示を切り替えることができます。

① 小計を非表示にする

 ヒント

小計を再表示するには

[デザイン]タブの[レイアウト]グループにある[小計]をクリックして、[すべての小計をグループの先頭に表示する]をクリックすると、小計をもとの位置に再表示できます。

1 ピボットテーブルの任意のセルを選択します。

小計行の位置を変えるには

[小計] は、単に小計行の位置を変えたいときにも使用できます。[すべての小計をグループの末尾に表示する] をクリックすると、地区ごとの末尾に小計を表示できます。なお、レイアウトが表形式の場合、小計の位置は必ず末尾になります。

2 [デザイン] タブをクリックして、

3 [小計] をクリックし、

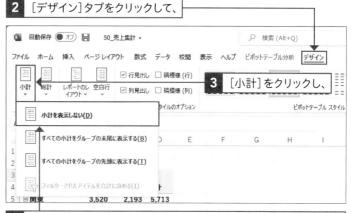

4 [小計を表示しない] をクリックすると、210ページの図のように小計が非表示になります。

✦応用技　特定のフィールドの小計だけを非表示にするには

[小計を表示しない] を設定すると、行と列の両方のすべての階層の小計が非表示になります。特定のフィールドの小計だけ非表示にしたい場合は、そのフィールドを選択して [ピボットテーブル分析] タブの [フィールドの設定] をクリックし、[フィールドの設定] ダイアログボックスを開きます。[小計] 欄で [自動] を選択すると表示、[なし] を選択すると非表示になります。

1 行と列の両方に小計が表示されています。

2 [地区] のセルを選択して、

3 [フィールドの設定] ダイアログボックスを表示し、

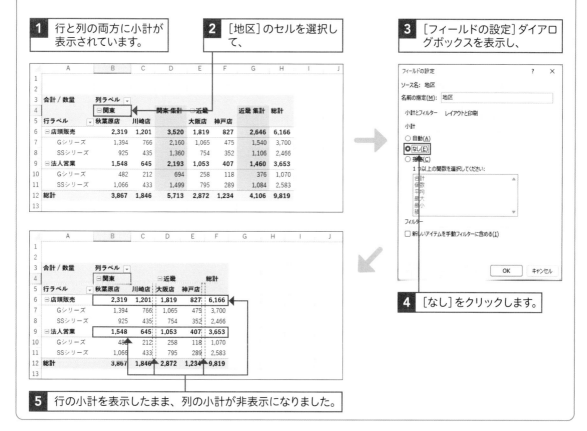

4 [なし] をクリックします。

5 行の小計を表示したまま、列の小計が非表示になりました。

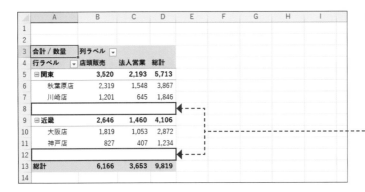

Section 51 グループごとに空白行を入れて見やすくしよう

空白行の挿入

練習▶51_売上集計.xlsx

▶ 空白行を入れて、分類間の区切りを明確にする

「大分類→小分類」のように分類別に集計して分類単位での分析を行いたいときは、分類ごとの区切りが不明確だと表が読み取りづらくなります。そんなときは、**分類の末尾に空白行**を入れましょう。分類間の区切りが明確になり、表が断然見やすくなります。ここでは、支店を地区ごとに分けて集計している表で、地区の末尾に空白行を入れます。

	A	B	C	D	E	F	G	H	I
1									
2									
3	合計 / 数量	列ラベル							
4	行ラベル	店頭販売	法人営業	総計					
5	⊟関東	3,520	2,193	5,713					
6	秋葉原店	2,319	1,548	3,867					
7	川崎店	1,201	645	1,846					
8									
9	⊟近畿	2,646	1,460	4,106					
10	大阪店	1,819	1,053	2,872					
11	神戸店	827	407	1,234					
12									
13	総計	6,166	3,653	9,819					
14									

地区の末尾に空白行を入れると、地区の区切りがわかりやすくなります。

① 地区の末尾に空白行を挿入する

ヒント

どのレイアウトでも空白行を入れられる

ここではコンパクト形式の表に空白行を入れますが、アウトライン形式や表形式の場合も、同様の手順で空白行を入れられます。

1 ［地区］と［支店］が階層構造になっています。

	A	B	C	D	E	F	G	H	I
1									
2									
3	合計 / 数量	列ラベル							
4	行ラベル	店頭販売	法人営業	総計					
5	⊟関東	3,520	2,193	5,713					
6	秋葉原店	2,319	1,548	3,867					
7	川崎店	1,201	645	1,846					
8	⊟近畿	2,646	1,460	4,106					
9	大阪店	1,819	1,053	2,872					
10	神戸店	827	407	1,234					
11	総計	6,166	3,653	9,819					
12									

2 ピボットテーブルの任意のセルを選択します。

ヒント

空白行を削除するには

[デザイン]タブの[レイアウト]グループにある[空白行]をクリックして、[アイテムの後ろの空行を削除する]をクリックすると、空白行を削除できます。

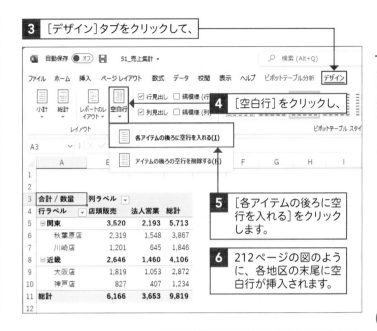

3 [デザイン]タブをクリックして、

4 [空白行]をクリックし、

5 [各アイテムの後ろに空行を入れる]をクリックします。

6 212ページの図のように、各地区の末尾に空白行が挿入されます。

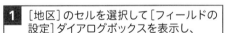

応用技 特定の階層だけ末尾に空白行を入れるには

行ラベルフィールドに3つ以上のフィールドが配置されている表で、特定の階層の末尾に空白行を入れるには、空白行を入れる階層のセルを選択して、[ピボットテーブル分析]タブの[フィールドの設定]をクリックします。[フィールドの設定]ダイアログボックスが開いたら、[レイアウトと印刷]タブで[アイテムのラベルの後ろに空行を入れる]を設定します。下図では3つのフィールドが配置されている表で、[地区]ごとに空白行を入れています。

1 [地区]のセルを選択して[フィールドの設定]ダイアログボックスを表示し、

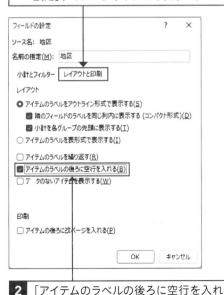

2 [アイテムのラベルの後ろに空行を入れる]をクリックしてチェックを付けます。

3 [地区]ごとに空白行が入りました。

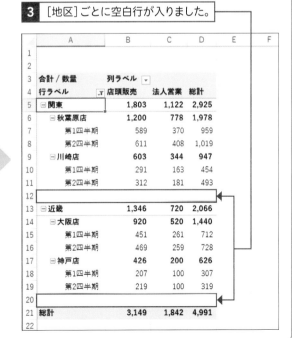

Section

52

空白のセルに「0」を表示させよう

空白セルに表示する値

練習▶52_売上集計.xlsx

▶ 空白のセルに「0」を表示して、売上がないことを明確にする

下図のピボットテーブルは、各商品の売上高を店舗別に集計したものです。店舗によっては取り扱っていない商品があり、一部のセルが空白になっています。資料として印刷したいときなどは、空白が混ざった状態では印象がよくありません。また、取り扱いがないことを明確にするために、「0」や「（取り扱いなし）」など、何らかのデータを表示したいということもあるでしょう。そこで、ここでは空白のセルを「0」で埋めて、見栄えを整えます。ピボットテーブル自体に対する設定なので、レイアウトを変更した場合でも、集計結果に空白があれば、自動的に「0」が表示されます。

Before 空白のセルがある表

取り扱いのない商品のセルが空欄になっています。

After 空白のセルに「0」を自動表示

空欄を「0」で埋めると見栄えが整います。

① 空白のセルを「0」で埋める

1 ピボットテーブルの任意のセルを選択します。

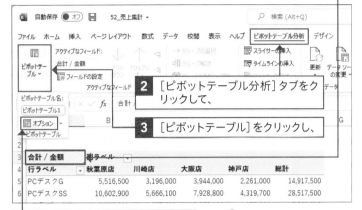

2 [ピボットテーブル分析] タブをクリックして、

3 [ピボットテーブル] をクリックし、

合計 / 金額	列ラベル				
行ラベル	秋葉原店	川崎店	大阪店	神戸店	総計
PCデスクG	5,516,500	3,196,000	3,944,000	2,261,000	14,917,500
PCデスクSS	10,602,900	5,666,100	7,928,800	4,319,700	28,517,500

4 [オプション] をクリックします。

ヒント

エラー値に表示する値も指定できる

集計元のデータによっては、集計フィールドなどの集計値に「#DIV/0!」「#VALUE!」といったエラー値が表示されることがあります。[ピボットテーブルオプション]ダイアログボックスで[エラー値に表示する値]にチェックを付けると、エラー値の代わりに表示する値を指定できます。

1 エラー値の代わりに、

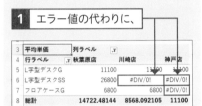

平均単価	列ラベル		
行ラベル	秋葉原店	川崎店	神戸店
L字型デスクG	11100	11100	11100
L字型デスクSS	26800	#DIV/0!	#DIV/0!
フロアケースG	6800	6800	#DIV/0!
総計	14722.48144	8568.092105	11100

2 表示する値を指定して、

3 エラー値を非表示にできます。

平均単価	列ラベル		
行ラベル	秋葉原店	川崎店	神戸店
L字型デスクG	11100	11100	11100
L字型デスクSS	26800	(なし)	(なし)
フロアケースG	6800	6800	(なし)
総計	14722.48144	8568.092105	11100

5 [レイアウトと書式] タブをクリックします。

6 [空白セルに表示する値] にチェックが付いていることを確認して、

7 「0」と入力し、

8 [OK] をクリックします。

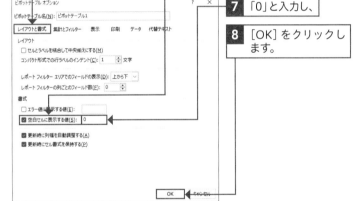

9 空白のセルに「0」が表示されます。

	A	B	C	D	E	F	G
1							
2							
3	合計 / 金額	列ラベル					
4	行ラベル	秋葉原店	川崎店	大阪店	神戸店	総計	
5	PCデスクG	5,516,500	3,196,000	3,944,000	2,261,000	14,917,500	
6	PCデスクSS	10,602,900	5,666,100	7,928,800	4,319,700	28,517,500	
7	L字型デスクG	2,919,300	1,387,500	2,120,100	1,198,800	7,625,700	
8	L字型デスクSS	8,495,600	0	7,289,600	0	15,785,200	
9	OAチェアG	6,911,500	3,427,000	5,071,500	2,518,500	17,928,500	
10	OAチェアSS	13,931,400	7,161,000	10,639,200	5,766,000	37,497,600	
11	フロアケースG	2,468,400	1,217,200	1,543,600	0	5,229,200	
12	キャビネットSS	7,231,600	3,636,000	5,676,200	2,020,000	18,563,800	
13	総計	58,077,200	25,690,800	44,213,000	18,084,000	146,065,000	
14							

Section 53 実績のない商品も表示しよう

データのないアイテムの設定

練習▶53_売上集計.xlsx

▶ すべての商品を表示して売上実績がないことを明確にする

下図のピボットテーブルは、「神戸店」の商品別四半期別売上表です。各店舗で扱っている商品の総数は8種類ですが、「神戸店」では「L字型デスクSS」と「フロアケースG」を扱っていないため、商品が6種類しか表示されません。ピボットテーブルでは、集計対象のアイテムが存在しない場合、そのアイテムが表示されないからです。しかし、「神戸店」ではこの2商品を扱っていないことを明確にするために、全商品を一覧表示したいということもあるでしょう。そこでここでは、集計対象のアイテムがない場合でも、すべてのアイテムを表示するように設定を変える方法を紹介します。

Before 神戸店の売上集計表

取り扱いのない「L字型デスクSS」と「フロアケースG」が表示されません。

After 取り扱いのない商品も表示

「L字型デスクSS」と「フロアケースG」を表示すると、取り扱いのない商品が明確になります。

① データのないアイテムを表示する

⏱ 時短

ショートカットメニューからすばやく表示するには

[商品]フィールドを右クリックして、表示されるメニューから[フィールドの設定]をクリックすると、[フィールドの設定]ダイアログボックスをすばやく表示できます。

1 右クリックして、

2 [フィールドの設定]をクリックします。

1 [商品]フィールドの任意のセルを選択します。

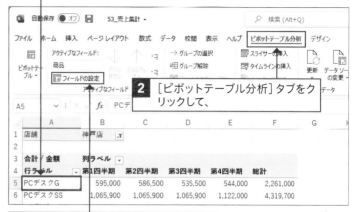

2 [ピボットテーブル分析]タブをクリックして、

3 [フィールドの設定]をクリックします。

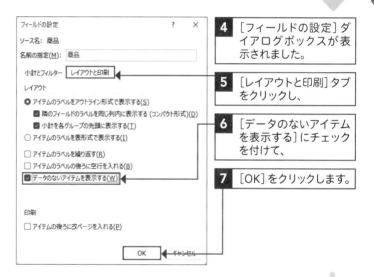

4 [フィールドの設定]ダイアログボックスが表示されました。

5 [レイアウトと印刷]タブをクリックし、

6 [データのないアイテムを表示する]にチェックを付けて、

7 [OK]をクリックします。

8 「L字型デスクSS」と「フロアケースG」が表示されました。

② データのないアイテムに「-----」を表示する

補足

事前に選択するセル

前ページで紹介した［フィールドの設定］ダイアログボックスを表示するには、あらかじめ設定対象のフィールドのセルを選択しておく必要があります。いっぽう、［ピボットテーブルオプション］ダイアログボックスを表示するときに事前に選択するセルは、ピボットテーブル内であれば、どのセルでもかまいません。

ヒント

別の店舗でも全商品が表示される

前ページで紹介した［データのないアイテムを表示する］設定は、1回でOKです。設定後、レポートフィルターフィールドで別の店舗を選択した場合でも、全商品が表示されます。

1 ［川崎店］を選択します。

2 川崎店で取り扱っていない「L字型デスクSS」が表示されます。

1 ピボットテーブルの任意のセルを選択します。

2 ［ピボットテーブル分析］タブをクリックして、

3 ［ピボットテーブル］をクリックし、

4 ［オプション］をクリックします。

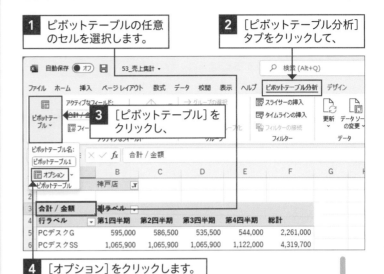

5 ［レイアウトと書式］タブをクリックします。

6 ［空白セルに表示する値］にチェックが付いていることを確認して、

7 「----------」と入力し、

8 ［OK］をクリックします。

9 「L字型デスクSS」と「フロアケースG」の行に「----------」が表示されました。

第 **8** 章

ピボットグラフでデータを
視覚化しよう 応用編

ピボットグラフを使いこなそう

▶ ピボットテーブルと連携しながら視覚的にデータ分析できる

ピボットテーブルからグラフを作成すると、**ピボットグラフ**が作成されます。ピボットテーブルでフィールドの配置を変更すると、その変更が即座にピボットグラフに反映されます。また、ピボットテーブルでフィルターを使用してデータを絞り込むと、グラフの表示項目も絞り込まれます。常に現在の集計結果がグラフ化されるため、**表とグラフを同時に見ながら視覚的なデータ分析**が行えます。

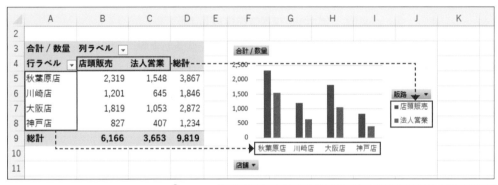

支店別分類別の集計表からピボットグラフを作成します。

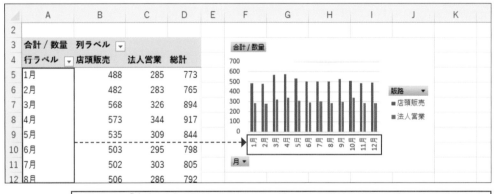

集計項目を「支店」から「月」に変更すると、グラフも自動的に月別のグラフに変化します。

ピボットグラフを選択すると、リボンにグラフを編集するためのタブが表示されます。フィールドリストには［フィルター］［凡例（系列）］［軸（分類項目）］［値］の4つのエリアが表示され、ピボットグラフ上でフィールドの入れ替えを行えます。ピボットグラフで行った入れ替えは、ピボットテーブルにも反映されます。ピボットグラフを重点的に使用してデータ分析するときは、グラフを直接操作できるので便利です。

ピボットテーブル編集用のタブ　　ピボットグラフのフィールドリスト

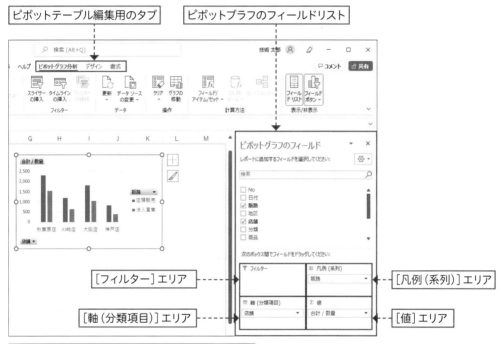

［フィルター］エリア

［凡例（系列）］エリア

［軸（分類項目）］エリア

［値］エリア

ピボットグラフでフィールドの入れ替えを行えます。

✐ 補足　グラフを複数作成する場合の制約

ピボットテーブルから複数のグラフを作成する場合、各グラフは同じフィールド構成になります。一方を「店舗別グラフ」、もう一方を「月別グラフ」というように、異なるフィールド構成のグラフを同時に表示することはできません。

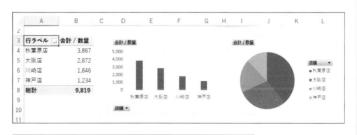

フィールド構成が同じグラフしか作成できません。

8 ピボットグラフでデータを視覚化しよう

応用編

221

ピボットグラフのグラフ要素

下図は、縦棒グラフ上のグラフ要素を示したものです。ほかの種類のグラフの場合も、グラフ要素はこれに準じます。グラフとピボットテーブル、フィールドリストの各エリアとの関係も、確認しておきましょう。

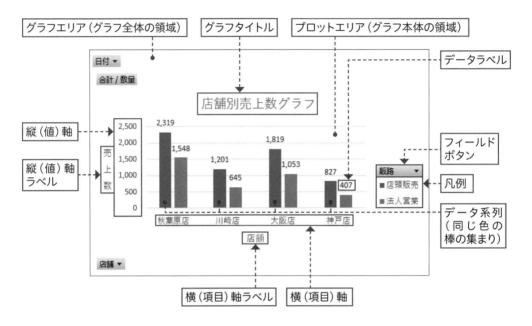

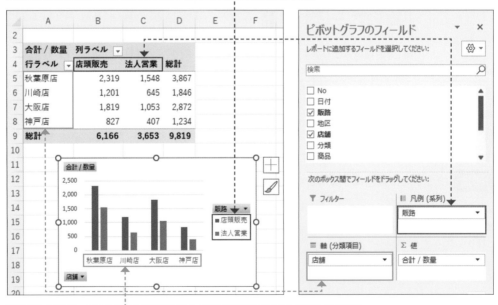

8

ピボットグラフでデータを視覚化しよう

ヒント　目的に合わせてグラフの種類を選ぼう

ピボットグラフを作成するときは、データ分析の目的に応じてグラフの種類を選びましょう。売上高を比較するには棒グラフ、時系列の推移を表すには折れ線グラフ、構成比を示すには円グラフというように、調べたい内容をわかりやすく表現できるグラフを使用します。

集合縦棒

棒の高さで数値の大小を
比較します。

集合横棒

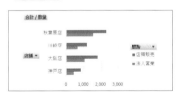

棒の長さで数値の大小を
比較します。

積み上げ縦棒

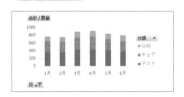

各項目の合計量とその内訳を
比較します。

100%積み上げ横棒

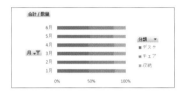

各項目の全体を100%として
内訳を比較します。

折れ線

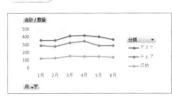

時系列に並べた数値の推移を
表します。

3-D面

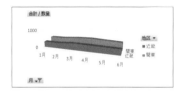

時系列に並べた数値の推移を
表します。

積み上げ面

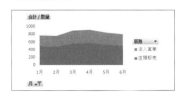

各項目の合計量と内訳の推移を
表します。

円

扇形の面積で内訳の比率を
表します。

レーダー

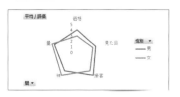

多角形でバランスを表します。

ヒストグラム（集合縦棒）

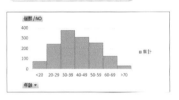

一定区間に含まれるデータの
分布を表します。

組み合わせ

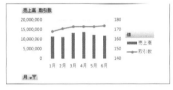

縦棒と折れ線など、異なる種類
を組み合わせたグラフです。

Section 54

ピボットグラフを
作成しよう

グラフの作成

練習▶54_売上集計.xlsx

▶ 集計結果をグラフに表わそう

ピボットテーブルの**集計結果をピボットグラフに表す**と、データを視覚化できます。表に並んだ数値だけでは読み取りにくいデータの傾向が一目瞭然になるので、効率よくデータ分析を進められます。ここでは、店舗別商品分類別の集計表から「集合縦棒」グラフを作成し、見やすい位置に配置します。行ラベルフィールドの「店舗」はグラフの横（項目）軸に、列ラベルフィールドの「分類」はグラフの凡例に表示されます。ピボットテーブルのセルを選択して、グラフの種類を選ぶだけでかんたんに作成できるので、気軽にグラフを利用しましょう。

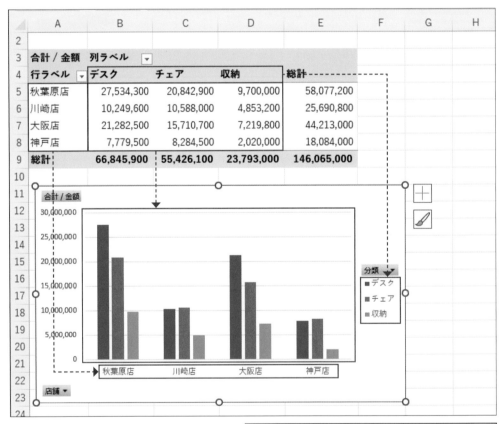

ピボットテーブルからピボットグラフを作成します。

① ピボットグラフを作成する

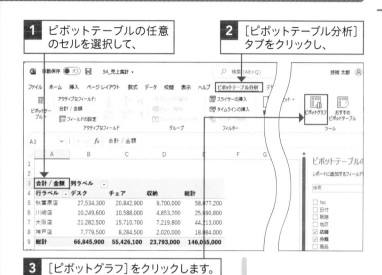

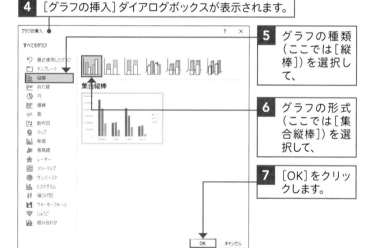

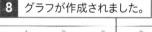

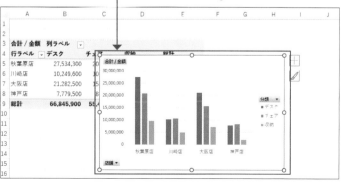

解説

ピボットグラフの作成

ピボットテーブル内のセルを1つ選択して、グラフの種類を指定すれば、総計や小計を除いたピボットテーブルのセル範囲からグラフが作成されます。

補足

ピボットグラフの種類

Excelにはさまざまなグラフが用意されていますが、ピボットグラフで作成できるのは縦棒、横棒、折れ線、円などオーソドックスなグラフです。散布図、バブルチャート、株価チャートなどは作成できません。ピボットテーブルで作成できないグラフを作成したいときは、284ページを参考に集計結果をセルに貼り付け、それをもとに通常のグラフを作成しましょう。

ヒント

ピボットグラフを選択するには

セルをクリックすると、グラフの選択が解除されます。再度グラフを選択するには、グラフの何もない部分にマウスポインターを合わせ、ポップヒントに「グラフエリア」と表示されたことを確認してクリックします。

1 ピボットテーブルの任意のセルを選択して、

2 [ピボットテーブル分析]タブをクリックし、

3 [ピボットグラフ]をクリックします。

4 [グラフの挿入]ダイアログボックスが表示されます。

5 グラフの種類（ここでは[縦棒]）を選択して、

6 グラフの形式（ここでは[集合縦棒]）を選択して、

7 [OK]をクリックします。

8 グラフが作成されました。

② グラフの位置を変更する

💬 解説

ピボットグラフの移動

グラフを移動するには、グラフエリアをドラッグします。誤ってプロットエリアをドラッグすると、グラフ内でプロットエリアが移動してしまいます。ポップヒントに「グラフエリア」と表示されるのを確認してから移動しましょう。

1 グラフエリアにマウスポインターを合わせて、

2 移動先までドラッグします。

3 グラフが移動しました。

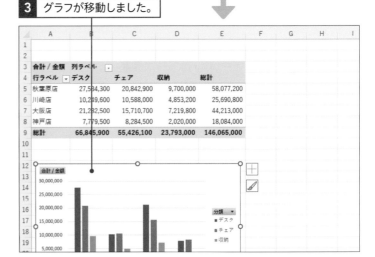

💡 ヒント

セルの枠線に合わせて配置するには

グラフの移動やサイズ変更をするときに、Alt を押しながらドラッグすると、グラフをセルの枠線に合わせて配置できます。

③ グラフのサイズを変更する

🔍 重要用語

サイズ変更ハンドル

グラフを選択したときにグラフの八方に表示される小さい図形を「サイズ変更ハンドル」と呼びます。サイズ変更ハンドルをドラッグすると、グラフのサイズを変更できます。

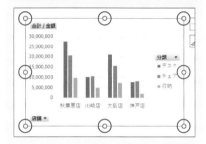

💬 解説

ピボットグラフのサイズ変更

グラフの4つの角にあるサイズ変更ハンドルをドラッグすると、グラフの高さと幅を一緒に変更できます。その際、Shift を押しながらドラッグすると、グラフの縦横比を保ったままサイズ変更できます。また、Alt を押しながらドラッグすると、ワークシートの枠線に合わせてサイズ変更できます。

💡 ヒント

ピボットグラフを削除するには

ピボットグラフを選択して、Delete を押すと、ピボットグラフを削除できます。ピボットグラフを削除しても、ピボットテーブルは残ります。

1 サイズ変更ハンドルにマウスポインターを合わせて、

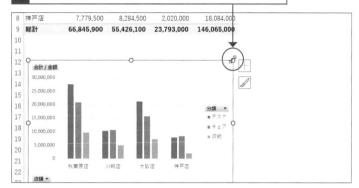

2 ドラッグすると、

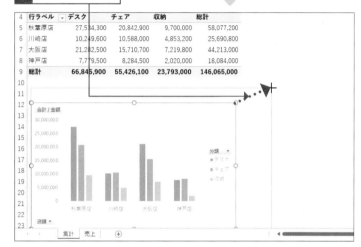

3 グラフのサイズが変更されます。

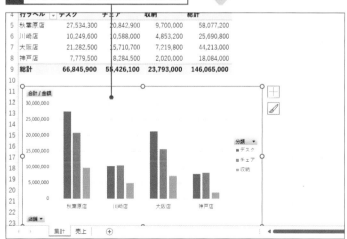

ピボットグラフの種類を変更しよう

グラフの種類の変更

練習▶55_売上集計.xlsx

▶ グラフの種類によって伝わる内容が変わる

同じデータから作成したグラフでも、**グラフの種類によって、伝わる内容が変わります。**下図の集合縦棒グラフは、店舗別商品分類別に売上を表したものです。「秋葉原店のデスクの売上がもっとも高い」「神戸店の収納の売上がもっとも低い」というように、個々の棒の高さを比較して売上を分析できます。しかし、店舗全体の売上を比較するのは困難です。そんなときは、積み上げ縦棒グラフに変更してみましょう。各商品分類の棒が重なって店舗ごとに1本の棒で表されるので、全体の売上の比較が容易になります。**知りたい内容に合わせて最適なグラフを表示する**ことで、データをより有効活用できます。

Before 集合縦棒グラフ

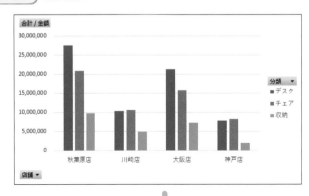

店舗ごと商品分類ごとの売上をそれぞれ比較できます。

After 積み上げ縦棒グラフ

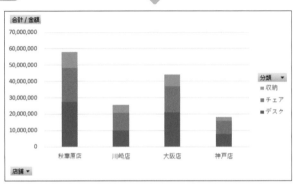

店舗ごとに商品分類の内訳とその合計を比較できます。

① グラフの種類を変更する

ヒント

[デザイン] タブが 見当たらないときは

グラフの編集を行うための[デザイン]などのタブは、ピボットグラフを選択したときにだけ表示されます。編集を行うときは、必ず事前にピボットグラフを選択しましょう。

1 画面をスクロールしてグラフ全体を表示し、グラフを選択しておきます。

2 [デザイン]タブをクリックして、

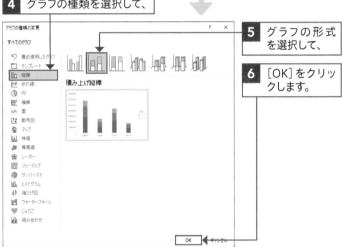

3 [グラフの種類の変更]をクリックします。

4 グラフの種類を選択して、

5 グラフの形式を選択して、

6 [OK]をクリックします。

7 グラフの種類が変更されます。

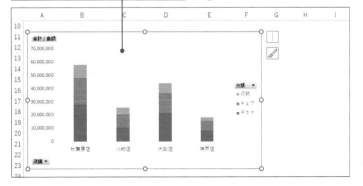

ヒント

集計項目の変更時にも グラフの種類を見直そう

ピボットテーブルの集計項目を変えたときにも、グラフの種類を見直しましょう。たとえば、「店舗別の売上集計表」を「月別の売上集計表」に変えたときは、縦棒グラフから折れ線グラフに変更すると、月ごとの売上の推移がわかりやすくなります。

56 ピボットグラフの デザインを変更しよう

グラフスタイル

練習▶56_売上集計.xlsx

▶ 使用目的に合わせたデザインを選ぼう

ピボットグラフには、**グラフ全体のデザインを設定**するための「**グラフスタイル**」という機能が用意されています。プレゼンテーションで使用する場合は華やかなデザイン、報告書の添付資料として印刷するときは落ち着いたデザイン、というように、使用目的に合わせてデザインを変更するとよいでしょう。また、**特に注目したいデータだけ色を変更する**のも、データ分析には効果的です。

Before　作成直後のグラフ

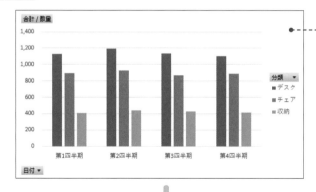

作成直後のグラフには、既定のデザインと色が適用されています。

After　グラフスタイルを適用

[デスク]に注目して分析したいときは、[デスク]の棒を目立つ色に変えると効果的です。

グラフスタイルを利用すると、グラフ全体のデザインを変更できます。

① グラフ全体のデザインを変更する

💬 解説

グラフスタイルの適用

グラフスタイルは、グラフ専用の書式設定機能です。グラフスタイルを使用すると、一覧から選択するだけでグラフ全体のデザインが変化し、見た目の印象が変わります。一覧に表示されるデザインは、グラフの種類に応じて変わります。棒グラフ用、折れ線グラフ用、円グラフ用と、さまざまなデザインが用意されています。

⏰ 時短

グラフの右上のボタンも使える

グラフスタイルは、グラフを選択したときに右上に表示される［グラフスタイル］✏️ を使用してもすばやく変更できます。

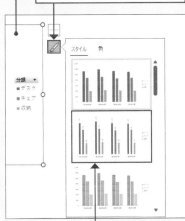

1 グラフを選択して、

2 ［グラフスタイル］をクリックして、

3 デザインを選択します。

1 グラフを選択して、

2 ［デザイン］タブをクリックし、

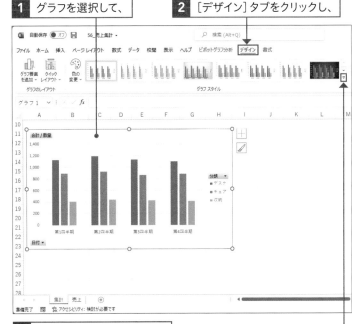

3 ［その他］をクリックします。

4 グラフのスタイルが一覧表示されるので、

5 デザイン（ここでは［スタイル2］）を選択すると、

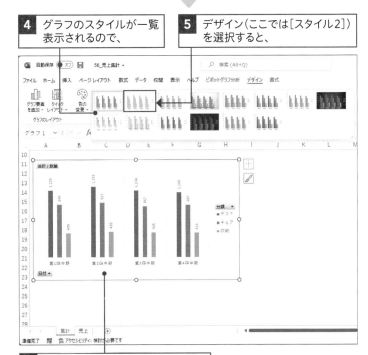

6 グラフのデザインが変更されます。

② データ系列の色をまとめて変更する

解説

[色の変更]でデータ系列の色を変更する

[色の変更]は、棒グラフの棒や折れ線グラフの折れ線など、データ系列の色を変更する機能です。初期設定では1番上の[カラフルなパレット1]が選択されており、1系列目に青、2系列目にオレンジ、3系列目にグレーが設定されています。一覧から色を選ぶと、全系列の色がガラリと変わります。

1 引き続きグラフを選択しておきます。

2 [色の変更]をクリックして、

3 色(ここでは[モノクロパレット3])をクリックします。

4 棒の色が変更されました。

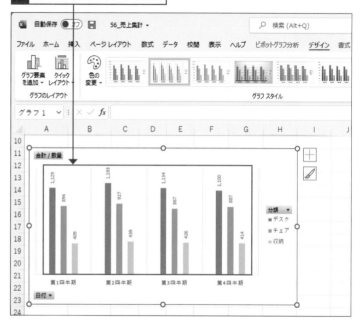

ヒント

プレビューを確認できる

[グラフスタイル]や[色の変更]の選択肢にマウスポインターを合わせると、一時的にグラフにその選択肢のスタイルや色が適用されます。いろいろな選択肢をプレビューできるので便利です。気に入ったものが見つかったら、クリックして本設定します。

③ データ系列の色を変更する

💬 解説

棒の選択

縦棒グラフの棒をクリックすると、同じデータ系列のすべての棒が選択されます。もう1度クリックすると、クリックした棒が1本だけ選択されます。色を設定するときに、データ系列全体に設定したいのか、1本だけに設定したいのかによって、選択方法を使い分けます。

1 棒をクリックすると、

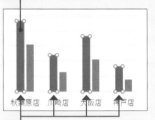

2 同じ色の棒がすべて選択されます。

3 もう1度クリックすると、棒が1本だけ選択されます。

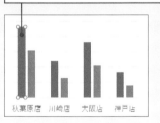

💡 ヒント

個別の書式はあとで設定する

[グラフスタイル]や[色の変更]を設定すると、その前に設定していた文字のサイズや色などが解除される場合があります。グラフ要素に個別に書式を設定したいときは、[グラフスタイル]や[色の変更]を適用したあとで設定するようにしましょう。

---

1 [デスク]系列の任意の棒をクリックすると、

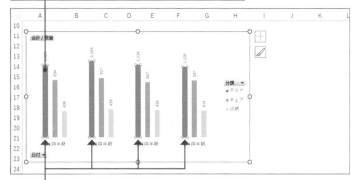

2 [デスク]系列のすべての棒が選択されます。

3 [書式]タブをクリックして、

4 [図形の塗りつぶし]の右側をクリックし、

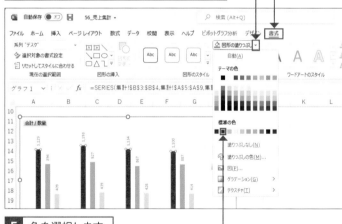

5 色を選択します。

6 [デスク]系列のすべての棒の色が変わります。

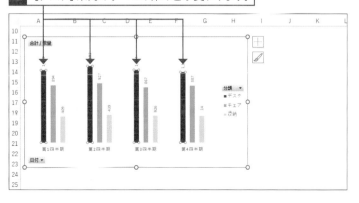

Section

57 ピボットグラフの
グラフ要素を編集しよう

グラフ要素の編集

練習▶57_売上集計.xlsx

▶ 目的に合わせてグラフ要素を編集しよう

作成直後のピボットグラフには最低限のグラフ要素しか表示されないため、わかりやすいグラフとはいえません。グラフを印刷して会議の資料にする場合などは、必要な**グラフ要素を追加**しましょう。ここでは、棒グラフにタイトルと軸の数値の説明を表示して、売上高のグラフであることを示します。なお、データ分析を進める過程でグラフ上のフィールドを入れ替えることがあります。**フィールドが入れ替わると、タイトルや軸ラベルがグラフの内容と一致しなくなることがあります。**グラフ要素を編集するときは、そのことをふまえて設定しましょう。

Before 作成直後のグラフ

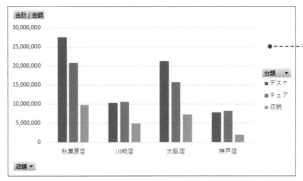

わかりやすいグラフとはいえません。

After グラフタイトルと軸ラベルを追加

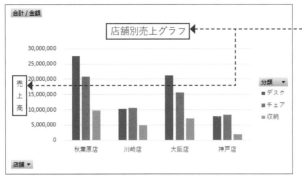

グラフタイトルと軸ラベルを表示すると、グラフの意味が伝わります。

① グラフタイトルを表示する

💬 解説

グラフ要素の追加

手順3のメニューには、グラフに追加できるグラフ要素が一覧表示されます。そこから選ぶだけで、グラフにグラフ要素を追加できます。

1 ピボットグラフを選択します。

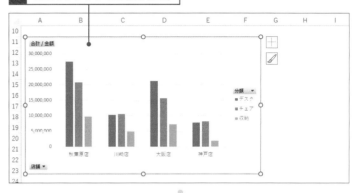

2 [デザイン]タブをクリックします。

3 [グラフ要素を追加]をクリックして、

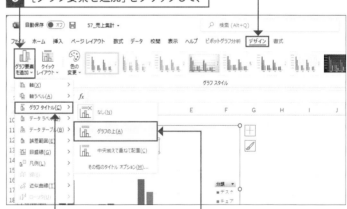

⏰ 時短

[グラフ要素]も利用できる

グラフを選択したときに右上に表示される[グラフ要素] ⊞ を使用すると、グラフ要素を素早く追加できます。

1 グラフを選択して、

2 [グラフ要素]をクリックして、

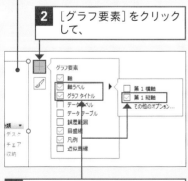

3 追加するグラフ要素にチェックを付けます。

4 [グラフタイトル]にマウスポインターを合わせ、

5 [グラフの上]をクリックします。

6 グラフタイトルが表示されました。

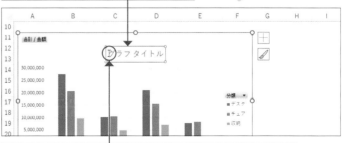

7 グラフタイトルにマウスポインターを合わせ、Ⅰの形になったらクリックします。

ヒント

フィールドの入れ替え時に注意

ピボットテーブルやピボットグラフでフィールドを入れ替えると、グラフタイトルや軸ラベルがグラフの内容と一致しなくなることがあります。注意しましょう。

---

8 カーソルが表示されるので、「グラフタイトル」の文字を削除して、

9 タイトルの文字列（ここでは「店舗別売上グラフ」）を入力します。

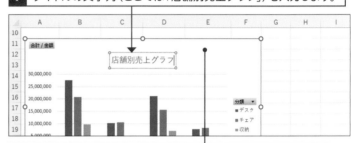

10 グラフエリアをクリックすると、グラフタイトルが確定します。

② 軸ラベルを表示する

1 ピボットグラフを選択します。

2 ［デザイン］タブをクリックします。

3 ［グラフ要素を追加］をクリックして、

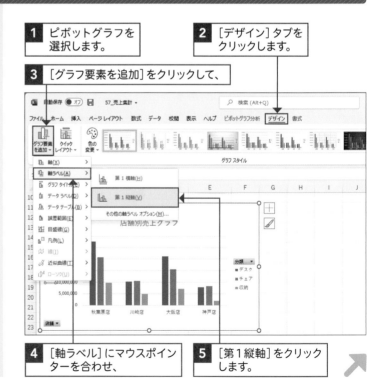

4 ［軸ラベル］にマウスポインターを合わせ、

5 ［第1縦軸］をクリックします。

6 縦（値）軸ラベルが90度回転した向きで表示されました。

7 [ホーム] タブをクリックし、

8 [方向]をクリックして、

9 [縦書き]をクリックします。

10 文字が縦書きになります。

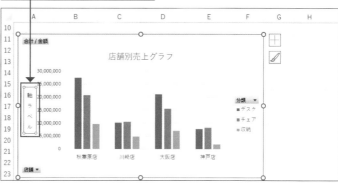

11 クリックしてラベルの文字列（ここでは「売上高」）を入力します。

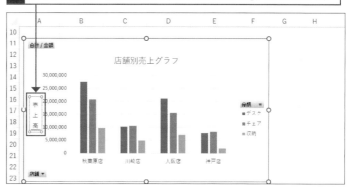

8

ピボットグラフでデータを視覚化しよう

応用編

ピボットグラフのフィールドを入れ替えよう

フィールドの移動と削除

練習▶58_売上集計.xlsx

▶ さまざまな角度からデータをグラフ化して分析できる

フィールドを入れ替えて、集計の視点を変化させながらデータを分析するダイス分析を74ページで紹介しましたが、**ピボットグラフを使用してダイス分析を行うこともできます**。グラフでは数値が視覚化されるため、集計の視点を変えたときに、数値の大きさの違いや変化を直感的に把握できるので効果的です。

ピボットテーブルとピボットグラフは互いに連動しているので、フィールドの入れ替えは、ピボットテーブルとピボットグラフのどちらで行ってもかまいません。一方で行った操作が、もう一方に即座に反映されます。ここでは、グラフでフィールドを入れ替える方法を紹介します。

Before 店舗別商品分類別売上グラフ

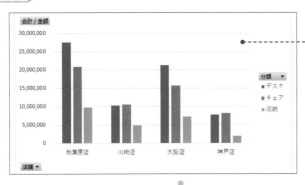

軸 (分類項目) フィールドに店舗、凡例 (系列) フィールドに商品分類を配置しています。

After 月別店舗別売上グラフ

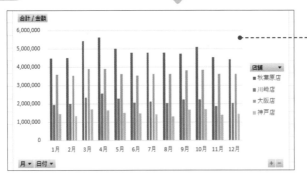

軸 (分類項目) フィールドに月、凡例 (系列) フィールドに店舗を配置すると、視点が変わります。

① フィールドを削除する

🗨 解説

フィールド構成は集計表と連動する

フィールド構成の変更は、ピボットグラフとピボットテーブルで連動します。一方でフィールドを削除／移動／追加すると、もう一方でもそのフィールドが削除／移動／追加されます。ここではピボットグラフ側でフィールドを変更しますが、ピボットテーブル側で変更してもかまいません。

	A	B	C	D	E
2					
3	合計 / 金額	列ラベル			
4	行ラベル	デスク	チェア	収納	総計
5	秋葉原店	27,534,300	20,842,900	9,700,000	58,077,200
6	川崎店	10,249,600	10,588,000	4,853,200	25,690,800
7	大阪店	21,282,500	15,710,700	7,219,800	44,213,000
8	神戸店	7,779,500	8,284,500	2,020,000	18,084,000
9	総計	66,845,900	55,426,100	23,793,000	146,065,000
10					

列ラベルフィールドに [分類] が配置されています。

	A	B	C	D	E
3	行ラベル	合計 / 金額			
4	秋葉原店	58,077,200			
5	川崎店	25,690,800			
6	大阪店	44,213,000			
7	神戸店	18,084,000			
8	総計	146,065,000			
9					
10					

グラフから [分類] を削除すると、表からも削除されます。

💡 ヒント

フィールドリストが表示されないときは

グラフを選択してもフィールドリストが表示されないときは、[ピボットグラフ分析] タブの [表示／非表示] グループにある [フィールドリスト] をクリックすると表示できます。

1 凡例に商品分類が表示されています。

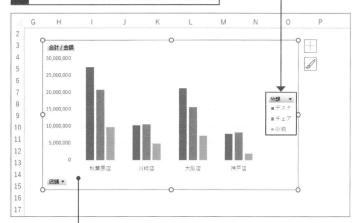

2 グラフを選択して、

3 [凡例（系列）] エリアの [分類] にマウスポインターを合わせて、

4 フィールドリストの外にドラッグします。

5 グラフから [分類] が削除されました。

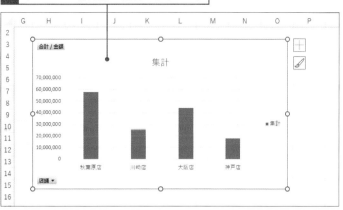

② フィールドを移動する

✦✦ 応用技

ピボットグラフの
サイズを固定するには

フィールドの構成を変更すると、ピボットテーブルの列幅が自動調整されます。ピボットグラフがピボットテーブルと同じ列に配置されている場合、列幅が自動調整されたときにグラフのサイズも変化します。サイズを変えずに固定したい場合は、以下のように操作します。

1 グラフを選択しておきます。

2 ［書式］タブをクリックして、

3 ［サイズ］の右下の小さいボタンをクリックします。

4 ［プロパティ］をクリックして開き、

5 ［セルに合わせて移動するがサイズ変更はしない］をクリックします。

1 横（項目）軸に店舗が表示されています。

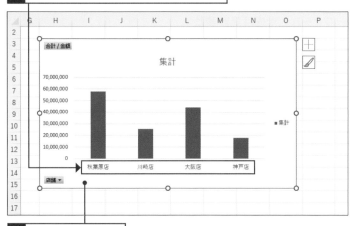

2 グラフを選択して、

3 ［軸（分類項目）］エリアの［店舗］にマウスポインターを合わせて、

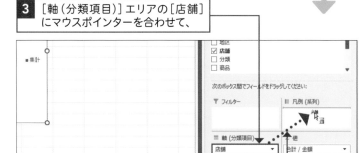

4 ［凡例（系列）］エリアにドラッグします。

5 店舗が凡例に移動しました。

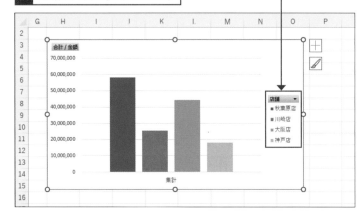

③ フィールドを追加する

💬 解説

日付がグループ化される

ピボットグラフに日付のフィールドを配置すると、日付が自動でグループ化されます。ピボットテーブルにもグループ化された日付が追加されます。

	A	B	C	D
2				
3	合計 / 金額	列ラベル ▼		
4	行ラベル ▼	秋葉原店	川崎店	大阪店
5	⊞1月	4,464,000	1,962,000	3,596,
6	⊞2月	4,501,000	1,993,900	3,535,2
7	⊞3月	5,420,200	2,343,500	3,891,2
8	⊞4月	5,600,100	2,564,500	3,895,8
9	⊞5月	4,992,000	2,275,500	3,616,6
10	⊞6月	4,773,000	2,061,200	3,539,1
11	⊞7月	4,784,400	2,103,100	3,626,7
12	⊞8月	4,768,900	2,046,500	3,625,1
13	⊞9月	4,726,400	2,220,600	3,801,9
14	⊞10月	5,094,600	2,216,700	3,844,1
15	⊞11月	4,530,500	1,868,400	3,617,8
16	⊞12月	4,422,100	2,034,900	3,623,2
17	総計	58,077,200	25,690,800	44,213,0
18				

日付が月単位でグループ化された。

💡 ヒント

グラフの種類を見直そう

ピボットグラフのフィールドを変更したときは、グラフの種類を見直しましょう。例えば月別のグラフに変更した場合、折れ線グラフにしたほうが各店舗の売上の推移がわかりやすくなります。グラフの種類の変更方法は229ページを参照してください。

1 ［日付］にマウスポインターを合わせて、

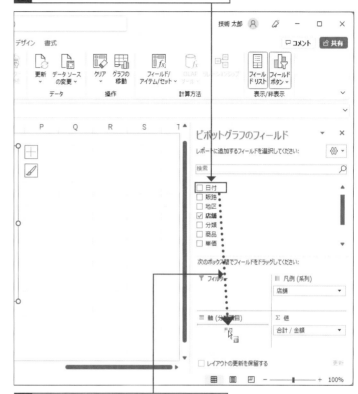

2 ［軸（項目）］エリアまでドラッグします。

3 横（項目）軸に月が表示されました。

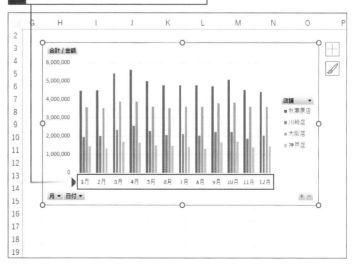

59
表示するアイテムを絞り込もう

チェックボックス

練習▶59_売上集計.xlsx

▶ 見たい項目だけを絞り込んで分析する

通常のグラフと違い、ピボットグラフの場合は作成したらおしまいとはなりません。作成したグラフを検討して、じっくり分析しましょう。気になるデータが見つかったら、グラフ上にそのデータだけを表示したり、比較対象のデータと一緒に表示したりして、より見やすい環境にしてさらに分析を進めましょう。下図のグラフは、月別商品別の売上グラフです。すべての商品の折れ線が1つのグラフに含まれているので雑然としており、目的の商品が探しづらくなっています。例えば「PCデスク」の売上を分析したいときは、それ以外の折れ線を非表示にすると「PCデスク」の売上の変化が見やすくなります。

Before 商品ごとの折れ線グラフ

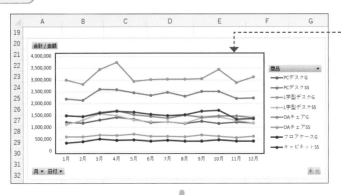

グラフが雑然としており、目的の商品を探すのが大変です。

After 特定の商品を抽出

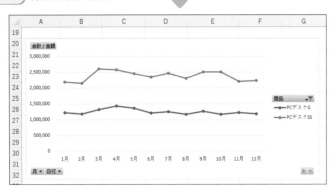

ほかの商品を非表示にすると、目的の商品を分析しやすくなります。

① データ系列のアイテムを絞り込む

💬 解説

チェックの有無で表示を切り替える

ピボットグラフでアイテムを絞り込む方法は、121ページで紹介したピボットテーブルのアイテムを絞り込む方法を同じです。手順 **3** のアイテムの一覧でチェックを付けると表示、外すと非表示になります。

💡 ヒント

フィールドボタンが表示されないときは

グラフにフィールドボタンが表示されていないときは、[ピボットグラフ分析] タブの [表示／非表示] グループにある [フィールドボタン] の下側をクリックして、表示したいフィールドボタンをクリックします。

1 [フィールドボタン] の下側をクリックして、

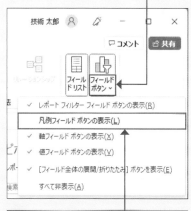

2 一覧から表示したいフィールドボタンを選択します。

---

1 [商品] のフィールドボタンをクリックします。

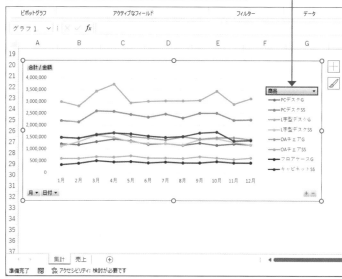

2 [(すべて選択)] をクリックしてすべての商品のチェックを外してから、

3 [PCデスクG] と [PCデスクSS] にチェックを付けて、

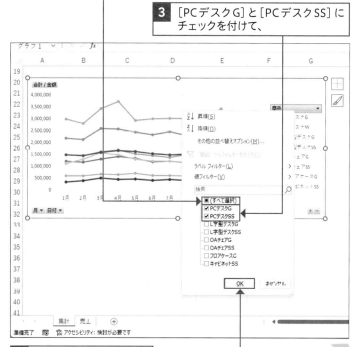

4 [OK] をクリックします。

応用編

ヒント

フィールドボタンの表示が変わる

フィルターを実行しているフィールドボタンには、じょうごのマークが付くので、アイテムが絞り込まれていることがわかります。

じょうごのマークが付きます。

---

② 横（項目）軸のアイテムを絞り込む

ヒント

ピボットテーブルを操作してもよい

ピボットテーブルの「列ラベル」や「行ラベル」と書かれたセルの ▼ をクリックして、一覧からアイテムを選択しても、ピボットグラフに表示されるアイテムを絞り込めます。

ここをクリックしてアイテムを選択します。

---

5 チェックを付けた商品の折れ線だけが表示されます。

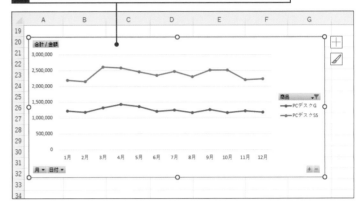

1 ［月］フィールドのボタンをクリックします。

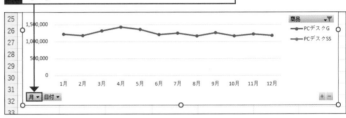

2 ［(すべて選択)］をクリックしてすべての商品のチェックを外してから、

3 ［1月］～［6月］にチェックを付けて、

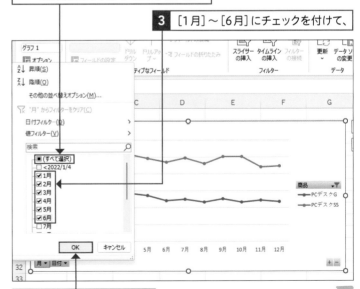

4 ［OK］をクリックします。

補足

絞り込みが維持される

アイテムの絞り込みを行ったフィールド
は、そのフィールドをピボットテーブル
やピボットグラフから削除しても、絞り
込みの状態は維持されます。再度ピボッ
トテーブルやピボットグラフにフィール
ドを追加すると、アイテムが絞り込まれ
た状態で表示されます。

5 チェックを付けた月だけが表示されました。

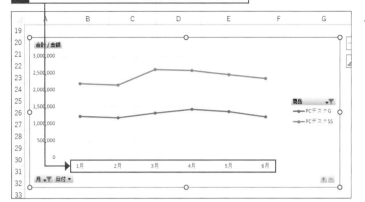

---

③ 絞り込みを解除する

解説

特定のフィールドの絞り込みの解除

特定のフィールドの絞り込みを解除する
には、そのフィールドのフィールドボタ
ンをクリックして、["（フィールド名）"
からフィルターをクリア]をクリックし
ます。

1 ［月］フィールドのボタンをクリックして、

2 ["（フィールド名）"からフィルターをクリア]をクリックします。

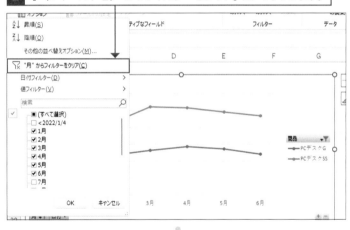

3 すべての月が表示されました。

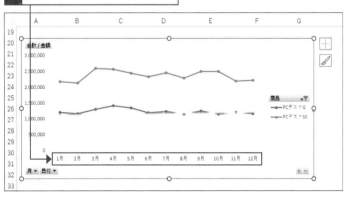

ヒント

すべての絞り込みを解除するには

［ピボットグラフ分析］タブの［操作］グ
ループにある［クリア］→［フィルターの
クリア］をクリックすると、複数のフィー
ルドの絞り込みを一気に解除できます。

応用編

Section 60 集計対象のデータを絞り込もう

スライサー

練習▶60_売上集計.xlsx

▶ グラフの切り口は、かんたんに変更できる！

何枚も束ねた集計表から1ページだけ抜き出して分析するスライス分析を132ページで紹介しましたが、**ピボットグラフを使用してスライス分析を行うこともできます**。操作は、ピボットテーブルのときと同様です。レポートフィルターフィールドやスライサーを使用して、目的の切り口でデータをグラフ化します。たとえば、[商品]フィールドを切り口とした場合、かんたんに商品ごとのグラフを切り替えて表示できます。「OAチェアGは店頭販売に強い」「OAチェアSSは販路による差がない」というように、それぞれの商品の売上の特徴が、グラフによって視覚的に明らかになります。

OAチェアGの売上

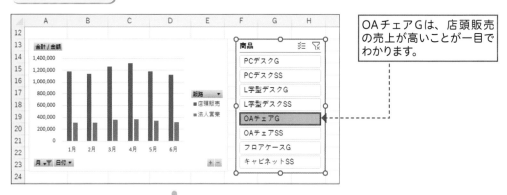

OAチェアGは、店頭販売の売上が高いことが一目でわかります。

OAチェアSSの売上

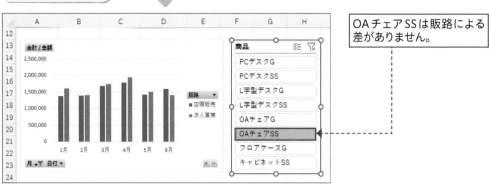

OAチェアSSは販路による差がありません。

① スライサーを挿入する

💬 解説

スライサーの挿入

手順 4 の画面でフィールドを選択すると、選択したフィールドの全アイテムが一覧表示されたスライサーが表示されます。スライサーの枠の部分をドラッグして、グラフと重ならない位置に移動しましょう。

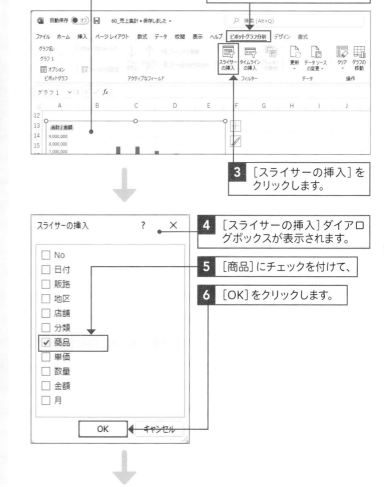

1 グラフを選択します。

2 [ピボットグラフ分析]タブをクリックして、

3 [スライサーの挿入]をクリックします。

4 [スライサーの挿入]ダイアログボックスが表示されます。

5 [商品]にチェックを付けて、

6 [OK]をクリックします。

💡 ヒント

タイムラインも使える

[ピボットグラフ分析]タブの[フィルター]グループにある[タイムラインの挿入]を使用すると、グラフでタイムラインを使用して日付の絞り込みを行えます。使い方は149ページで紹介したピボットテーブルの場合と同じです。

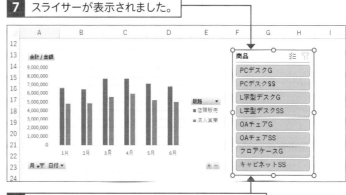

7 スライサーが表示されました。

8 枠の部分をドラッグして、スライサーを見やすい位置に移動しておきます。

② スライサーを使用してグラフを切り替える

💬 解説

商品の抽出

スライサーで商品をクリックすると、その商品のグラフに切り替わります。Ctrl を押しながらクリックすれば、複数の商品を選択することも可能です。

💡 ヒント

フィルターを解除するには

スライサーの右上隅にある［フィルターのクリア］🔻 をクリックすると、スライサーによる絞り込みを解除できます。

💡 ヒント

スライサーを削除するには

スライサーをクリックして Delete を押すと、スライサーを削除できます。スライサーを削除すると、ピボットテーブルやピボットグラフの絞り込みも解除されます。ただし、絞り込みの条件は保持されたままになります。条件を保持する必要がない場合は、スライサーを削除する前に絞り込みを解除しましょう。

1 グラフに全商品の売上が表示されています。

2 ［OAチェアG］をクリックします。

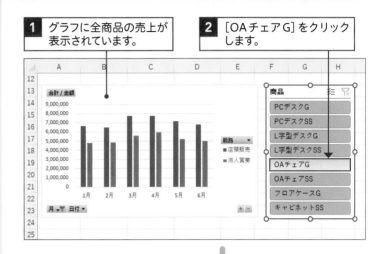

3 「OAチェアG」のグラフが表示されました。

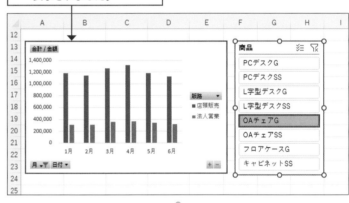

4 ［OAチェアSS］をクリックすると、

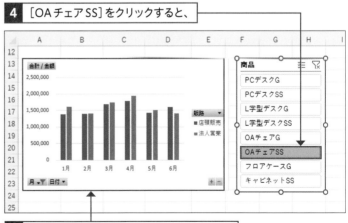

5 「OAチェアSS」のグラフに切り替わります。

![応用技] **縦（値）軸の範囲を固定するには**

スライサーで商品を切り替えると、売上の数値に合わせて縦（値）軸の目盛りの範囲が自動的に変化し、各商品の売上の違いがわかりづらくなります。各商品の売上を同じ尺度で表示したい場合は、軸の［最小値］と［最大値］を指定して、目盛りの範囲を固定しましょう。なお、［最小値］と［最大値］を解除するには、手順**4**の画面で［リセット］をクリックします。

1 数値の上をクリックして縦（値）軸を選択します。

2 ［書式］タブをクリックし、

3 ［選択対象の書式設定］をクリックします。

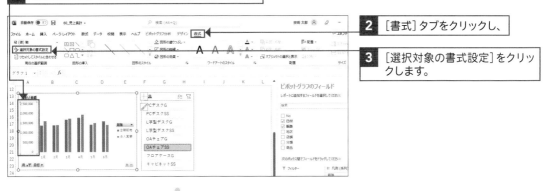

4 ［軸の書式設定］作業ウィンドウが表示されるので、［最小値］と［最大値］を指定します。［最大値］は「2000000」と入力すると、「2.0E6」と表示されます。

5 目盛りの範囲が変わりました。

6 ［閉じる］をクリックします。

7 ［OAチェアG］をクリックします。

8 目盛りの範囲が固定されたので、［OAチェアSS］と同じ尺度でグラフを比較できます。

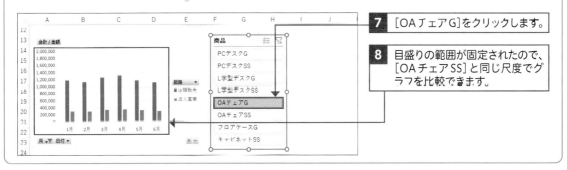

Section 61 全体に占める割合を表現しよう

円グラフ

練習▶61_売上集計.xlsx

▶ データラベルを利用すれば、割合も表示できる

全体に占める割合を表現するには、**円グラフ**が最適です。扇形の角度と面積が割合の大小を表しますが、グラフにパーセンテージの数値を表示すると、よりわかりやすくなります。ここでは、円グラフに**データラベル**を追加して、パーセンテージを表示する方法を紹介します。

Before 作成直後の円グラフ

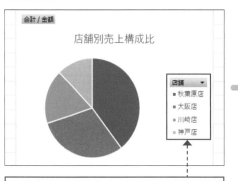

作成直後の円グラフは、凡例に店舗が表示されるだけで、具体的なパーセンテージはわかりません。

After データラベルを表示

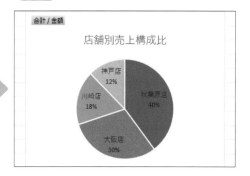

データラベルに店舗とパーセンテージを表示すると、具体的な割合がわかります。

① データラベルにパーセンテージを表示する

💬 解説

凡例とデータラベル

店舗と売上のピボットテーブルから円グラフを作成すると、凡例に店舗名が表示されます。ここでは、データラベルに店舗名とパーセンテージを表示するので、凡例はあらかじめ削除しておきます。

1 凡例をクリックして選択し、[Delete]を押して削除します。

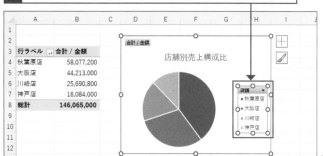

ヒント

データラベルの文字の色を 変更するには

データラベルをクリックすると、すべてのデータラベルが選択されます。もう1度クリックすると、クリックしたデータラベルだけが選択されます。その状態で[ホーム]タブの[フォントの色]から色を設定します。

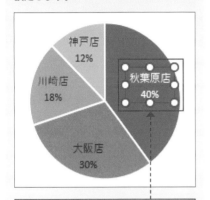

データラベルをゆっくり2回クリックして選択し、フォントの色を設定します。

2 [デザイン]タブをクリックし、

3 [グラフ要素を追加]をクリックします。

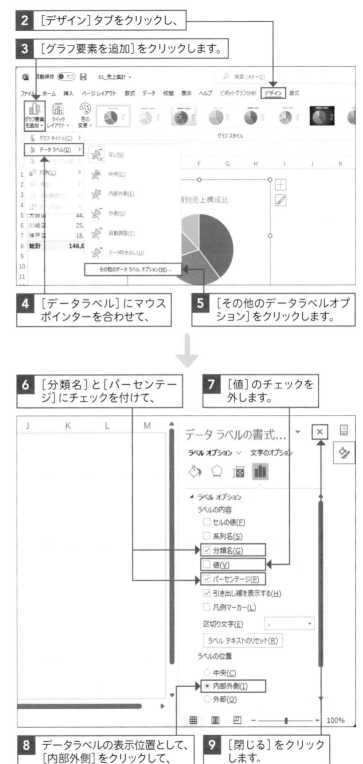

4 [データラベル]にマウスポインターを合わせて、

5 [その他のデータラベルオプション]をクリックします。

6 [分類名]と[パーセンテージ]にチェックを付けて、

7 [値]のチェックを外します。

8 データラベルの表示位置として、[内部外側]をクリックして、

9 [閉じる]をクリックします。

10 250ページの図のように、データラベルに店名とパーセンテージが表示されます。

62 ヒストグラムでデータの ばらつきを表そう

棒グラフ

練習▶62_売上集計.xlsx

▶ ヒストグラムを使用すると、データの分布がわかる

度数分布表とヒストグラムを使用すると、年齢や身長などのデータの分布をわかりやすく表せます。ここでは来客情報のデータベースから、来客の年齢の分布を調べます。ピボットテーブルで度数分布表を作成し、ピボットグラフでヒストグラムを作成します。

来客情報のデータベース

	A	B	C	D	E
1	NO	日付	年齢	性別	金額
2	K0001	2022/4/1	50	女性	53,870
3	K0002	2022/4/1	57	女性	51,630
4	K0004	2022/4/1	35	女性	7,300
5	K0003	2022/4/1	33	女性	7,110
6	K0006	2022/4/1	26	男性	53,710
7	K0005	2022/4/1	23	男性	49,710
8	K0008	2022/4/2	53	女性	56,630
9	K0009	2022/4/2	33	女性	47,760
10	K0007	2022/4/2	52	女性	34,990

来客情報のデータベースに「年齢」の データが入力されています。

度数分布表とヒストグラム

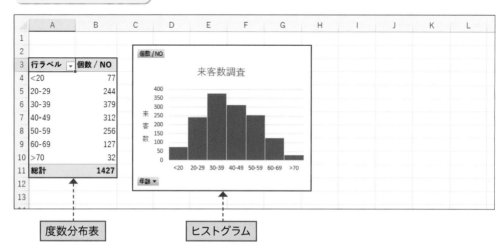

	A	B
3	行ラベル	個数 / NO
4	<20	77
5	20-29	244
6	30-39	379
7	40-49	312
8	50-59	256
9	60-69	127
10	>70	32
11	総計	1427

度数分布表

ヒストグラム

年齢を10歳刻みにして来客数をカウントし、分布をヒストグラムでわかりやすく表示します。

① ピボットテーブルで度数分布表を作成する

🔍 重要用語

度数分布表

数値データの範囲を「20〜29」「30〜39」「40〜49」のように一定間隔で区切り、それぞれに属するデーの個数をまとめた表を度数分布表と呼びます。統計解析によく使用されます。

💬 解説

データの個数を求めて度数分布表を作る

度数分布表の作成は、データの個数を集計することがポイントです。ピボットテーブルでは、[値]エリアに文字データを配置するとデータの個数が求められます。ここでは[値]エリアに文字データである[NO]フィールドを配置したので、自動的に集計方法がデータの個数になります。

1 文字データを集計すると、

	A	B	C	D
1	NO	日付	年齢	性別
2	K0001	2022/4/1	50	女性
3	K0002	2022/4/1	57	女性
4	K0004	2022/4/1	35	女性
5	K0003	2022/4/1	33	女性
6	K0006	2022/4/1	26	男性
7	K0005	2022/4/1	23	男性

2 データの個数が求められます。

	A	B
2		
3	行ラベル	個数 / NO
4	11	14
5	12	5
6	13	10
7	14	12
8	15	6
9	16	8
10	17	6
11	18	7
12	19	9

3 13歳が10人いることを示します。

1 [年齢]を[行]エリアに配置し、

2 [NO]を[値]エリアに配置します。

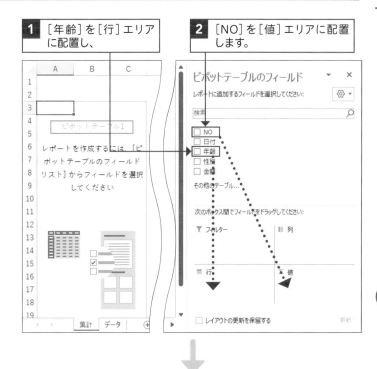

3 年齢ごとにデータの個数がカウントされます。

4 年齢のセルを選択します。

5 [ピボットテーブル分析]タブをクリックし、

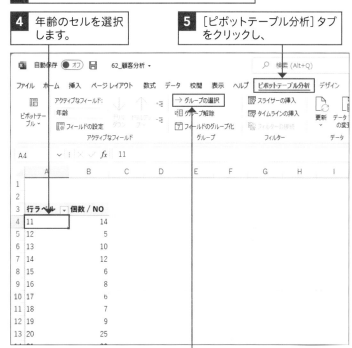

6 [グループの選択]をクリックします。

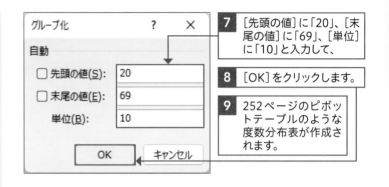

7 [先頭の値]に「20」、[末尾の値]に「69」、[単位]に「10」と入力して、

8 [OK]をクリックします。

9 252ページのピボットテーブルのような度数分布表が作成されます。

② 度数分布表から縦棒グラフを作成する

🗨 解説

縦棒グラフから作成する

ヒストグラムは、縦棒グラフの棒同士をくっつけた体裁をしています。ピボットグラフでヒストグラムを作成するには、まず縦棒グラフを作成し、次に棒をくっつける、という手順で操作します。

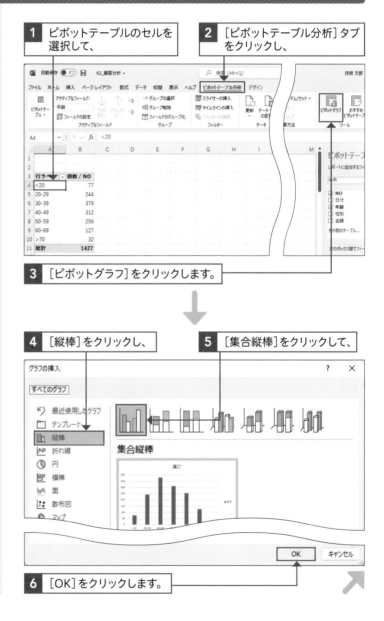

1 ピボットテーブルのセルを選択して、

2 [ピボットテーブル分析]タブをクリックし、

3 [ピボットグラフ]をクリックします。

4 [縦棒]をクリックし、

5 [集合縦棒]をクリックして、

6 [OK]をクリックします。

7 縦棒グラフが作成されます。

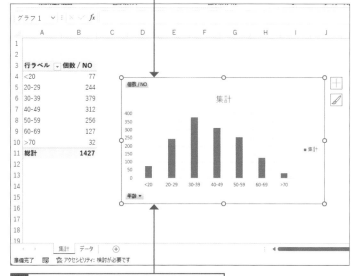

8 グラフ要素や配置を調整しておきます。

ヒント

グラフ要素の表示／非表示設定

ここでは手順**7**でグラフが作成されたあと、グラフタイトルの文字を書き換え、軸ラベルを追加しました（236ページ参照）。また、凡例を選択して、[Delete]を押して削除しました。

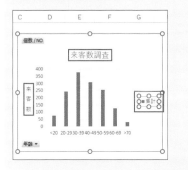

---

③ 縦棒グラフをヒストグラムの体裁にする

重要用語

ヒストグラム

ヒストグラムは、度数分布表をグラフにしたものです。各区間を横軸にとり、データ数を棒の高さで表します。通常、棒の間隔を0にして、棒同士をくっつけて表示します。

ヒント

［選択対象の書式設定］ボタン

グラフ要素を選択し、[書式]タブの[選択対象の書式設定]をクリックすると、選択したグラフ要素の設定用の作業ウィンドウが表示され、詳細な設定が行えます。

1 棒をクリックすると、すべての棒が選択されます。

2 [書式]タブをクリックして、

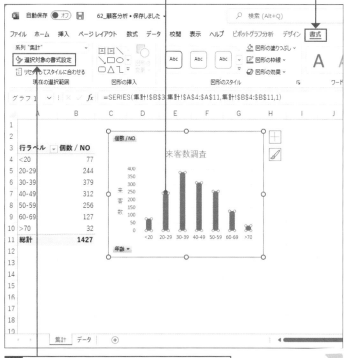

3 [選択対象の書式設定]をクリックします。

解説

[要素の間隔] を「0」にする

手順 **5** の [要素の間隔] とは、棒と棒の間隔のことです。「0」を設定すると、棒が隙間なくくっつきます。

解説

棒の境界線

棒が隙間なくくっつくと、境界がわかりにくくなります。そこで手順 **9** で棒の境界線の色を設定しました。

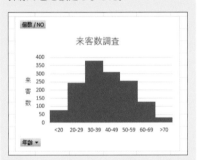

境界に色を付けないと、棒の境界がよくわかりません。

補足

「<20」と「>70」

行ラベルフィールドやグラフの横 (項目) 軸に表示される「<20」は「20未満」(20を含まない)、「>70」は「70以上」(70を含む) を意味します。

---

4 [データ系列の書式設定] 作業ウィンドウが表示されます。

5 [要素の間隔] に「0」と入力して、

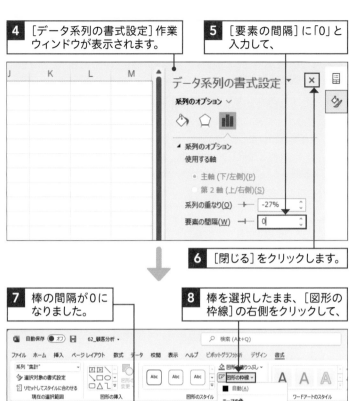

6 [閉じる] をクリックします。

7 棒の間隔が0になりました。

8 棒を選択したまま、[図形の枠線] の右側をクリックして、

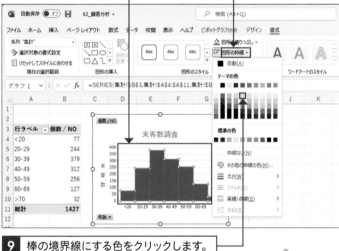

9 棒の境界線にする色をクリックします。

10 棒の境界が色で区切られました。

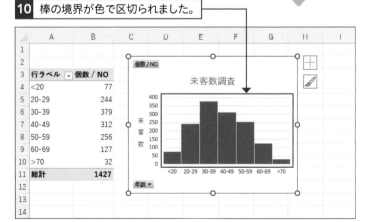

第 **9** 章

集計結果を活用しよう
発展編

表を見やすくして印刷しよう

▶ 条件付き書式を利用して集計結果を可視化する

条件付き書式を使用すると、指定した条件にもとづいてセルに自動で書式設定できます。数値の高いセルに色を塗って目立たせたり、数値の大小をアイコンで示したりと、集計結果の可視化に役立ちます。

	A	B	C	D	E	F
1						
2						
3	合計 / 金額	列ラベル ▼				
4	行ラベル ▼	秋葉原店	川崎店	大阪店	神戸店	総計
5	PCデスクG	5,516,500	3,196,000	3,944,000	2,261,000	14,917,500
6	PCデスクSS	10,602,900	5,666,100	7,928,800	4,319,700	28,517,500
7	L字型デスクG	2,919,300	1,387,500	2,120,100	1,198,800	7,625,700
8	L字型デスクSS	8,495,600	0	7,289,600	0	15,785,200
9	OAチェアG	6,911,500	3,427,000	5,071,500	2,518,500	17,928,500
10	OAチェアSS	13,931,400	7,161,000	10,639,200	5,766,000	37,497,600
11	フロアケースG	2,468,400	1,217,200	1,543,600	0	5,229,200
12	キャビネットSS	7,231,600	3,636,000	5,676,200	2,020,000	18,563,800
13	総計	58,077,200	25,690,800	44,213,000	18,084,000	146,065,000
14						
15						

売上が「500万円以上は黄、1000万円以上は赤」のような条件を指定して、条件に合う集計値を目立たせます。

	A	B	C	D	E	F
1						
2						
3	合計 / 金額	列ラベル ▼				
4	行ラベル ▼	秋葉原店	川崎店	大阪店	神戸店	総計
5	PCデスクG	5,516,500	3,196,000	3,944,000	2,261,000	14,917,500
6	PCデスクSS	10,602,900	5,666,100	7,928,800	4,319,700	28,517,500
7	L字型デスクG	2,919,300	1,387,500	2,120,100	1,198,800	7,625,700
8	L字型デスクSS	8,495,600	0	7,289,600	0	15,785,200
9	OAチェアG	6,911,500	3,427,000	5,071,500	2,518,500	17,928,500
10	OAチェアSS	13,931,400	7,161,000	10,639,200	5,766,000	37,497,600
11	フロアケースG	2,468,400	1,217,200	1,543,600	0	5,229,200
12	キャビネットSS	7,231,600	3,636,000	5,676,200	2,020,000	18,563,800
13	総計	58,077,200	25,690,800	44,213,000	18,084,000	146,065,000
14						
15						

売上の数値に応じた横棒グラフをセルの中に表示して、集計結果を可視化します。

▶ ピボットテーブルを見やすく印刷する

ピボットテーブルには印刷のための設定項目が用意されています。各ページに列ラベルを印刷したり、特定のフィールドで改ページを自動挿入したりと、見やすい印刷物を作成できます。

各ページに列ラベルを印刷します。

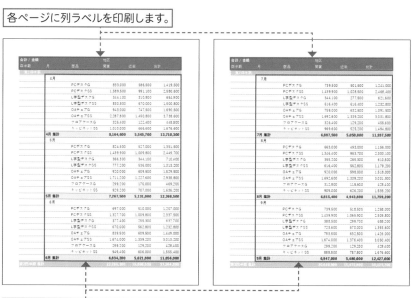

切りよく3カ月分ずつ印刷します。

▶ ピボットテーブルのデータを取り出す

ピボットテーブルの集計結果をほかのセルに取り出して活用できます。関数を使用して取り出す方法と、コピーを使用して取り出す方法があります。

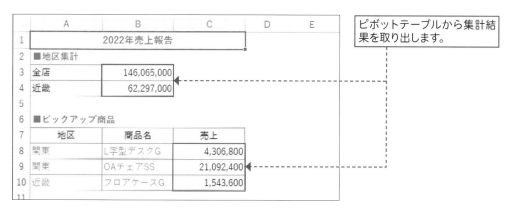

ピボットテーブルから集計結果を取り出します。

Section

63 条件を満たす集計値に書式を設定しよう

条件付き書式

練習▶63_売上集計.xlsx

▶ 条件を満たすデータを強調して、表をわかりやすくしよう

「目標を達成した売上高のセルに色を付けて目立たせたい」というようなときは、条件付き書式を利用します。条件となる数値を指定するだけで、取りこぼしなくセルに書式を設定できます。ここでは、500万より大きいセルに黄色、1000万より大きいセルに赤色を設定します。優先順位の低い「500万より大きい」という条件を先に設定するのがポイントです。

合計 / 金額	列ラベル				
行ラベル	秋葉原店	川崎店	大阪店	神戸店	総計
PCデスクG	5,516,500	3,196,000	3,944,000	2,261,000	14,917,500
PCデスクSS	10,602,900	5,666,100	7,928,800	4,319,700	28,517,500
L字型デスクG	2,919,300	1,387,500	2,120,100	1,198,800	7,625,700
L字型デスクSS	8,495,600	0	7,289,600	0	15,785,200
OAチェアG	6,911,500	3,427,000	5,071,500	2,518,500	17,928,500
OAチェアSS	13,931,400	7,161,000	10,639,200	5,766,000	37,497,600
フロアケースG	2,468,400	1,217,200	1,543,600	0	5,229,200
キャビネットSS	7,231,600	3,636,000	5,676,200	2,020,000	18,563,800
総計	58,077,200	25,690,800	44,213,000	18,084,000	146,065,000

> 「500万より大きいセルに黄色」「1000万より大きいセルに赤」を設定して、売上高の高い商品を目立たせます。

① 優先順位の低い条件を設定する

💬 解説

条件付き書式

条件付き書式とは、指定した条件を満たすセルに自動的に書式を設定する機能です。フォント、塗りつぶしの色、罫線などの書式を設定できます。

1 集計値のセルをドラッグして選択します。

合計 / 金額	列ラベル				
行ラベル	秋葉原店	川崎店	大阪店	神戸店	総計
PCデスクG	5,516,500	3,196,000	3,944,000	2,261,000	14,917,500
PCデスクSS	10,602,900	5,666,100	7,928,800	4,319,700	28,517,500
L字型デスクG	2,919,300	1,387,500	2,120,100	1,198,800	7,625,700
L字型デスクSS	8,495,600	0	7,289,600	0	15,785,200
OAチェアG	6,911,500	3,427,000	5,071,500	2,518,500	17,928,500
OAチェアSS	13,931,400	7,161,000	10,639,200	5,766,000	37,497,600
フロアケースG	2,468,400	1,217,200	1,543,600	0	5,229,200
キャビネットSS	7,231,600	3,636,000	5,676,200	2,020,000	18,563,800
総計	58,077,200	25,690,800	44,213,000	18,084,000	146,065,000

補足

「5000000」と入力してもよい

手順 7 では「5,000,000」と入力しましたが、「5000000」と入力してもかまいません。

オリジナルな書式を設定するには

[指定の値より大きい]ダイアログボックスの[書式]には、設定できる書式が複数用意されています。その中に使いたい書式がない場合は、手順 9 の一覧から[ユーザー設定の書式]を選択します。すると[セルの書式設定]ダイアログボックスが表示され、フォントや罫線、塗りつぶしの色などを自由に指定できます。

[セルの書式設定]ダイアログボックスで書式を自由に設定できます。

2 [ホーム]タブをクリックします。

3 [条件付き書式]をクリックして、

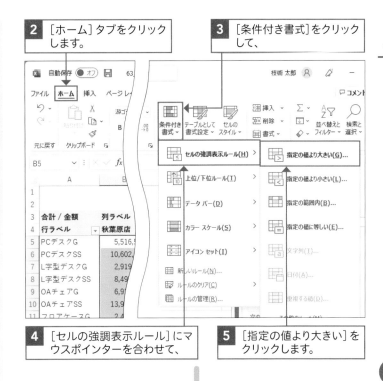

4 [セルの強調表示ルール]にマウスポインターを合わせて、

5 [指定の値より大きい]をクリックします。

6 [指定の値より大きい]ダイアログボックスが表示されます。

7 「5,000,000」と入力します。

8 ∨をクリックして、

9 [濃い黄色の文字、黄色の背景]をクリックして、

10 [OK]をクリックします。

発展編

11 「5,000,000」より大きい数値のセルに色が付きました。

	A	B	C	D	E	F	G
1							
2							
3	合計 / 金額	列ラベル					
4	行ラベル	秋葉原店	川崎店	大阪店	神戸店	総計	
5	PCデスクG	5,516,500	3,196,000	3,944,000	2,261,000	14,917,500	
6	PCデスクSS	10,602,900	5,666,100	7,928,800	4,319,700	28,517,500	
7	L字型デスクG	2,919,300	1,387,500	2,120,100	1,198,800	7,625,700	
8	L字型デスクSS	8,495,600	0	7,289,600	0	15,785,200	
9	OAチェアG	6,911,500	3,427,000	5,071,500	2,518,500	17,928,500	
10	OAチェアSS	13,931,400	7,161,000	10,639,200	5,766,000	37,497,600	
11	フロアケースG	2,468,400	1,217,200	1,543,600	0	5,229,200	
12	キャビネットSS	7,231,600	3,636,000	5,676,200	2,020,000	18,563,800	
13	総計	58,077,200	25,690,800	44,213,000	18,084,000	146,065,000	
14							

12 引き続き、集計値のセルを選択しておきます。

② 優先順位の高い条件を設定する

💬 解説

**優先度の低い順に
条件を設定する**

同じセルに複数の条件付き書式を設定する場合、あとから設定する条件の優先順位が高くなります。ここでは、優先順位の高い「1000万より大きい」という条件をあとで設定します。その結果、「500万より大きい」と「1000万より大きい」の両方の条件が成り立つセルには、優先順位の高い「1000万より大きい」場合の「赤」の書式が適用されます。

✏️ 補足

**もとの表を更新すると
書式も更新される**

表のデータを変更してピボットテーブルを更新すると、更新された数値をもとに条件を満たすセルに書式が設定し直されます。

1 [条件付き書式]をクリックして、

2 [セルの強調表示ルール]にマウスポインターを合わせて、

3 [指定の値より大きい]をクリックします。

4 「10,000,000」と入力します。

5 [濃い赤の文字、赤の背景]を選択して、

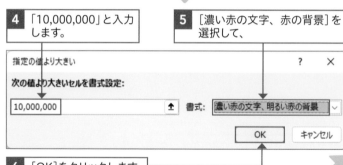

指定の値より大きい ? ×

次の値より大きいセルを書式設定:

| 10,000,000 | ⬆ | 書式: | 濃い赤の文字、明るい赤の背景 | ∨ |

OK　キャンセル

6 [OK]をクリックします。

条件付き書式を解除するには

ピボットテーブルの任意のセルを選択して、[条件付き書式]のメニューから[ルールのクリア]をクリックし、[このピボットテーブルからルールをクリア]をクリックすると、条件付き書式を解除できます。複数の条件付き書式を設定していた場合、すべての条件付き書式が解除されます。

7 設定結果を確認するため、ほかのセルを選択します。

8 「10,000,000」より大きい数値のセルが、黄色から赤に変わりました。

解説　優先順位を変更するには

同じセルに複数の条件を設定する場合、あとから設定した条件の優先順位が高くなります。設定の順序を間違ってしまった場合などは、[条件付き書式]→[ルールの管理]をクリックして、[条件付き書式ルールの管理]ダイアログボックスを表示します。条件が一覧表示されるので、優先順位を上げたい条件を上の行に移動します。なお、このダイアログボックスで条件を選択して[ルールの削除]をクリックすると、選択した条件だけを解除することもできます。

1 集計値のセルを選択して、

2 [条件付き書式]をクリックし、

3 [ルールの管理]をクリックします。

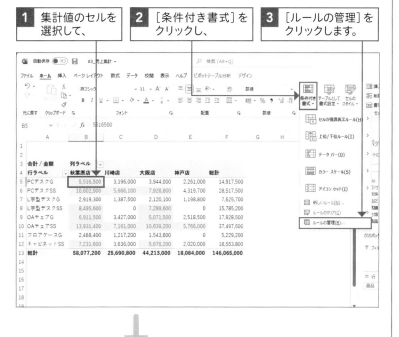

4 条件付き書式を選択して、

5 ∧や∨をクリックして優先順位を変更します。

64 集計値の大きさに応じて 自動で書式を切り替えよう

アイコンセット

練習▶64_売上集計.xlsx

▶ 数値の大きさが一目でわかる！

260ページでは、条件付き書式を使用して、指定した数値を基準に「大きい」「小さい」などの条件でセルを強調表示しました。条件付き書式には、このほかにも「**アイコンセット**」「**データバー**」「**カラースケール**」という機能があります。これらを使用すると、集計値の中で相対的に大きいセルと相対的に小さいセルの書式を自動的に切り替えられます。

アイコンセット

セルの値の大きさに応じて、3〜5種類のアイコンを表示します。

データバー

セルの値の大きさに応じて、セルに棒グラフを表示します。

カラースケール

セルの値の大きさに応じて、色を塗り分けます。

① アイコンセットを表示する

💬 解説

アイコンセット

条件付き書式のアイコンセットでは、値の大小に応じて3〜5種類のアイコンをセルの左端に表示します。[方向][図形][インジケーター][評価]の4つの分類の中からアイコンセットを選べます。

1 集計値のセルをドラッグして選択します。

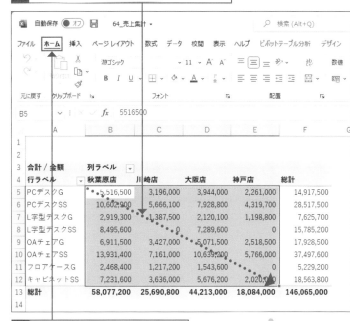

2 [ホーム]タブをクリックします。

3 [条件付き書式]をクリックして、

4 [アイコンセット]にマウスポインターを合わせて、

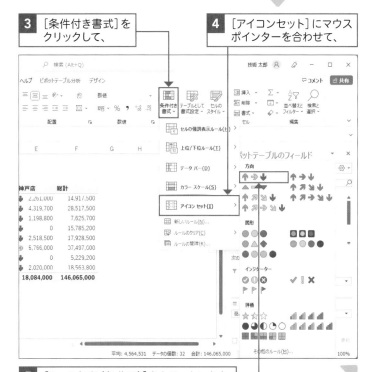

5 [3つの矢印（色分け）]をクリックします。

💡 ヒント

集計値の評価

手順 **5** で選択した[3つの矢印（色分け）]は、3種類のアイコンから構成されます。数値の大、中、小に応じて、上向き（⬆️）、横向き（➡️）、下向き（⬇️）の3種類のアイコンが切り替えられます。

発展編

ヒント

数値の大きさを基準に分類される

アイコンセットを設定したセル範囲の数値の大きさに偏りがあると、特定の種類のアイコンが多数表示されたり、特定の種類のアイコンが表示されなかったりすることがあります。

6 設定結果を確認するため、ほかのセルを選択します。

	A	B	C	D	E	F	G
1							
2							
3	合計 / 金額	列ラベル					
4	行ラベル	秋葉原店	川崎店	大阪店	神戸店	総計	
5	PCデスクG	⇨ 5,516,500	⬇ 3,196,000	⇨ 3,944,000	⬇ 2,261,000	14,917,500	
6	PCデスクSS	⬆ 10,602,900	⇨ 5,666,100	⬇ 7,928,800	⬇ 4,319,700	28,517,500	
7	L字型デスクG	⬇ 2,919,300	⬇ 1,387,500	⇨ 2,120,100	⬇ 1,198,800	7,625,700	
8	L字型デスクSS	⬇ 8,495,600	⬇ 0	⇨ 7,289,600	⬇ 0	15,785,200	
9	OAチェアG	⇨ 6,911,500	⬇ 3,427,000	⇨ 5,071,500	⬇ 2,518,500	17,928,500	
10	OAチェアSS	⬆ 13,931,400	⇨ 7,161,000	⬆ 10,639,200	⇨ 5,766,000	37,497,600	
11	フロアケースG	⬇ 2,468,400	⬇ 1,217,200	⇨ 1,543,600	⬇ 0	5,229,200	
12	キャビネットSS	⬇ 7,231,600	⇨ 3,636,000	⇨ 5,676,200	⬇ 2,020,000	▦ 18,563,800	
13	総計	58,077,200	25,690,800	44,213,000	18,084,000	146,065,000	
14							

7 集計値に応じてアイコンが表示されました。

② アイコンの表示基準を変更する

解説

条件付き書式の編集

[条件付き書式]のメニューから[ルールの管理]をクリックすると、セルに設定した条件付き書式の設定をあとから変更できます。条件付き書式を設定したセル範囲から任意のセルを選択して変更すると、同じ条件付き書式を設定したすべてのセルに変更が適用されます。

1 集計値のセルを選択して、

	A	B	C	D	E	F	G
1							
2							
3	合計 / 金額	列ラベル					
4	行ラベル	秋葉原店	川崎店	大阪店	神戸店	総計	
5	PCデスクG	⇨ 5,516,500	⬇ 3,196,000	⬇ 3,944,000	⬇ 2,261,000	14,917,500	
6	PCデスクSS	⬆ 10,602,900	⇨ 5,666,100	⬇ 7,928,800	⬇ 4,319,700	28,517,500	
7	L字型デスクG	⬇ 2,919,300	⬇ 1,387,500	⬇ 2,120,100	⬇ 1,198,800	7,625,700	
8	L字型デスクSS	⬇ 8,495,600	⬇ 0	⬇ 7,289,600	⬇ 0	15,785,200	
9	OAチェアG	⇨ 6,911,500	⬇ 3,427,000	⬇ 5,071,500	⬇ 2,518,500	17,928,500	
10	OAチェアSS	⬆ 13,931,400	⇨ 7,161,000	⬆ 10,639,200	⇨ 5,766,000	37,497,600	
11	フロアケースG	⇨ 2,468,400	⬇ 1,217,200	⬇ 1,543,600	⬇ 0	5,229,200	
12	キャビネットSS	⬇ 7,231,600	⬇ 3,636,000	⇨ 5,676,200	⬇ 2,020,000	▦ 18,563,800	
13	総計	58,077,200	25,690,800	44,213,000	18,084,000	146,065,000	
14							

2 [条件付き書式]をクリックし、

3 [ルールの管理]をクリックします。

条件付き書式を解除するには

ピボットテーブルの任意のセルを選択して、[条件付き書式]のメニューから[ルールのクリア]をクリックし、[このピボットテーブルからルールをクリア]をクリックすると、条件付き書式を解除できます。

4 編集する条件付き書式をクリックし、

5 [ルールの編集]をクリックします。

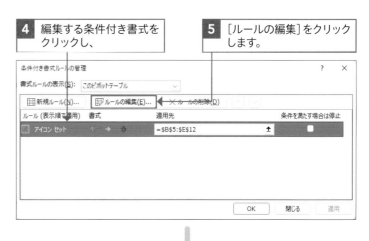

6 [書式ルールの編集]ダイアログボックスが表示されます。

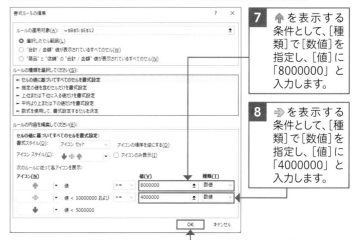

7 ⬆ を表示する条件として、[種類]で[数値]を指定し、[値]に「8000000」と入力します。

8 ⮕ を表示する条件として、[種類]で[数値]を指定し、[値]に「4000000」と入力します。

9 [OK]をクリックすると手順**4**の画面に戻るので、[OK]をクリックします。

10 「8000000」以上のセルに ⬆、「4000000」以上のセルに ⮕、それ以外のセルに ⬇ が表示されました。

③ データバーを表示する

💬 **解説**

データバー

条件付き書式のデータバーでは、値の大小に応じた長さの横棒をセルの中に表示します。データバーを使えば、数値の大小を視覚で把握できます。

1 267ページのヒントを参考に、条件付き書式を解除しておきます。

2 データバーを表示するセル範囲を選択します。

3 [ホーム]タブの[条件付き書式]をクリックして、

4 [データバー]にマウスポインターを合わせ、

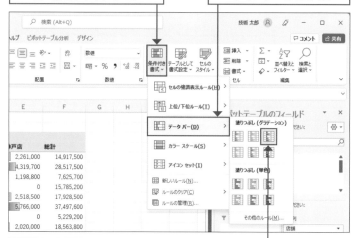

5 [赤のデータバー]をクリックします。

6 集計値に応じて棒グラフが表示されました。

💡 **ヒント**

データバーの種類

データバーには、[塗りつぶし（グラデーション）]と[塗りつぶし（単色）]の2種類があります。前者では横棒の右のほうの色が薄くなるので、棒と数値が重なる場合でも数値が読みやすいというメリットがあります。

④ カラースケールでセルを塗り分ける

💬 解説

カラースケール

条件付き書式のカラースケールでは、値の大小を色の濃淡で表示します。手順 **5** で選択した［緑、白のカラースケール］では、数値が大きいほど緑が濃くなります。

1 267ページのヒントを参考に、条件付き書式を解除しておきます。

	A	B	C	D	E	F	G	H
3	合計 / 金額	列ラベル						
4	行ラベル	秋葉原店	川崎店	大阪店	神戸店	総計		
5	PCデスクG	5,516,500	3,196,000	3,944,000	2,261,000	14,917,500		
6	PCデスクSS	10,602,900	5,666,100	7,928,800	4,319,700	28,517,500		
7	L字型デスクG	2,919,300	1,387,500	2,120,100	1,198,800	7,625,700		
8	L字型デスクSS	8,495,600	0	7,289,600	0	15,785,200		
9	OAチェアG	6,911,500	3,427,000	5,071,500	2,518,500	17,928,500		
10	OAチェアSS	13,931,400	7,161,000	10,639,200	5,766,000	37,497,600		
11	フロアケースG	2,468,400	1,217,200	1,543,600	0	5,229,200		
12	キャビネットSS	7,231,600	3,636,000	5,676,200	2,020,000	18,563,800		
13	総計	58,077,200	25,690,800	44,213,000	18,084,000	146,065,000		

2 カラースケールを表示するセル範囲を選択します。

3 ［ホーム］タブの［条件付き書式］をクリックして、

4 ［カラースケール］にマウスポインターを合わせ、

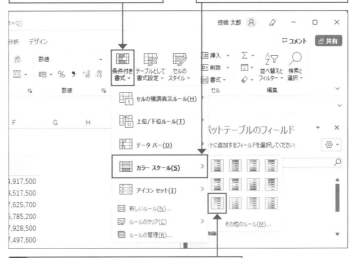

- セルの強調表示ルール(H)
- 上位/下位ルール(T)
- データ バー(D)
- カラー スケール(S)
- アイコン セット(I)
- 新しいルール(N)...
- ルールのクリア(C)
- ルールの管理(R)...

5 ［緑、白のカラースケール］をクリックします。

✏️ 補足

元表を更新すると書式も更新される

表のデータを変更してピボットテーブルを更新すると、更新された数値に基づいてアイコンセットやデータバー、カラースケールが設定し直されます。

6 集計値に応じてセルが塗り分けられました。

	A	B	C	D	E	F	G	H
3	合計 / 金額	列ラベル						
4	行ラベル	秋葉原店	川崎店	大阪店	神戸店	総計		
5	PCデスクG	5,516,500	3,196,000	3,944,000	2,261,000	14,917,500		
6	PCデスクSS	10,602,900	5,666,100	7,928,800	4,319,700	28,517,500		
7	L字型デスクG	2,919,300	1,387,500	2,120,100	1,198,800	7,625,700		
8	L字型デスクSS	8,495,600	0	7,289,600	0	15,785,200		
9	OAチェアG	6,911,500	3,427,000	5,071,500	2,518,500	17,928,500		
10	OAチェアSS	13,931,400	7,161,000	10,639,200	5,766,000	37,497,600		
11	フロアケースG	2,468,400	1,217,200	1,543,600	0	5,229,200		
12	キャビネットSS	7,231,600	3,636,000	5,676,200	2,020,000	18,563,800		
13	総計	58,077,200	25,690,800	44,213,000	18,084,000	146,065,000		

ピボットテーブルのデータをほかのセルに取り出そう

GETPIVOTDATA関数

練習▶65_売上集計.xlsx

▶ ワンクリックで集計値をほかのセルに取り出せる

「ピボットテーブルの集計値を引用して報告書を作成したい」というようなときは、**GETPIVOTDATA**関数を使用すると、集計値を取り出せます。セルに「=」を入力して取り出したい集計値のセルをクリックするだけで、かんたんに関数を自動入力できます。

ほかのワークシートのセルにピボットテーブルの集計値を取り出します。

▶ GETPIVOTDATA関数とは

GETPIVOTDATA関数は、ピボットテーブルから値を取り出す関数です。自動入力できる関数ですが、構文をある程度知っていると、関数を手直しして使い回せます。構文は以下のとおりです。

=GETPIVOTDATA(データフィールド, ピボットテーブル, フィールド1, アイテム1, フィールド2, アイテム2)

GETPIVOTDATA関数の引数

引数	指定	説明
データフィールド	必須	集計値のフィールド名を半角の「"」で囲んで指定します。
ピボットテーブル	必須	ピボットテーブル内のセルを指定します。通常は先頭のセルを指定します。ほかのワークシートに値を取り出す場合はシート名とセルを半角の「!」(感嘆符) でつないで「シート名!セル番号」の形式で指定します。
フィールド	省略可	取り出すフィールド名を半角の「"」で囲んで指定します。
アイテム	省略可	取り出すアイテム名を半角の「"」で囲んで指定します。

※引数[フィールド]と引数[アイテム]を指定する場合は、必ずペアで指定します。

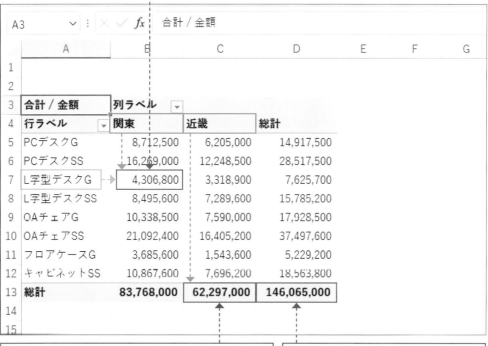

●行と列の交差位置の集計値
=GETPIVOTDATA("金額",集計!$A$3,"地区","関東","商品","L字型デスクG")

●行や列の総計
=GETPIVOTDATA("金額",集計!$A$3,"地区","近畿")

●全体の総計
=GETPIVOTDATA("金額",集計!$A$3)

① 全体の総計を取り出す

💬 解説

GETPIVOTDATA関数の入力

セルに「=」と入力したあと、ピボットテーブルの集計値のセルをクリックすると、その集計値を取り出すためのGETPIVOTDATA関数が自動入力されます。

💬 解説

全体の総計を取り出す

GETPIVOTDATA関数で全体の総計を求めるときは、次の2つの引数を指定します。

引数	指定
データフィールド	"金額"
ピボットテーブル	集計!$A$3

🔍 重要用語

絶対参照

「集計!$A$3」の「$A$3」のようなセルの指定方法を「絶対参照」と呼びます。絶対参照のセル番号は、数式をコピーしたときに「$A$3」のまま変化しません。なお、ここでは数式をコピーしないので、「$」記号を付けずに「集計!A3」と指定しても結果は同じです。

1　総計を表示するセルに「=」と入力して、

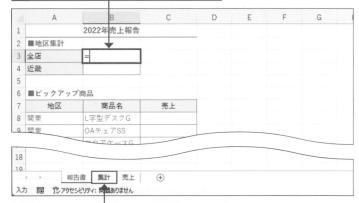

2　ピボットテーブルのシート見出し（ここでは[集計]）をクリックします。

3　全体の総計のセルをクリックして、　　4　Enter を押します。

5　総計が表示されます。

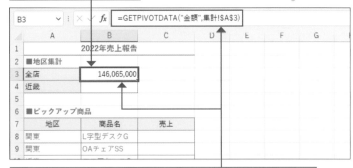

6　セルB3を選択すると、自動入力された数式を確認できます。

=GETPIVOTDATA("金額",集計!$A$3)

② 行の総計や列の総計を取り出す

解説

行や列の総計を取り出す

GETPIVOTDATA関数で行や列の総計を求めるときは、引数［データフィールド］［ピボットテーブル］に加えて、「フィールド」と［アイテム］のペアを1組指定します。ここでは［地区］フィールドが「近畿」というアイテムの［金額］フィールドの総計を求めるので、以下のように指定します。

引数	指定
データフィールド	"金額"
ピボットテーブル	集計!$A$3
フィールド1	"地区"
アイテム1	"近畿"

補足

桁区切りスタイル

GETPIVOTDATA関数を入力するセルB3～B4、セルC8～C10には、あらかじめ桁区切りスタイルが設定しています。そのため集計値が「,」で区切られて表示されます。

ヒント

フィールドの配置を変更しても取り出せる

ここでは、［地区］フィールドの「近畿」というアイテムの総計を取り出します。集計表のレイアウトを変更しても、表の中に「近畿」地区の総計値が表示されていれば、正しく参照できます。ただし、ピボットテーブルから［地区］フィールドを削除すると、関数の結果はエラーになり、セルに「#REF!」が表示されます。

1 列の総計を表示するセルに「=」と入力して、

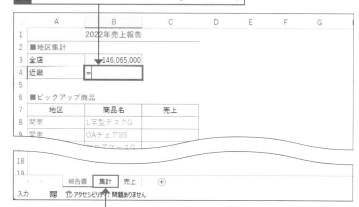

2 ピボットテーブルのシート見出し（ここでは［集計］）をクリックします。

3 「近畿」の総計のセルをクリックして、[Enter]を押します。

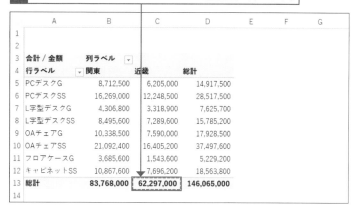

4 「近畿」の総計が表示されます。

5 セルB4を選択すると、自動入力された数式を確認できます。

=GETPIVOTDATA("金額",集計!$A$3,"地区","近畿")

273

③ 行と列の交差位置の集計値を取り出す

💬 解説

行と列の交差位置の値を取り出す

クロス集計表の行と列の交差位置にある集計値を取り出すときは、引数［データフィールド］［ピボットテーブル］に加えて、［フィールド］と［アイテム］のペアを2組指定します。

引数	指定
データフィールド	"金額"
ピボットテーブル	集計!$A$3
フィールド1	"地区"
アイテム1	"関東"
フィールド2	"商品"
アイテム2	"L字型デスクG"

1 集計値を表示するセルに「＝」と入力して、

2 ピボットテーブルのシート見出し（ここでは［集計］）をクリックします。

3 「関東」の「L字型デスクG」のセルをクリックして、[Enter]を押します。

4 「関東」の「L字型デスクG」の集計値が表示されます。

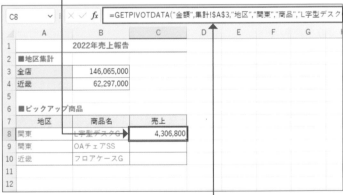

💬 解説

引数に固有名詞が指定される

手順**5**の数式は、地区が「関東」、商品が「L字型デスクG」に固定されています。そのため、この数式をほかのセルにコピーしても常に「関東」の「L字型デスクG」しか求められません。

5 セルC8を選択して数式を確認すると、「"関東"」「"L字型デスクG"」などの固有名詞が入力されており、このままではコピーできないことがわかります。

=GETPIVOTDATA("金額",集計!$A$3,"地区","関東",
"商品","L字型デスクG")

解説

コピーに備えて固有名詞をセル番号に変える

数式をコピーして使い回せるように、GETPIVOTDATA関数の引数に指定されている「"関東"」を「関東が入力されているセルA8に、「"L字型デスクG"」を「L字型デスクG」が入力されているセルB8に修正します。

---

6 数式をコピーして別のアイテムの集計値が取り出せるように、アイテム名の部分をセル番号に書き換えます。

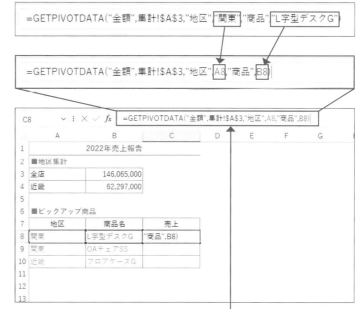

```
=GETPIVOTDATA("金額",集計!$A$3,"地区","関東","商品","L字型デスクG")
```

```
=GETPIVOTDATA("金額",集計!$A$3,"地区",A8,"商品",B8)
```

C8 =GETPIVOTDATA("金額",集計!$A$3,"地区",A8,"商品",B8)

	A	B	C
1	2022年売上報告		
2	■地区集計		
3	全店	146,065,000	
4	近畿	62,297,000	
5			
6	■ピックアップ商品		
7	地区	商品名	売上
8	関東	L字型デスクG	"商品",B8)
9	関東	OAチェアSS	
10	近畿	フロアケースG	

7 「"関東"」を「A8」に、「"L字型デスクG"」を「B8」に修正して、[Enter]を押します。

```
=GETPIVOTDATA("金額",集計!$A$3,"地区",A8,"商品",B8)
```

8 再度セルを選択して、フィルハンドルにマウスポインターを合わせ、2つ下のセルまでドラッグします。

	■ピックアップ商品		
7	地区	商品名	売上
8	関東	L字型デスクG	4,306,800
9	関東	OAチェアSS	
10	近畿	フロアケースG	

重要用語

絶対参照と相対参照

「A8」「B8」のようなセルの指定方法を「相対参照」と呼びます。絶対参照の「$A$3」は、数式をコピーしたときに「$A$3」のまま変化しません。それに対して相対参照の「A8」「B8」は、1つ下のセルにコピーすると「A9」「B9」、2つ下のセルにコピーすると「A10」「B10」に変わります。

9 数式がコピーされ、各地区、各商品の売上が表示されました。

	■ピックアップ商品		
7	地区	商品名	売上
8	関東	L字型デスクG	4,306,800
9	関東	OAチェアSS	21,092,400
10	近畿	フロアケースG	1,543,600

各ページに列見出しを印刷しよう

印刷タイトル

練習▶66_売上集計.xlsx

▶ 2ページ目以降にも見出しを印刷すると集計値との対応がわかる

縦長や横長のピボットテーブルを印刷すると、用紙1枚に収まらないことがあります。表の見出しは1ページ目に印刷されるだけなので、2ページ目以降の集計値はどの項目の集計値なのかわかりづらくなります。そんなときは、**各ページの先頭に表の見出しが印刷されるように、印刷タイトルの設定を行いましょう。**縦長の表であれば、下図のように、各ページの上端に列見出しを印刷でき、横長の表の場合は、各ページの左端に行見出しを印刷できます。集計値と項目の対応が明確になり、わかりやすい資料になります。

Before 通常の設定で印刷

After 印刷タイトルを設定

通常は、見出しは1ページ目にしか印刷されません。

各ページに見出しが印刷されるように設定すると、表がわかりやすくなります。

① 印刷プレビューを確認する

📖 解説

ピボットテーブルの印刷

ピボットテーブルを印刷するときは、通常の表を印刷するときと同様に、印刷プレビューを確認します。不具合が見つかったときは、いったん印刷プレビューを閉じて、不具合を修正しましょう。

1 ［ファイル］タブをクリックして、

2 ［印刷］をクリックすると、

3 印刷プレビューに1ページ目が表示されます。

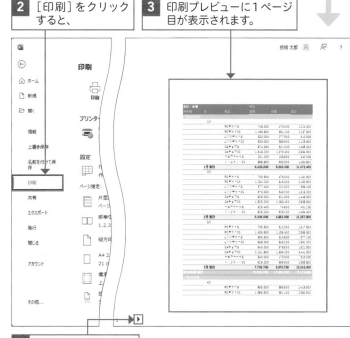

4 ▶ をクリックします。

⌨️ ショートカットキー

**［ファイル］タブの
［印刷］画面の表示**

`Ctrl` + `P`

5 2ページ目が表示されます。

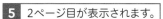

📖 解説

印刷プレビューの拡大・縮小

手順**6**の［ページに合わせる］をクリックすると、印刷プレビューが拡大されます。再度クリックすると、1ページ全体の表示に戻ります。

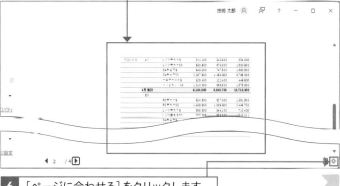

6 ［ページに合わせる］をクリックします。

ヒント

フィルターボタンは印刷されない

アイテムの絞り込みに使用する ▽ は、ピボットテーブルのセルに表示されるだけで、印刷されません。

<table>
<tr><td>7</td><td>印刷プレビューが拡大表示されました。</td></tr>
</table>

<table>
<tr><td>8</td><td>2ページ目に列見出しが表示されていないことを確認します。</td></tr>
</table>

<table>
<tr><td>10</td><td>⊕をクリックして、印刷プレビューを閉じます。</td></tr>
</table>

<table>
<tr><td>9</td><td>[ページに合わせる]をクリックすると、表示倍率が元に戻ります。</td></tr>
</table>

② 印刷タイトルを設定する

補足

このSectionのピボットテーブル

このSectionのピボットテーブルの行ラベルフィールドは、[四半期][月][商品]の3階層をアウトライン形式（205ページ参照）で表示しています。[四半期][月]の小計は末尾に表示する設定にしてあります（211ページヒント参照）。

<table>
<tr><td>1</td><td>ピボットテーブルの任意のセルを選択します。</td></tr>
</table>

<table>
<tr><td>3</td><td>[ピボットテーブル]をクリックして、</td></tr>
</table>

<table>
<tr><td>2</td><td>[ピボットテーブル分析]タブをクリックし、</td></tr>
</table>

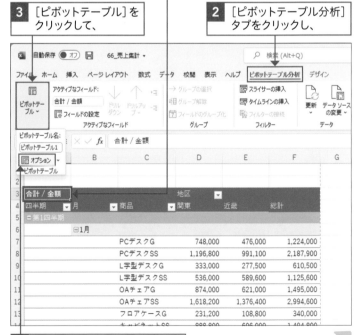

<table>
<tr><td>4</td><td>[オプション]をクリックします。</td></tr>
</table>

解説

印刷タイトルの設定

手順 **7** のように［印刷タイトルを設定する］をオンにすると、印刷物の各ページにピボットテーブルの列見出しが印刷されます。

5 ［ピボットテーブルオプション］ダイアログボックスが表示されます。

6 ［印刷］タブをクリックし、

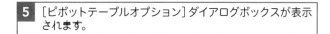

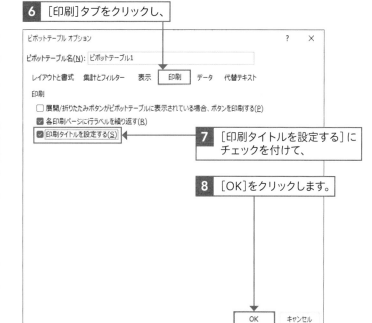

7 ［印刷タイトルを設定する］にチェックを付けて、

8 ［OK］をクリックします。

9 印刷プレビューの2ページ目を確認します。

10 2ページ目に列見出しが表示されました。

ヒント

フィールド名の印刷

ピボットテーブルの初期設定ではフィールド名の代わりに「行ラベル」「列ラベル」と表示されるので、印刷するとわかりづらくなります。このSectionのサンプルのようにアウトライン形式や表形式に変更すると、セルにフィールド名が表示されるので、わかりやすい印刷物になります。

Section

67 分類ごとにページを分けて印刷しよう

改ページ設定

練習▶67_売上集計.xlsx

▶ 次の分類は新しいページから印刷できる

「大分類→中分類→小分類」のように、行見出しが分類別に表示されている表の場合、分類ごとに印刷すると見やすい表になります。行数の兼ね合いから、大分類や中分類ごとに改ページしたいこともあるでしょう。ピボットテーブルでは、分類として配置したフィールドごとに改ページの設定を行えるので、用紙と行数のバランスを見て、どの分類で改ページを入れるか決めるとよいでしょう。ここでは、「四半期→月→商品」のように階層付けられた集計表を、四半期ごとに改ページして印刷します。これにより、1枚の用紙に売上データを切りよく3カ月分ずつ印刷できます。

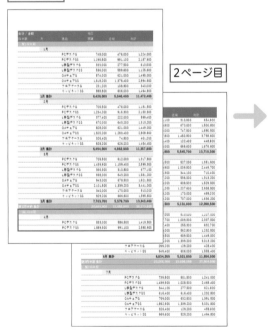

Before 通常の印刷

1ページ目

2ページ目

After 改ページを設定

1ページ目

2ページ目

通常は、1ページ目の下端まで印刷されたあと、続きのデータが2ページ目に印刷されます。

[四半期]フィールドで改ページの設定を行うと、1ページに3カ月分ずつのデータを印刷できます。

① 印刷プレビューを確認する

🗨 解説

この Section の サンプル

初期設定では「コンパクト形式」というレイアウトが適用されており、階層構造の複数のフィールドがすべて A 列に表示されます。この Section のサンプルではレイアウトを「アウトライン形式」に変更してあり、階層ごとに異なる列に表示されます。レイアウトについて、詳しくは204ページを参照してください。

コンパクト形式
初期設定では、「四半期」「月」「商品」はすべて A 列に表示されます。

アウトライン形式
「アウトライン形式」に変更すると、「四半期」「月」「商品」は異なる列に分かれます。

1 「四半期」「月」「商品」の順に階層構造になっています。

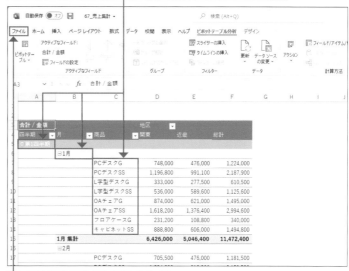

2 [ファイル]タブをクリックして、

3 [印刷]をクリックして、

4 1ページ目の下端までデータが表示されていることを確認します。

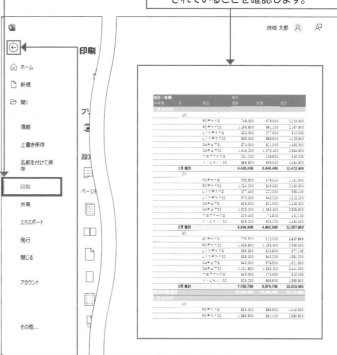

5 ⊖ をクリックして、印刷プレビューを閉じます。

② [四半期] フィールドで改ページを設定する

改ページの設定

改ページの設定は、フィールドに対して行います。ここでは、四半期ごとに改ページを入れたいので、「第1四半期」などの[四半期]フィールドのセルを選択して、設定を行います。

1 [四半期]のセルを選択して、

2 [ピボットテーブル分析]タブをクリックし、

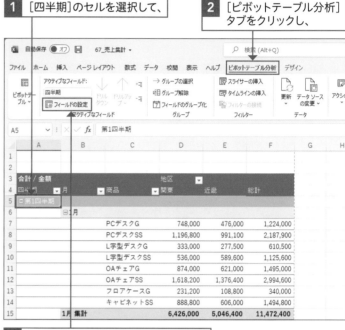

3 [フィールドの設定]をクリックします。

4 [フィールドの設定]ダイアログボックスが表示されます。

5 [レイアウトと印刷]タブをクリックし、

6 [アイテムの後ろに改ページを入れる]にチェックを付けて、

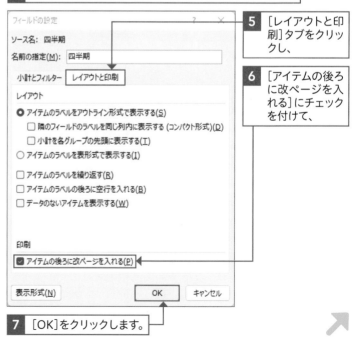

アイテムの後ろに改ページを入れる

手順**6**のように[アイテムの後ろに改ページを入れる]にチェックを付けると、[四半期]フィールドの各アイテムの末尾に改ページが挿入されます。

7 [OK]をクリックします。

ヒント

3カ月分ずつ印刷される

このSectionのサンプルには12カ月分の
データが含まれているので、3カ月ずつ
の売上表が4枚印刷されます。なお、3カ
月の売上データが用紙1枚に収まらない
場合、3カ月分のデータが複数ページに
印刷されたあとで改ページされます。

8 印刷プレビューを表示します。

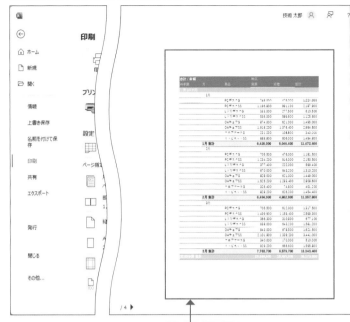

9 切りのよいところで改ページされています。

解説 最終ページに総計行が印刷されないようにするには

ピボットテーブルを印刷すると、通常、最終行に総計行が印刷されます。分類ごとにページを分けた場合、最終ページ
にだけ総計行が印刷され、ほかのページと体裁が異なってしまいます。ほかと体裁をそろえるには、209ページを参考
に［行のみ集計を行う］を設定して、総計行を非表示にするとよいでしょう。

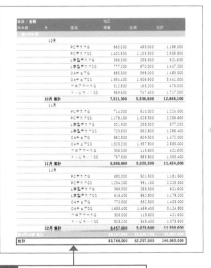

1 通常は最終ページにだけ
総計行が印刷されます。

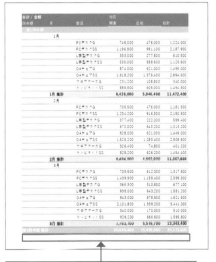

2 総計行を非表示にすると、ほかの
ページと体裁がそろいます。

Section

68 ピボットテーブルを 通常の表に変換しよう

コピー／貼り付け

練習▶68_売上集計.xlsx

▶ ピボットテーブルをコピーすれば表の加工も思いのまま

ピボットテーブルは、集計元のデータベースのデータを集計することを目的とした特別な表なので、通常の表と違って、自由に編集できません。たとえば、セルを結合したり、表の中に行や列を挿入したりといったことはできません。また、ピボットテーブルから作成できるグラフの種類にも制限があります。ピボットテーブルの表から報告書を作成したい、というようなときは、ピボットテーブルをあれこれと操作するより、**通常の表に変換してしまった**ほうが思い通りに加工できます。**コピー／貼り付けの機能を使用すると、かんたんにピボットテーブルを通常の表に変換**できます。なお、変換後は、集計元のデータベースから切り離されるため、更新の操作は行えません。

Before　ピボットテーブル

ピボットテーブルのままでは自由な編集ができません。

After　通常の表

ピボットテーブルをコピーします。

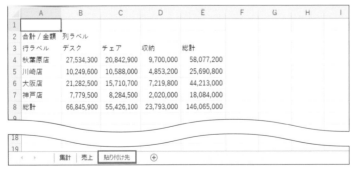

ほかのワークシートに値を貼り付けると、自由に編集できます。

ショートカットキー

コピー

Ctrl + C

1 ピボットテーブルのセル範囲を選択して、

2 ［ホーム］タブをクリックします。

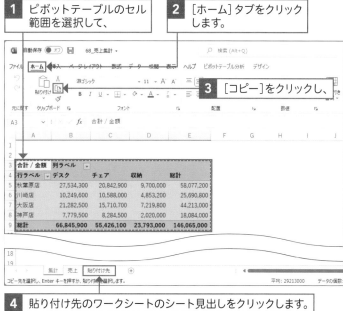

3 ［コピー］をクリックし、

4 貼り付け先のワークシートのシート見出しをクリックします。

5 貼り付け先の先頭のセルを選択して、

6 ［貼り付け］の下の部分をクリックし、

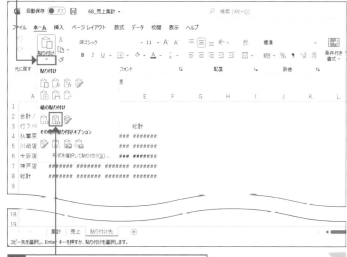

解説

値と数値の書式

ピボットテーブル全体をコピーしてそのまま貼り付けた場合、ピボットテーブル形式のまま貼り付けられます。貼り付けるときに［値と数値の書式］を選ぶと、ピボットテーブルが解除され、値だけが貼り付けられます。数値にはピボットテーブルで設定した表示形式が適用されます。

7 ［値と数値の書式］をクリックします。

元のピボットテーブルは そのまま残る

ピボットテーブルをほかのワークシートにコピー／貼り付けしても、元のピボットテーブルはそのままの状態で残ります。

8 ピボットテーブルが通常の表として貼り付けられました。

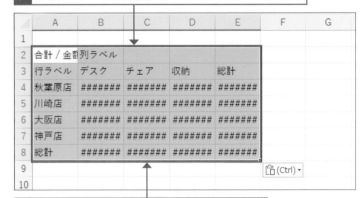

9 列幅が狭いため、数値が正しく表示されません。

10 列番号をドラッグして、表のすべての列を選択します。

ヒント

一部のセルをコピーした場合

ピボットテーブルの一部のセルをコピーして、別シートに貼り付けた場合、自動的にピボットテーブルが解除されて貼り付けられます。

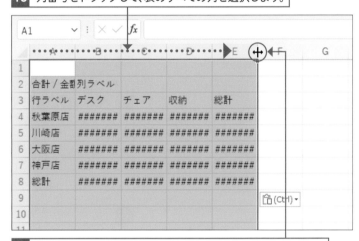

11 選択した列番号のいずれかの境界線をダブルクリックします。

12 列幅が自動調整され、数値が正確に表示されます。

	A	B	C	D	E	F
1						
2	合計 / 金額	列ラベル				
3	行ラベル	デスク	チェア	収納	総計	
4	秋葉原店	27,534,300	20,842,900	9,700,000	58,077,200	
5	川崎店	10,249,600	10,588,000	4,853,200	25,690,800	
6	大阪店	21,282,500	15,710,700	7,219,800	44,213,000	
7	神戸店	7,779,500	8,284,500	2,020,000	18,084,000	
8	総計	66,845,900	55,426,100	23,793,000	146,065,000	
9						

解説

ダブルクリックで 列幅が自動調整される

列を選択して、列番号の境界線をダブルクリックすると、列内の文字がすべて正しく表示されるように列幅が自動調整されます。あらかじめ複数の列を選択した場合は、選択した列がそれぞれ最適な幅になります。

第 **10** 章

複数の表をまとめて
データを集計しよう 発展編

複数のテーブルをまとめよう

▶ 複数のクロス集計表をもとにピボットテーブルで集計する

複数のワークシートに入力された複数のクロス集計表を、ピボットテーブルで統合して集計することができます。同じクロス集計表の形に串刺し集計することも、フィールドを組み替えて集計することも可能です。

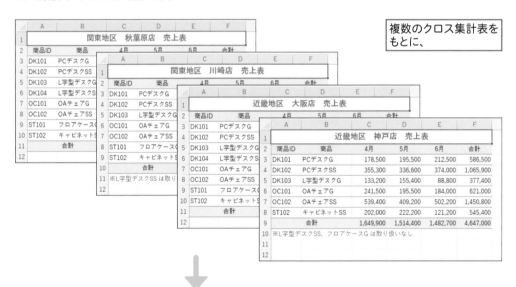

複数のクロス集計表をもとに、

ピボットテーブルで集計できます。

10 複数の表をまとめてデータを集計しよう

複数のテーブルをもとにピボットテーブルで集計する

テーブル間に「リレーションシップ」という関連付けの設定を行うと、複数のテーブルから
ピボットテーブルを作成して集計できます。

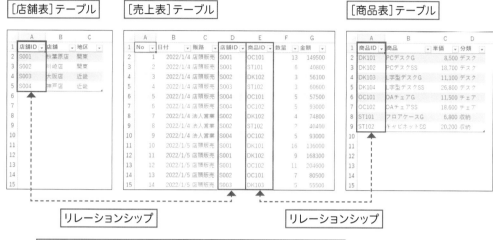

複数のテーブルを関連付けて、ピボットテーブルで集計できます。

Accessのデータをもとにピボットテーブルで集計する

Accessのファイルに入力されているデータをもとに、Excelのピボットテーブルで集計を行
えます。Accessで行ったデータの変更を、Excelのピボットテーブルに反映することもでき
ます。

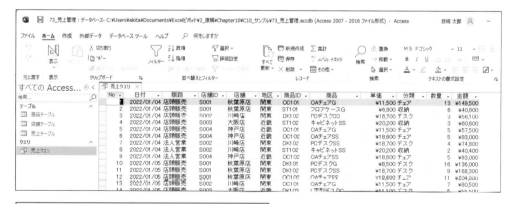

Accessのデータをピボットテーブルで集計できます。

発展編

Section 69

複数のクロス集計表をピボットテーブルで結合して集計しよう

ピボットテーブルウィザード

📁 練習▶69_売上集計.xlsx

▶ 複数のクロス集計表をピボットテーブルで統合できる

通常、ピボットテーブルは、1行目にフィールド名、2行目以降にデータが入力されているデータベース形式の表から作成します。しかし、実際にはクロス集計表の形式で入力しているデータをピボットテーブルで分析したいというケースもあるでしょう。[ピボットテーブル／ピボットグラフウィザード]という機能を使用すると、**複数のクロス集計表を統合できます**。支店別にワークシートを分けて、売上データを入力している場合などに役立ちます。

Before 複数のクロス集計表

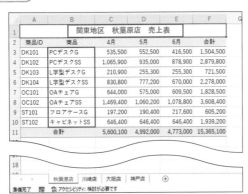

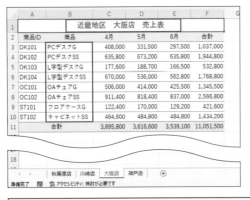

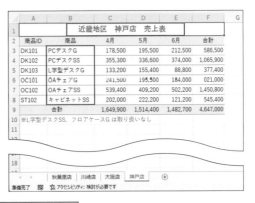

関東地区2店舗と近畿地区2店舗の合計4店舗の売上表があります。
それぞれの店舗で取扱商品は異なります。

After1 ピボットテーブルでデータを統合

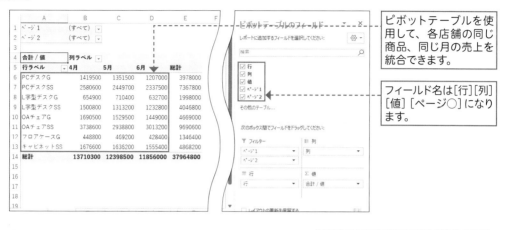

ピボットテーブルを使用して、各店舗の同じ商品、同じ月の売上を統合できます。

フィールド名は[行][列][値][ページ○]になります。

After2 フィールドを入れ替えて集計

適切なフィールド名を設定すると、操作しやすくなります。

レイアウトを変更して、さまざまな視点で分析できます。

① ウィザード画面を呼び出す

解説

ショートカットキーで設定画面を呼び出す

複数のクロス集計表からピボットテーブルを作成するための[ピボットテーブル／ピボットグラフウィザード]は、Excel 2003以前のバージョンのExcelの機能です。正式な機能ではないので、リボンのボタンが用意されておらず、ショートカットキーで呼び出します。

1 [Alt]を押して、次に[D]を押します。

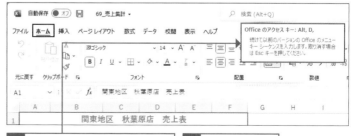

2 ショートカットキーに関するポップヒントが表示されます。

3 [P]を押します。

発展編

解説

ウィザード

手順 **4** の［ピボットテーブル／ピボットグラフウィザード］で［複数のワークシート範囲］を選択すると、複数のワークシートに入力されている表を1つのデータベースとして、ピボットテーブルを作成できます。

4 ［ピボットテーブル／ピボットグラフウィザード］が表示されました。

5 ［複数のワークシート範囲］をクリックして、

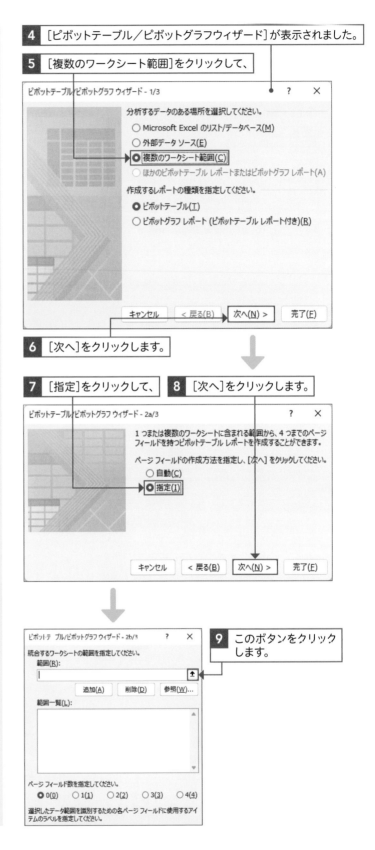

ピボットテーブル/ピボットグラフ ウィザード - 1/3

分析するデータのある場所を選択してください。
- ○ Microsoft Excel のリスト/データベース(M)
- ○ 外部データ ソース(E)
- ● 複数のワークシート範囲(C)
- ○ ほかのピボットテーブル レポートまたはピボットグラフ レポート(A)

作成するレポートの種類を指定してください。
- ● ピボットテーブル(T)
- ○ ピボットグラフ レポート (ピボットテーブル レポート付き)(R)

キャンセル | < 戻る(B) | 次へ(N) > | 完了(F)

6 ［次へ］をクリックします。

7 ［指定］をクリックして、　**8** ［次へ］をクリックします。

ピボットテーブル/ピボットグラフ ウィザード - 2a/3

1 つまたは複数のワークシートに含まれる範囲から、4 つまでのページフィールドを持つピボットテーブル レポートを作成することができます。

ページ フィールドの作成方法を指定し、[次へ] をクリックしてください。
- ○ 自動(C)
- ● 指定(I)

キャンセル | < 戻る(B) | 次へ(N) > | 完了(F)

9 このボタンをクリックします。

ピボット テ ブル/ピボットグラフ ウィザード - 2b/3

統合するワークシートの範囲を指定してください。
範囲(R):
| |　↑

追加(A) | 削除(D) | 参照(W)...

範囲一覧(L):

ページ フィールド数を指定してください。
- ● 0(0) ○ 1(1) ○ 2(2) ○ 3(3) ○ 4(4)

選択したデータ範囲を識別するための各ページ フィールドに使用するアイテムのラベルを指定してください。

補足

フィールドは 自動作成される

通常、データベース形式の表では1行目がフィールド名、2行目以降がデータと決められており、ピボットテーブルのフィールドリストには1行目のフィールド名が表示されます。しかし、クロス集計表にはフィールドの概念がないので、ピボットテーブルを作成するときにフィールドが自動作成されます。

解説

自動で3つの フィールドが作成される

クロス集計表からピボットテーブルを作成すると、元のクロス集計表の左端のデータから構成されるフィールド、上端のデータから構成されるフィールド、それらの交差位置にあるデータから構成されるフィールドの合計3フィールドが自動で作成されます。手順 **2** ではセルB2～E10を指定したので、左端の商品、上端の月、売上の数値の3フィールドが作成されます。

このような3つのフィールドが作成されます。

前ページ手順 **9** から続けて操作します。

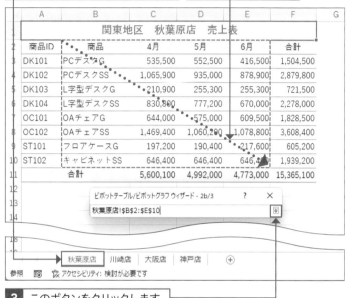

1 ［秋葉原店］のシート見出しをクリックして、

2 セルB2～E10をドラッグし、

3 このボタンをクリックします。

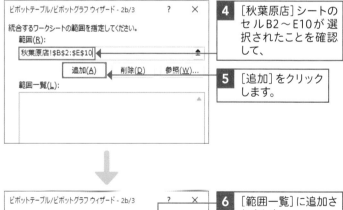

4 ［秋葉原店］シートのセルB2～E10が選択されたことを確認して、

5 ［追加］をクリックします。

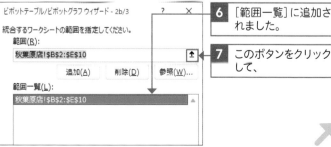

6 ［範囲一覧］に追加されました。

7 このボタンをクリックして、

⚠️注意

「商品ID」を含めると
うまくいかない

手順⑧で指定する範囲は、1行目と1列目に見出しが来るように指定してください。見出しが複数行／複数列あるとうまく集計できないので、「商品ID」の列は含めないようにします。

⑧ 手順1～6を参考に、ほかのクロス集計表の範囲を指定します。

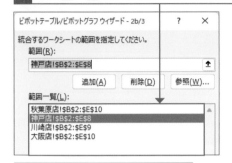

```
指定する範囲
  ［神戸店］シートのセルB2～E8
  ［川崎店］シートのセルB2～E9
  ［大阪店］シートのセルB2～E10
```

③ クロス集計表の分類名をそれぞれ指定する

💬解説

手動で4フィールドを
追加できる

自動で作成される3フィールドのほかに、各クロス集計表を分類するためのフィールドを4つまで追加できます。ここでは、4つのクロス集計表を地区と店舗の2種類で分類できるように設定します。そのため、手順1では、追加するフィールドとして［2］を指定しました。

💬解説

分類分けの
アイテム名を入力する

手順2～4では、［秋葉原店］のクロス集計表のデータを分類するための地区名と店舗名を設定しています。この操作により、［秋葉原店］のクロス集計表のデータはすべて、「関東」「秋葉原店」に属するデータとなります。

上の手順⑧から続けて操作します。

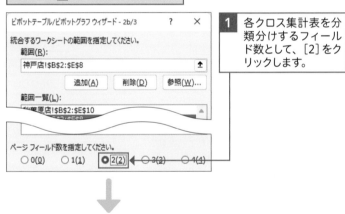

1 各クロス集計表を分類分けするフィールド数として、［2］をクリックします。

ここでは［フィールド1］を地区、［フィールド2］を店舗用のフィールドとして設定します。

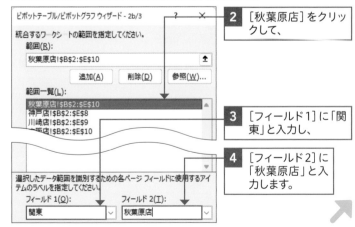

2 ［秋葉原店］をクリックして、

3 ［フィールド1］に「関東」と入力し、

4 ［フィールド2］に「秋葉原店」と入力します。

解説

地区と店舗の
2フィールドが作成される

手順 2 ～ 8 の操作により、「関東」「近畿」の2つのアイテムからなるフィールドと、「秋葉原店」「川崎店」「大阪店」「神戸店」の4つのアイテムからなるフィールドが作成されます。

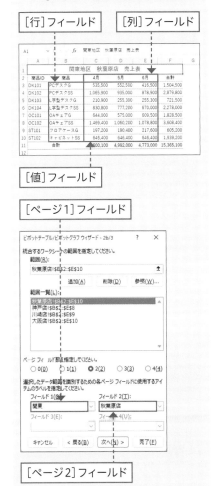

ヒント

作成される
フィールドの名前

クロス集計表からピボットテーブルを作成する場合、フィールド名はデータの位置によって[行][列][値][ページ1][ページ2]のように自動で設定されます。

[行]フィールド　　　[列]フィールド

[値]フィールド

[ページ1]フィールド

[ページ2]フィールド

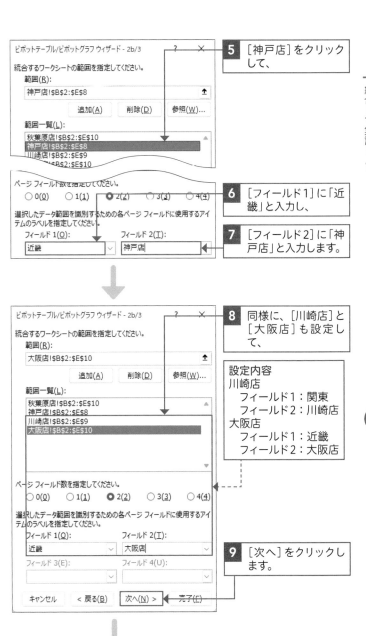

5 [神戸店]をクリックして、

6 [フィールド1]に「近畿」と入力し、

7 [フィールド2]に「神戸店」と入力します。

8 同様に、[川崎店]と[大阪店]も設定して、

設定内容
川崎店
　フィールド1：関東
　フィールド2：川崎店
大阪店
　フィールド1：近畿
　フィールド2：大阪店

9 [次へ]をクリックします。

10 複数の表をまとめてデータを集計しよう

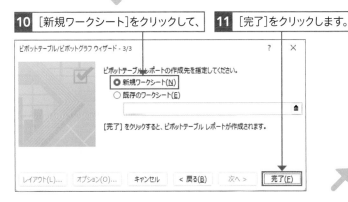

10 [新規ワークシート]をクリックして、

11 [完了]をクリックします。

発展編

12 4つのクロス集計表がピボットテーブルで統合されます。

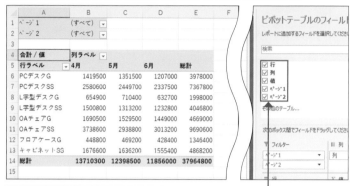

	A	B	C	D	E	F
1	ページ1	(すべて)				
2	ページ2	(すべて)				
3						
4	合計 / 値	列ラベル				
5	行ラベル	4月	5月	6月	総計	
6	PCデスクG	1419500	1351500	1207000	3978000	
7	PCデスクSS	2580600	2449700	2337500	7367800	
8	L字型デスクG	654900	710400	632700	1998000	
9	L字型デスクSS	1500800	1313200	1232800	4046800	
10	OAチェアG	1690500	1529500	1449000	4669000	
11	OAチェアSS	3738600	2938800	3013200	9690600	
12	フロアケースG	448800	469200	428400	1346400	
13	キャビネットSS	1676600	1636200	1555400	4868200	
14	総計	13710300	12398500	11856000	37964800	
15						

13 [行][列][値][ページ1][ページ2]という名前の5つのフィールドが作成されます。

④ 適切なフィールド名を設定する

解説

レイアウト変更前にフィールド名を設定する

ピボットテーブルの作成直後、[行]エリアに「行」という名前のフィールド、[列]エリアに「列」という名前のフィールドが配置されます。紛らわしいので、適切な名前を設定しておきましょう。

このままのフィールド名だと紛らわしいので変更します。

上の手順**13**から続けて操作します。

1 「ページ1」と表示されているセルを選択して、

2 [ピボットテーブル分析]タブをクリックし、

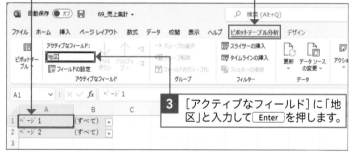

3 [アクティブなフィールド]に「地区」と入力して Enter を押します。

4 フィールド名が「地区」に変更されました。

5 同様にフィールド名を「店舗」に変更します。

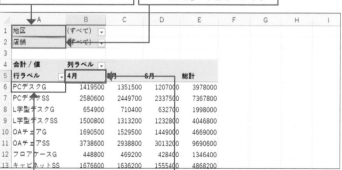

6 任意の商品名のセルを選択して、フィールド名を「商品」に変更します。

7 任意の月名のセルを選択して、フィールド名を「月」に変更します。

統合したデータを集計し直せる

ピボットテーブルで統合したデータは、通常のピボットテーブルと同様にレイアウトを組み替えて、さまざまな形の集計表に変更できます。

8 フィールドリストのフィールド名も変更されました。

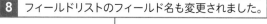

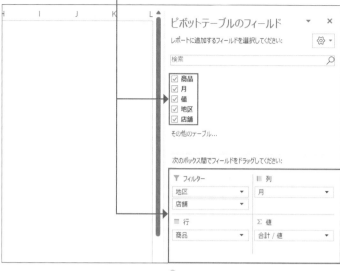

9 75〜77ページを参考に、フィールドを入れ替えます。

10 元のクロス集計表とは異なる集計項目で集計できました。

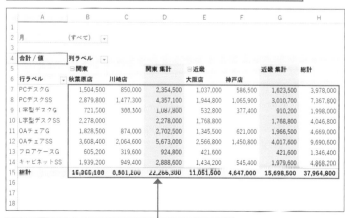

11 82ページを参考に、集計値に桁区切りの表示形式を設定しておきます。

発展編

複数のテーブルを関連付けて集計しよう（1）

テーブルの準備

📁 練習▶70_売上集計.xlsx

▶ データを一元管理すれば整合性を維持できる！

下図のテーブルは、第9章まで使用してきた売上データベースです。「店舗」が決まれば「地区」も決まり、「商品」が決まれば「分類」と「単価」も決まる、という関係が見て取れます。表の中に「地区」「分類」「単価」を繰り返し入力しているので、このような表では入力ミスにより同じ商品が異なる単価で入力されてしまうなど、データの整合性が取れなくなる心配があります。また、入力作業の無駄にもなります。データの整合性を保つには、売上データベースから「店舗情報」と「商品情報」を切り出すのが効果的です。そうすれば、「地区」「分類」「単価」の入力は1回だけで済み、データを一元管理できるので、整合性が崩れる心配がなくなります。

データベースの分割

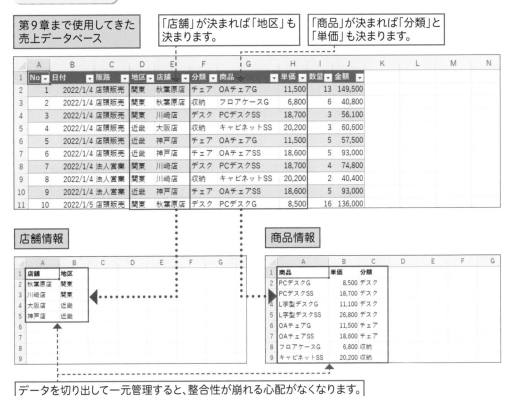

| 第9章まで使用してきた売上データベース | 「店舗」が決まれば「地区」も決まります。 | 「商品」が決まれば「分類」と「単価」も決まります。 |

No	日付	販路	地区	店舗	分類	商品	単価	数量	金額
1	2022/1/4	店頭販売	関東	秋葉原店	チェア	OAチェアG	11,500	13	149,500
2	2022/1/4	店頭販売	関東	秋葉原店	収納	フロアケースG	6,800	6	40,800
3	2022/1/4	店頭販売	関東	川崎店	デスク	PCデスクSS	18,700	3	56,100
4	2022/1/4	店頭販売	近畿	大阪店	収納	キャビネットSS	20,200	3	60,600
5	2022/1/4	店頭販売	近畿	神戸店	チェア	OAチェアG	11,500	5	57,500
6	2022/1/4	店頭販売	近畿	神戸店	チェア	OAチェアSS	18,600	5	93,000
7	2022/1/4	法人営業	関東	川崎店	デスク	PCデスクSS	18,700	4	74,800
8	2022/1/4	法人営業	関東	川崎店	収納	キャビネットSS	20,200	2	40,400
9	2022/1/4	法人営業	近畿	神戸店	チェア	OAチェアSS	18,600	5	93,000
10	2022/1/5	店頭販売	関東	秋葉原店	デスク	PCデスクG	8,500	16	136,000

店舗情報

店舗	地区
秋葉原店	関東
川崎店	関東
大阪店	近畿
神戸店	近畿

商品情報

商品	単価	分類
PCデスクG	8,500	デスク
PCデスクSS	18,700	デスク
L字型デスクG	11,100	デスク
L字型デスクSS	26,800	デスク
OAチェアG	11,500	チェア
OAチェアSS	18,600	チェア
フロアケースG	6,800	収納
キャビネットSS	20,200	収納

データを切り出して一元管理すると、整合性が崩れる心配がなくなります。

データベース同士を結ぶ「キー」を用意するのがポイント

売上データベースから「店舗情報」と「商品情報」を切り出す際に、ただ切り出すだけだと、切り出したデータと元のデータを結びつけることができなくなってしまいます。そこで、切り出す際に、**それぞれのデータベースを結び付けるための「キー」となるフィールドを用意します**。ここでは、店舗データのキーとして［店舗ID］フィールド、商品データのキーとして［商品ID］フィールドを用意しました。

売上データベースからキーをたどったときに、単一のレコードが結び付くように、店舗データベースの［店舗ID］と商品データベースの［商品ID］にはそれぞれ重複しない固有の値を入力しておく必要があります。キーとなるフィールドを介したデータベース同士の関連付けを、「リレーションシップ」と呼びます。Excelでは、このように**リレーションシップ**の設定された複数のデータベースから、ピボットテーブルを作成して集計することができます。

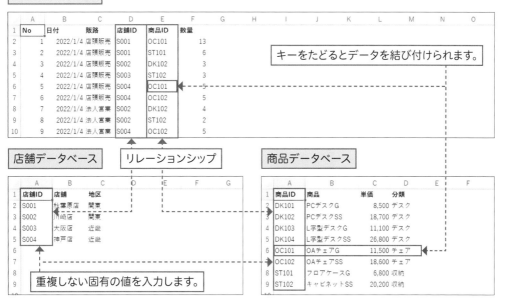

キーを介してデータベース同士を結ぶ

集計までの操作の流れ

複数のデータベースを関連付けて、ピボットテーブルで集計するには、「テーブルの作成」「リレーションシップの設定」「ピボットテーブルの作成」の3ステップが必要です。本書では、これらのステップを、Sectionを分けて解説します。

| テーブルの作成
Sec.70（本Section） | → | リレーションシップの設定
Sec.71 | → | ピボットテーブルの作成
Sec.72 |

▶ まずはテーブルを準備しよう

複数のデータベースにリレーションシップを設定するには、あらかじめデータベースをテーブルに変換しておく必要があります。リレーションシップを設定するときにテーブルを識別しやすいように、テーブルには適切な名前を付けておきましょう。また、ピボットテーブルで売上金額の集計が行えるように、「売上」データベースに「金額」のフィールドを用意します。

Before 通常の表

テーブルに変換します。

After テーブルに変換

［金額］フィールドを作成します。

解説

テーブル設定時にデザインを選べる

表をテーブルに変換する方法は、［ホーム］タブにある［テーブルとして書式設定］を使用する方法と、43ページで紹介した［挿入］タブの［テーブル］を使用する方法があります。前者の方法だとテーブルに変換する際にデザインを選べます。今回、3つのテーブルを使用しますが、本体となる［売上表］テーブルと、本体から参照する［店舗表］テーブル、［商品表］テーブルを色分けするとわかりやすいので、［テーブルとして書式設定］を使用しました。

1 ［店舗］シートをクリックします。

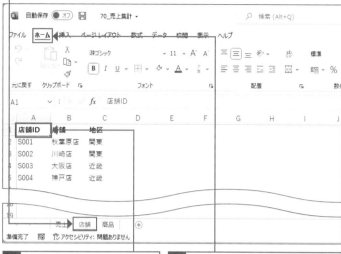

2 表内のセルを1つ選択して、

3 ［ホーム］タブをクリックします。

4 ［テーブルとして書式設定］をクリックして、

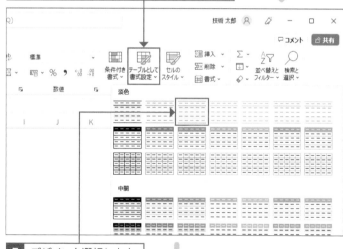

5 デザインを選択します。

6 ［テーブルの作成］ダイアログボックスが表示されます。

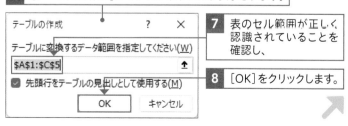

7 表のセル範囲が正しく認識されていることを確認し、

8 ［OK］をクリックします。

発展編

ヒント

わかりやすい名前を付ける

テーブル間にリレーションシップを設定するときに、テーブル名でテーブルを識別します。「テーブル1」など、初期設定のテーブル名ではどのテーブルなのかわかりづらいので、テーブルの内容と結び付く簡潔でわかりやすい名前に変更しましょう。

9 表がテーブルに変換され、指定したデザインが適用されました。

10 ［テーブルデザイン］タブをクリックして、

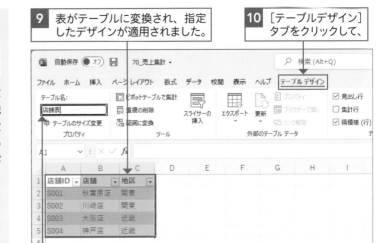

11 ［テーブル名］に「店舗表」と入力して Enter を押すと、テーブル名を設定できます。

12 同様に、［商品］シートの表をテーブルに変換して、「商品表」というテーブル名を設定しておきます。

② 売上テーブルを設定して必要なフィールドを追加する

 解説

金額の計算

金額の計算は「単価×数量」で求められますが、［単価］フィールドが入力されているのは別シートにある［商品］テーブルです。そこで、ここでは「VLOOKUP関数」を使用して、キーとなる［商品ID］をもとに［商品］テーブルから該当する単価を取り出します。取り出した単価を数量と掛け合わせて金額を求めます。

1 ［売上］シートをクリックします。

2 301ページを参考にテーブルに変換して、

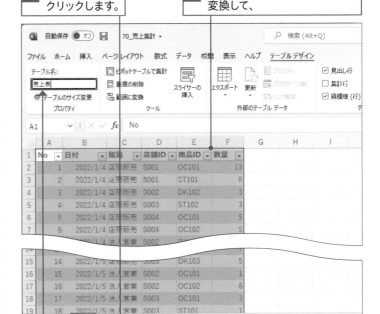

3 「売上表」というテーブル名を設定します。

重要用語

構造化参照

テーブルでは、セルをセル番号ではなく「構造化参照」と呼ばれる記号で表します。例えば、「[@商品ID]」は、「数式を入力した行にある「商品ID」列のセル」を表します。数式を入力するときにテーブル内のセルをクリックすると、自動で構造化参照が入力されます。

1 「=VLOOKUP(」と入力して、

2 セルE2をクリックすると、

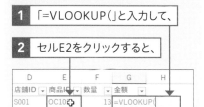

3 「[@商品ID]」が入力されます。

4 セルG1に「金額」と入力して Enter を押すと、

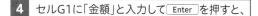

5 テーブルが拡張され、縞模様が設定されます。

6 セルG2に金額を求める計算式を入力すると、

=VLOOKUP([@商品ID],商品表,3,FALSE)*[@数量]

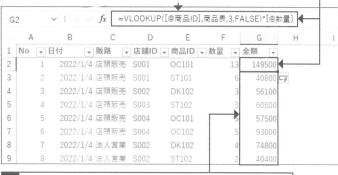

7 テーブルが拡張され、すべての行に金額が表示されます。

解説　VLOOKUP関数で商品テーブルから単価を取り出す

VLOOKUP関数では、「範囲」の左端列から「検索値」を検索して、見つかった行の「列番号」目のセルの値を取り出します。「検索方法」として「FALSE」を指定すると、完全一致検索になります。

書式：VLOOKUP(検索値,範囲,列番号,検索方法)
入力した数式：=VLOOKUP([@商品ID],商品表,3,FALSE)*[@数量]

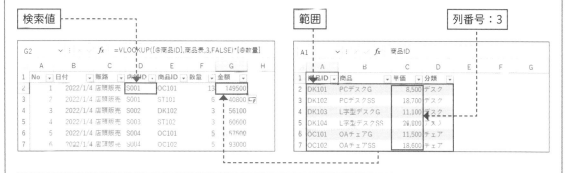

「G101」に対応する単価を、[商品表]テーブルの3列目から取り出して、数量と掛け合わせます。

複数のテーブルを 関連付けて集計しよう(2)

リレーションシップ

練習▶71_売上集計.xlsx

▶ 共通のフィールドをキーとしてテーブル同士を関連付ける

テーブルの準備が整ったら、次はリレーションシップの設定です。**共通のフィールドを介してテーブル同士を結合して、本体となる[売上表]テーブルから[店舗表]や[商品表]テーブルを参照できるようにします。**結合に使用するフィールドには、「外部キー」と「プライマリキー」の2種類があります。「外部キー」は本体となるテーブル側のフィールドで、[売上表]テーブルの[店舗ID]や[商品ID]が該当します。一方、「プライマリキー」は参照される側のテーブルのフィールドで、[店舗表]テーブルの[店舗ID]や、[商品表]テーブルの[商品ID]が該当します。これらの用語は、リレーションシップの設定に出てくるので覚えておきましょう。

リレーションシップの設定

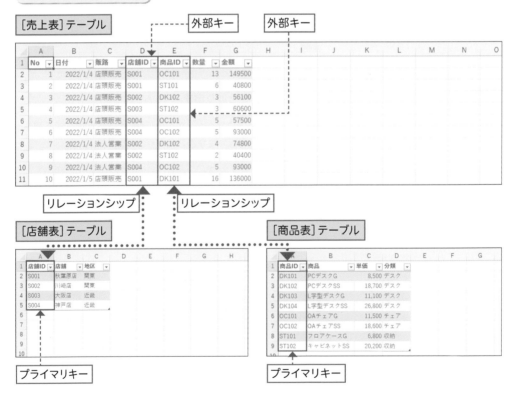

① リレーションシップを設定する

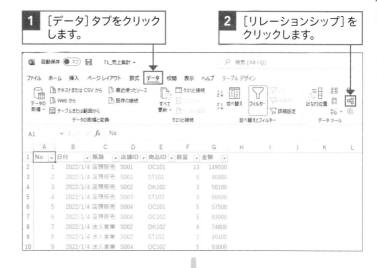

1 ［データ］タブをクリックします。

2 ［リレーションシップ］をクリックします。

3 ［リレーションシップの管理］ダイアログボックスが表示されます。

4 ［新規作成］をクリックします。

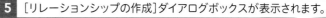

5 ［リレーションシップの作成］ダイアログボックスが表示されます。

6 ⌄ をクリックして、［売上表］を選択します。

7 ⌄ をクリックして、［店舗ID］を選択します。

解説

このSectionで行う操作

ここでは、2組のリレーションシップを設定します。1組目の設定では、［売上表］テーブルと［店舗表］テーブルを、［店舗ID］フィールドを介して結合します。2組目の設定では、［売上表］テーブルと［商品表］テーブルを、［商品ID］フィールドを介して結合します。

解説

［新規作成］で1組分の設定ができる

［リレーションシップの管理］ダイアログボックスで［新規作成］をクリックすると、［リレーションシップの作成］ダイアログボックスが表示され、1組分のリレーションシップを設定できます。

発展編

ヒント

上下の設定欄で正しく設定しよう

[リレーションシップの作成]ダイアログボックスには、設定欄が上下2行あります。上の設定欄で外部キー側のテーブルとフィールドを指定します。また、下側の設定欄でプライマリキー側のテーブルとフィールドを指定します。上下の設定欄を間違えないようにしましょう。

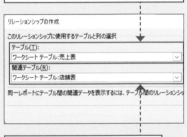

外部キー側のテーブルを指定します。

プライマリキー側のテーブルを指定します。

⚠ 注意

プライマリキーの値は重複してはいけない

[リレーションシップの作成]ダイアログボックスの[関連列（プライマリ）]に設定したフィールドには、固有の値を入力する必要があります。重複する値が入力されている場合、ピボットテーブルでエラーが発生することがあるので注意してください。

プライマリキーは、重複がないように入力されていなければいけません。

	A	B	C	D
1	店舗ID	店舗	地区	
2	S001	秋葉原店	関東	
3	S002	川崎店	関東	
4	S003	大阪店	近畿	
5	S004	神戸店	近畿	
6				

8 ▽ をクリックして、[店舗表]を選択します。

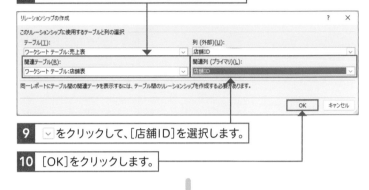

9 ▽ をクリックして、[店舗ID]を選択します。

10 [OK]をクリックします。

11 [売上表]テーブルと[店舗表]テーブルが[店舗ID]フィールドで結合されました。

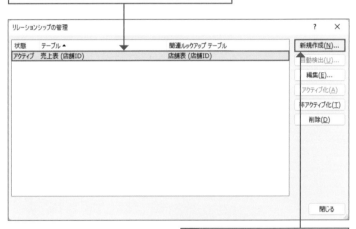

12 [新規作成]をクリックします。

13 [売上表]テーブルと[商品ID]フィールドを選択します。

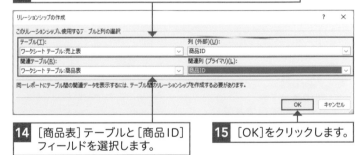

14 [商品表]テーブルと[商品ID]フィールドを選択します。

15 [OK]をクリックします。

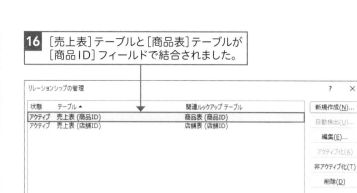

16 [売上表]テーブルと[商品表]テーブルが
[商品ID]フィールドで結合されました。

17 [閉じる]をクリックします。

💡 ヒント　**リレーションシップの設定を編集／削除するには**

リレーションシップの設定を編集するには、まず[デー
タ]タブの[リレーションシップ]をクリックして
[リレーションシップの管理]ダイアログボックスを
表示します。一覧からリレーションシップを選択し
て[編集]をクリックすると、リレーションシップを
編集できます。また、一覧からリレーションシップ
を選択して[削除]をクリックすると、リレーション
シップを削除できます。

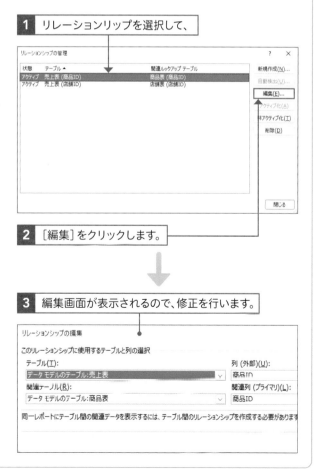

1 リレーションリップを選択して、

2 [編集]をクリックします。

3 編集画面が表示されるので、修正を行います。

複数のテーブルを関連付けて集計しよう（3）

複数テーブルの集計

練習▶72_売上集計.xlsx

▶ それぞれのテーブルからフィールドを追加して集計する

リレーションシップの設定が済んだら、いよいよピボットテーブルの作成です。［**このデータをデータモデルに追加する**］設定を行うと、リレーションシップが設定された各テーブルのレコード同士が結ばれて、集計を行えます。フィールドリストには、テーブル名とフィールド名が階層構造で表示されるので、集計に使うフィールドがどのテーブルにあるのかを考えながら、集計項目の設定を行いましょう。

複数テーブルからピボットテーブルを作成

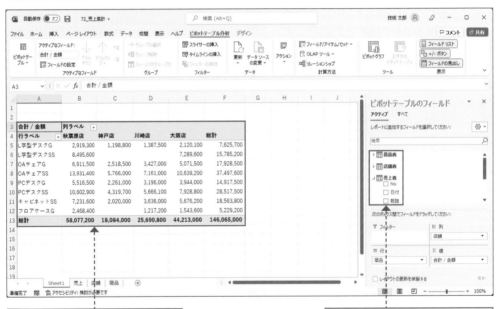

複数のテーブルのデータをピボットテーブルで集計できます。

フィールドリストにはテーブル名とフィールド名が表示されます。

① ピボットテーブルの土台を作成する

データモデル

データモデルとは、複数のテーブルから構成されるデータのセットのことです。リレーションシップの設定することで、Excelの内部に複数のテーブルからなるデータモデルが作成されます。ここでは、そのデータモデルをもとにピボットテーブルを作成します。

1 テーブル（ここでは［売上表］テーブル）のセルをクリックします。

	A	B	C	D	E	F	G	H
1	No	日付	販路	店舗ID	商品ID	数量	金額	
2	1	2022/1/4	店頭販売	S001	OC101	13	149500	
3	2	2022/1/4	店頭販売	S001	ST101	6	40800	
4	3	2022/1/4	店頭販売	S002	DK102	3	56100	
5	4	2022/1/4	店頭販売	S003	ST102	3	60600	
6	5	2022/1/4	店頭販売	S004	OC101	5	57500	
7	6	2022/1/4	店頭販売	S004	OC102	5	93000	

2 ［挿入］タブをクリックして、

3 ［ピボットテーブル］の下側をクリックして、

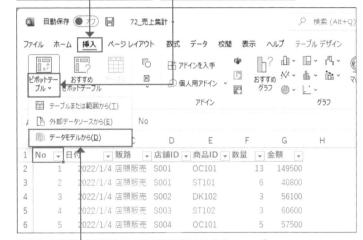

4 ［データモデルから］をクリックします。

5 ［データモデルからのピボットテーブル］ダイアログボックスが表示されます。

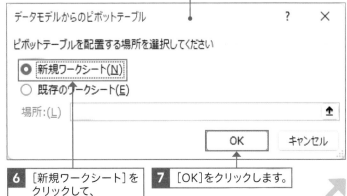

6 ［新規ワークシート］をクリックして、

7 ［OK］をクリックします。

8 ピボットテーブルの土台が作成されました。

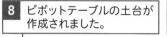

9 フィールドリストにテーブル名が表示されました。

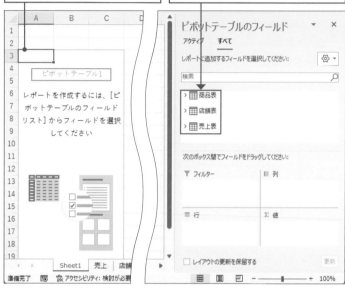

---

② フィールドを配置して集計する

💬 **解説**

クリックでテーブルが展開する

フィールドリストでテーブル名をクリックすると、テーブルに含まれるフィールドが表示されます。その状態でもう1度クリックすると、フィールドが折りたたまれて非表示になります。

1 ［商品表］をクリックします。

2 ［商品表］テーブルが展開して、テーブルに含まれるすべてのフィールドが表示されます。

解説

レイアウトの操作は通常と同じ

複数のテーブルから集計する際のレイアウトの操作は、通常のピボットテーブルと同じです。フィールドリストからフィールドをドラッグして[行][列][値]エリアに配置すると、ピボットテーブルで集計が行われます。

ヒント

フィールドリストのサイズを変更するには

フィールドセクションとレイアウトセクションの境界線をドラッグすると、各セクションのサイズを調整できます。

ドラッグしてサイズを変更できます。

3 [商品]にマウスポインターを合わせて、

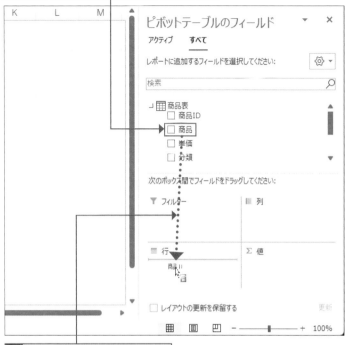

4 [行]エリアにドラッグします。

5 行ラベルフィールドに商品が表示されました。

6 [店舗表]をクリックして展開します。

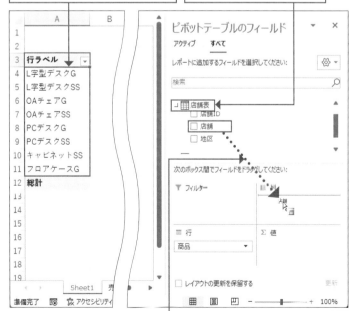

7 [店舗]を[列]エリアにドラッグします。

発展編

ヒント

フィールドを効率よく探すには

[検索]ボックスにフィールド名の一部を入力すると、フィールドリストのフィールドを絞り込めます。テーブルを展開したり、フィールドリストをスクロールしたりして探す手間が省けます。検索ボックスの右端の[検索条件のクリア] × をクリックすると、絞り込みを解除できます。

1 [検索]ボックスに「ID」と入力すると、

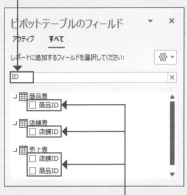

2 「ID」を含むフィールドが表示されるので、目的のフィールドをすばやく選べます。

8 列ラベルフィールドに店舗が表示されました。

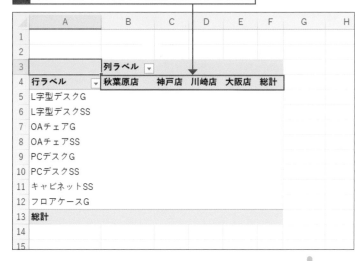

9 [売上表]をクリックします。

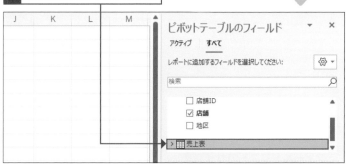

10 [売上表]テーブルのフィールドが表示されます。

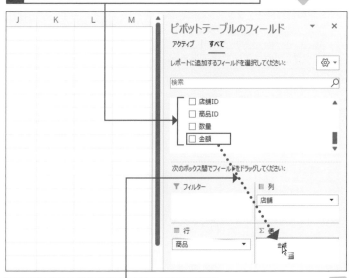

11 [金額]を[値]エリアにドラッグします。

12 複数のテーブルから集計が行えました。

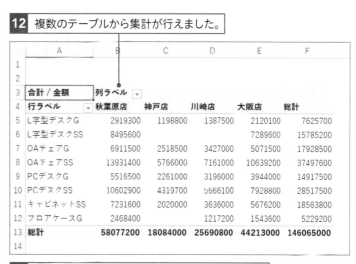

合計 / 金額	列ラベル				
行ラベル	秋葉原店	神戸店	川崎店	大阪店	総計
L字型デスクG	2919300	1198800	1387500	2120100	7625700
L字型デスクSS	8495600			7289600	15785200
OAチェアG	6911500	2518500	3427000	5071500	17928500
OAチェアSS	13931400	5766000	7161000	10639200	37497600
PCデスクG	5516500	2261000	3196000	3944000	14917500
PCデスクSS	10602900	4319700	5666100	7928800	28517500
キャビネットSS	7231600	2020000	3636000	5676200	18563800
フロアケースG	2468400		1217200	1543600	5229200
総計	58077200	18084000	25690800	44213000	146065000

13 82ページを参考に表示形式を設定しておきます。

💡 **ヒント**　**フィールドリストのレイアウトを変更するには**

複数のテーブルを集計するとフィールド数が多くなり、フィールドリストが操作しづらくなります。そんなときは、フィールドセクションとレイアウトセクションを横に並べてみましょう。表示されるフィールド数が増えるので、操作しやすくなります。

1 ［ツール］をクリックして、

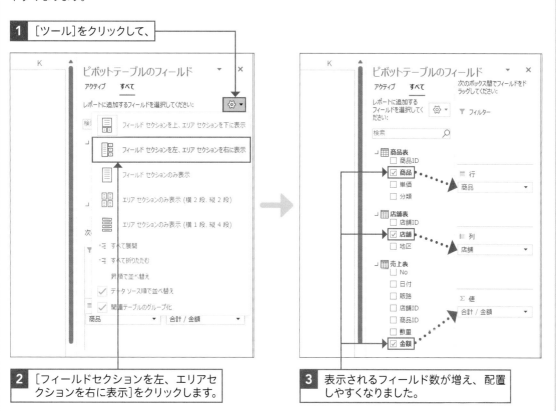

2 ［フィールドセクションを左、エリアセクションを右に表示］をクリックします。

3 表示されるフィールド数が増え、配置しやすくなりました。

発展編

Accessファイルから ピボットテーブルを作成しよう

外部データソース

📁 練習▶73_売上集計.xlsx、73_売上管理.accdb

▶ AccessのデータをExcelで直接集計しよう!

Excelには、外部のデータを使用するための「**データ接続**」という機能があります。この機能を使用すると、**Access**で管理しているデータベースのデータを、**Excel**のピボットテーブルで**直接集計する**ことができます。Access側で行ったデータの更新を、Excelのピボットテーブルに反映することも可能です。Accessに不慣れな場合でも、使い慣れたExcelでAccessのデータを自由に操作できる点が魅力です。

Before Accessのデータ

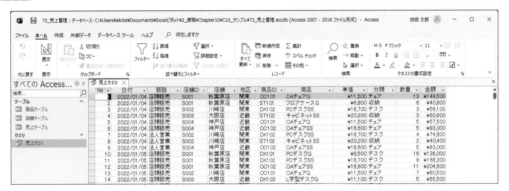

売上データがAccessで管理されています。

After Excelのピボットテーブル

Accessのデータを取り込んでピボットテーブルで集計できます。

① Accessのデータからピボットテーブルを作成する

10

複数の表をまとめてデータを集計しよう

💬 解説

Accessのデータを Excelで集計する方法

AccessのデータをExcelで集計するには、Access側でデータをExcel形式のファイルに保存し、Excelでそれを開いて集計する方法がかんたんです。ただし、この方法では、Accessでデータが追加／修正されたときにExcelの集計結果に反映されません。ここで紹介する方法で集計すれば、Accessで行ったデータの追加／修正をExcelに反映させることができます。

💡 ヒント

データ接続を含む ファイルを開くには

Accessのデータからピボットテーブルを作成すると、Excelのファイルに「データ接続」という設定が保存されます。次回、Excelでデータ接続を含むファイルを開くと、標準ではメッセージバーに[セキュリティ警告]が表示され、データ接続が無効になります。データ接続を有効にするには、[コンテンツの有効化]をクリックします。

---

1 ピボットテーブルの作成先のセルをクリックして、

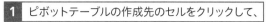

2 [挿入]タブをクリックして、

3 [ピボットテーブル]の下側をクリックして、

4 [外部データソースから]をクリックします。

5 [外部ソースからのピボットテーブル]ダイアログボックスが表示されます。

外部ソースからのピボットテーブル

外部データ ソースを使用

[接続の選択(C)...]

接続名:

ピボットテーブルを配置する場所を選択してください

○ 新規ワークシート(N)
◉ 既存のワークシート(E)

場所:(L) Sheet1!$A$3

複数のテーブルを分析するかどうかを選択

☐ このデータをデータ モデルに追加する(M)

OK　　　キャンセル

6 [接続の選択]をクリックします。

ヒント

データを更新するには

Accessで新しいデータが追加されたときや既存のデータが修正されたときに、Excelのピボットテーブルに反映するには、[ピボットテーブル分析]タブの[データ]グループにある[更新]をクリックします。

ヒント

Accessファイルの場所が変わったときは

接続先のAccessファイルの保存場所が変わったときは、[ピボットテーブル分析]タブの[データ]グループにある[データソースの変更]の下側をクリックして、[接続のプロパティ]をクリックします。[接続のプロパティ]ダイアログボックスの[定義]タブで[参照]をクリックして、接続先ファイルを変更します。

1 [接続のプロパティ]をクリックし、

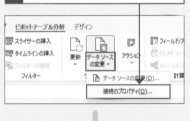

2 [参照]をクリックして、接続先を指定します。

7 [既存の接続]ダイアログボックスが表示されます。

8 [参照]をクリックします。

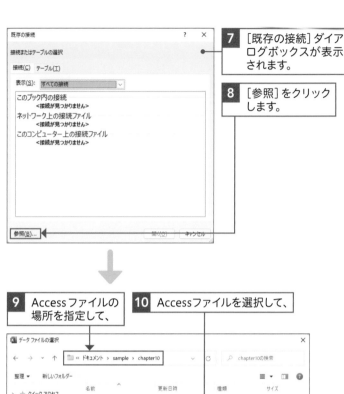

9 Accessファイルの場所を指定して、

10 Accessファイルを選択して、

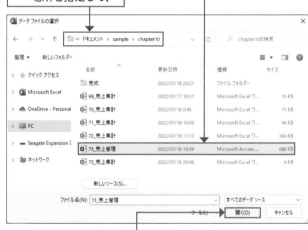

11 [開く]をクリックします。

12 [テーブルの選択]ダイアログボックスが表示されました。

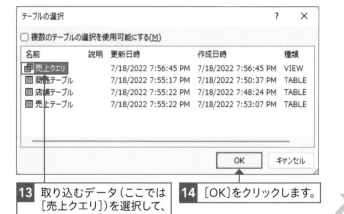

13 取り込むデータ（ここでは[売上クエリ]）を選択して、

14 [OK]をクリックします。

フィールドリストを
並べ替えるには

フィールドリストに表示されるフィールドは、67ページのヒントを参考に[ピボットテーブルオプション]ダイアログボックスを表示して、[表示]タブの[データソース順で並べ替える]をクリックすると、接続先と同じ順序で並べることができます。

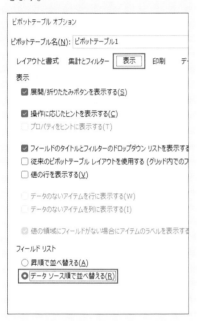

15 [外部ソースからのピボットテーブル]ダイアログボックスに戻ります。

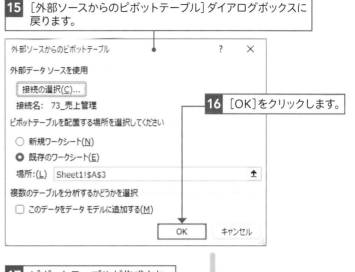

16 [OK]をクリックします。

17 ピボットテーブルが作成され、

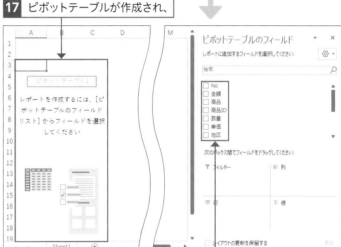

18 Accessデータのフィールドが表示されました。

19 フィールドを配置して集計を行います。

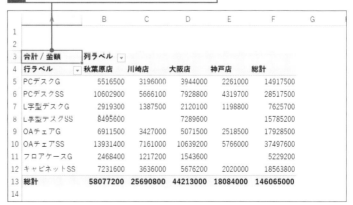

	A	B 秋葉原店	C 川崎店	D 大阪店	E 神戸店	F 総計	G
3	合計 / 金額	列ラベル					
4	行ラベル						
5	PCデスクG	5516500	3196000	3944000	2261000	14917500	
6	PCデスクSS	10602900	5666100	7928800	4319700	28517500	
7	L字型デスクG	2919300	1387500	2120100	1198800	7625700	
8	L字型デスクSS	8495600		7289600		15785200	
9	OAチェアG	6911500	3427000	5071500	2518500	17928500	
10	OAチェアSS	13931400	7161000	10639200	5766000	37497600	
11	フロアケースG	2468400	1217200	1543600		5229200	
12	キャビネットSS	7231600	3636000	5676200	2020000	18563800	
13	総計	58077200	25690800	44213000	18084000	146065000	

索引

お問い合わせについて

本書に関するご質問については、本書に記載されている内容に関するもののみとさせていただきます。本書の内容と関係のないご質問につきましては、一切お答えできませんので、あらかじめご了承ください。また、電話でのご質問は受け付けておりませんので、必ずFAXか書面にて下記までお送りください。
なお、ご質問の際には、必ず以下の項目を明記していただきますようお願いいたします。

1　お名前
2　返信先の住所またはFAX番号
3　書名（今すぐ使えるかんたん　Excelピボットテーブル
　　[Office 2021/2019/Microsoft 365対応版]）
4　本書の該当ページ
5　ご使用のOSとソフトウェアのバージョン
6　ご質問内容

なお、お送りいただいたご質問には、できる限り迅速にお答えできるよう努力いたしておりますが、場合によってはお答えするまでに時間がかかることがあります。また、回答の期日をご指定なさっても、ご希望にお応えできるとは限りません。あらかじめご了承くださいますよう、お願いいたします。

問い合わせ先

〒162-0846
東京都新宿区市谷左内町21-13
株式会社技術評論社　書籍編集部
「今すぐ使えるかんたん　Excelピボットテーブル
[Office 2021/2019/Microsoft 365対応版]」質問係
FAX番号　03-3513-6167

https://book.gihyo.jp/116

■お問い合わせの例

FAX

1　お名前
　　技術　太郎

2　返信先の住所またはFAX番号
　　03-XXXX-XXXX

3　書名
　　今すぐ使えるかんたん
　　Excelピボットテーブル
　　[Office 2021/2019/
　　Microsoft 365対応版]

4　本書の該当ページ
　　131ページ

5　ご使用のOSとソフトウェアのバージョン
　　Windows 11
　　Excel 2021

6　ご質問内容
　　条件の通りに抽出されない

※ご質問の際に記載いただきました個人情報は、回答後速やかに破棄させていただきます。

今すぐ使えるかんたん　Excelピボットテーブル
[Office 2021/2019/Microsoft 365対応版]

2022年12月7日　初版　第1刷発行

著　者●きたみあきこ
発行者●片岡 巌
発行所●株式会社 技術評論社
　　　　東京都新宿区市谷左内町21-13
　　　　電話　03-3513-6150　販売促進部
　　　　　　　03-3513-6160　書籍編集部
装丁●田邉 恵里香
本文デザイン●ライラック
DTP●リンクアップ
編集●渡邉　健多
製本／印刷●大日本印刷株式会社

定価はカバーに表示してあります。

ISBN978-4-297-13122-7　C3055
Printed in Japan